Pollution Control and Green Development of Artificial and Synthetic Leather Industry

人造革与合成革
行业污染防治与绿色发展

吕竹明 蒋 彬 赵建明 主编

化学工业出版社
·北京·

内容简介

本书以人造革与合成革行业污染防治与绿色发展为主线，主要介绍了我国人造革与合成革行业发展现状、生产工艺和主要环境问题、污染防治技术、绿色制造体系要求和行业动态、环境管理制度和政策标准、行业环境管理模式和相关实践案例，旨在在我国“十四五”绿色制造发展趋势和日趋严格的环境管理要求下，细化梳理人造革与合成革行业环境问题和污染防治技术，系统分析绿色制造和环境管理要求，深入探寻人造革与合成革行业实现绿色化转型的相关途径。

本书具有行业现状分析与发展趋势相结合、政策标准要求与行业实践相结合、企业发展与园区发展相结合的特色，可为人造革与合成革行业企业制定行业绿色制造规划、企业绿色制造升级方案提供参考，也可供人造革与合成革行业主管部门、生态环境主管部门的相关人员，高等学校环境科学与工程、材料工程及相关专业师生参阅。

图书在版编目（CIP）数据

人造革与合成革行业污染防治与绿色发展/吕竹明，蒋彬，赵建明主编．—北京：化学工业出版社，2022.12（2023.8 重印）

ISBN 978-7-122-42584-3

Ⅰ.①人… Ⅱ.①吕…②蒋…③赵… Ⅲ.①人造革-皮革工业-污染防治-研究-中国 Ⅳ.①X794

中国版本图书馆 CIP 数据核字（2022）第 228744 号

责任编辑：刘　婧　刘兴春　　　文字编辑：白华霞
责任校对：李　爽　　　装帧设计：刘丽华

出版发行：化学工业出版社（北京市东城区青年湖南街 13 号　邮政编码 100011）
印　　装：北京科印技术咨询服务有限公司数码印刷分部
787mm×1092mm　1/16　印张 15　字数 313 千字　2023 年 8 月北京第 1 版第 2 次印刷

购书咨询：010-64518888　　　售后服务：010-64518899
网　　址：http://www.cip.com.cn
凡购买本书，如有缺损质量问题，本社销售中心负责调换。

定　价：98.00 元

版权所有　违者必究

《人造革与合成革行业污染防治与绿色发展》

编写人员名单

主　　编　吕竹明　蒋　彬　赵建明

副 主 编　徐一剡　沈连根　田景岩

参编人员（按姓氏笔画排序）

田景岩　吕竹明　吕泽瑜

孙　慧　沈连根　陈　晨

陈　清　赵建明　赵舜华

徐一剡　蒋　彬

前言

人造革与合成革是塑料制品，其原料来源丰富，基本物理性能优良，在耐磨、防水、透气等方面的性能与天然动物皮革有相似性，广泛应用于家具、鞋、服装、箱包、汽车、家居装饰等领域。随着工业和民用领域的需求日益增长，我国的人造革与合成革行业发展迅猛，目前我国人造革与合成革的生产量、消费量和进出口贸易量都位居世界第一位。

然而，人造革与合成革在生产过程中使用大量的树脂、溶剂、化学助剂等化工材料，会产生相应的废气污染物，对区域生态环境造成污染，如何防治人造革与合成革行业废气污染已经成为行业持续发展需要面对的重要问题。

近年来，国家加强了人造革与合成革行业污染防治工作，先后出台了《合成革行业清洁生产评价指标体系》（国家发展改革委、环境保护部、工业和信息化部，2016 年第 21 号公告）、《合成革与人造革工业污染物排放标准》（GB 21902—2008）、《排污许可证申请与核发技术规范　橡胶和塑料制品工业》（HJ 1122—2020）等人造革与合成革污染防治相关标准，《关于印发重点行业挥发性有机物削减行动计划的通知》（工信部联节〔2016〕217 号）、《产业结构调整指导目录（2019 年本）》、《重污染天气重点行业应急减排措施制定技术指南》（2020 年修订版）等政策文件也都对人造革与合成革污染防治提出了要求。

同时，人造革与合成革行业积极推进绿色发展，先后发布了《聚氨酯合成革绿色工艺技术要求》（QB/T 5042—2017）、《人造革与合成革工业绿色园区评价通则》（T/CNLIC 0001—2019）、《绿色设计产品评价技术规范　水性和无溶剂人造革与合成革》（T/CNLIC 0002—2019）、《人造革与合成革工业　绿色园区评价要求》（QB/T 5597—2021）、《人造革与合成革工业　绿色工厂评价要求》（QB/T 5598—2021）等绿色制造标准。

在国家相关政策标准的引导下，人造革与合成革行业的污染防治和绿色发展工作取得了明显成效，水性合成革、无溶剂合成革等生态合成革技术得到了广泛推广和应用，人造革与合成革生产过程中的废水、废气治理和固体废物综合利用日益完善，多家人造革与合成革企业获得了工业和信息化部“绿色工厂”“绿色供应链”“工业产品绿色设计示范企业”等称号，获得了水性和无溶剂人造革合成革产品 CLC 品质认证。

本书从行业发展概况、生产工艺、主要环境问题、主要污染防治技术、工业园区建设、绿色制造、相关环境管理制度和政策标准、企业环境管理等方面介绍了人造革与合成革行业的污染防治和绿色发展状况，是对我国人造革与合成革行业近年来推进污染防治和绿色发展工作的全面总结和提升。希望本书的出版能够为人造革与合成革企业研究人员、管理人员开展污染防治和绿色发展工作提供参考，以进一步推动我国人造革与合成革行业污染防治和绿色发展工作。

本书由吕竹明、蒋彬、赵建明主编，各章编写具体分工如下：第 1 章由吕竹明、田景岩编写；第 2 章由孙慧、赵建明编写；第 3 章由蒋彬、徐一剡编写；第 4 章由陈晨、沈连根编写；第 5 章由吕泽瑜、陈晨、陈清编写；第 6 章由蒋彬、吕竹明、陈晨、孙慧、吕泽瑜编写；第 7 章由吕泽瑜、赵舜华编写。全书最后由蒋彬校核，吕竹明统稿并定稿。

限于编者水平及编写时间，书中不足和疏漏之处在所难免，恳请读者批评指正。

编者

2022 年 6 月

目录

第 1 章　概述 / 001

第 2 章　人造革与合成革的生产工艺和主要环境问题 / 022

附录 / 221

第1章 概述

1.1 我国工业污染防治与绿色发展现状

1.1.1 我国工业污染防治现状

1.1.1.1 我国的工业污染现状

工业是我国经济的支柱产业，对我国经济有着决定性的影响。改革开放以来，我国工业取得了飞速的发展，与此同时工业生产过程中产生的环境污染问题也日益突出。工业生产过程中排放的污染物主要包括废水、废气和固体废物。

(1) 工业废水

工业废水是在工业生产过程中形成的，一般情况下工业废水含有大量的化学物质，我国工业废水中的污染物大致上可以分为生物污染物、需氧污染物、有毒污染物、营养性污染物、固体污染物、酸碱污染物、感观污染物、油类污染物和热污染等。工业废水污染具有量大、污染面积广、成分复杂等特点，对人体健康和自然环境具有较强的破坏力。工业废水流入水道、河流和湖泊，会污染地表水，如果毒性高，会造成水生动植物死亡或灭绝。受污染的地表水或地下水作为生活用水使用会严重威胁人体健康并导致死亡。工业废水渗入土壤，造成土壤污染，影响植物和土壤中微生物的生长。

(2) 工业废气

工业废气是在工业生产过程中出现的污染物质和有毒物质，是空气污染的重要来源。工业废气污染物主要包括二氧化硫、氮氧化物、颗粒物、挥发性有机物、重金属、酸雾、碱雾等。工业废气会侵害人类身体，当来自工业废气的有毒有害物质通过呼吸系统和皮肤进入人体时，经过长期积累，会导致人体呼吸、血液、肝脏和其他系统及器官出现损害。工业废气中含有大量污染物，尤其是二氧化硫、氟化物等，对植物的危害是十分严重的，不仅会造成植物叶枝脱落，还会造成植物尤其是农作物的减产。工业废气污染作为大气污染的一个主要来源，它对大气环境的污染已经超越了国界，危害已经遍及全球。工业废气污染对全球环境的影响主要表现在以下 3 个方面：a. 加速全球臭氧层的破坏；b. 形成酸雨，造成农作物减产、建筑物等腐蚀；c. 使全球气候变暖，两极冰雪融化等，严重破坏生态环境。

（3）工业固体废物

工业固体废物可以分为一般工业固体废物和危险废物。工业废物的存在会占据大量土地资源，影响我国生态经济稳定发展。工业固体废物对环境产生的影响主要在于对水体、大气和土壤的污染。如果工业固体废物贮存和处理工作不到位，随意堆放，在降雨天气下，会产生大量渗滤液并流入周边水体当中，给地表水、地下水带来严重的污染，导致水域成为生物死区；有害成分还会渗入到土壤当中，并逐渐迁移到深层土壤，久而久之就会导致土壤生态平衡被破坏，损害土壤结构。不仅如此，如果种植庄稼的土壤被污染，会严重降低农作物产量及品质，而且人们食用这些被污染的农作物后自身健康也会受到威胁。固体废物的有毒有害成分被浸滤出后，水体就会出现富营养化、酸碱化等现象，严重的会出现毒化现象，人在饮用这些污染水后健康会受到严重威胁。将工业废物或垃圾直接倾倒入河流、湖泊或沿海水域会造成更大的污染。堆积大量的工业固体废物会产生大量的粉尘进而污染大气。在运输固体废物的时候，如果防护工作不到位，进而产生物理化学反应，也会产生有毒有害气体。不仅如此，部分工业固体废物自身具备较高的热值，长时间堆积后极易导致自燃产生二氧化硫、氮氧化物等，这也是污染大气的有害物质。对于焚烧处置的工业固体废物，在处理过程中产生大量的颗粒物和有毒有害气体物质，这些物质飘散在空气中会对空气造成严重的污染，进而严重危害人体的呼吸道健康。

近年来我国对工业生产过程中的环境污染问题高度重视，工业生产过程中的污染物排放得到了有效控制，但是工业污染物排放总量依然很大，工业污染防治的形势仍然很严峻。根据生态环境部发布的《2016—2019 年全国生态环境统计公报》，2019 年全国废水中化学需氧量排放量为 567.1 万吨，比 2016 年下降 13.8%，其中工业源化学需氧量排放量为 77.2 万吨，占全国总量的 13.6%；2019 年全国废水中氨氮排放量 46.3 万吨，比 2016 年下降 18.5%，其中工业源氨氮排放量 3.5 万吨，占全国总量的 7.6%；2019 年废水中重金属（铅、汞、镉、铬和类金属砷合计）排放量 120.7t，比 2016 年下降 28.0%，其中工业源重金属排放量 117.6t，占全国总量的 97.4%；2019 年工业源废水中石油类、挥发酚、氰化物排放量分别为 0.6 万吨、147.1t、38.2t，比 2016 年分别下降 45.7%、46.0%、34.0%。2019 年全国废气中二氧化硫排放量为 457.3 万吨，比 2016 年下降 46.5%，其中工业源二氧化硫排放量 395.4 万吨，占全国总量的 86.5%；2019 年全国废气中氮氧化物排放量 1233.9 万吨，比 2016 年下降 17.9%，其中工业源氮氧化物排放量 548.1 万吨，占全国总量的 44.4%；2019 年全国废气中颗粒物排放量 1088.5 万吨，比 2016 年下降 32.3%，其中工业源颗粒物排放量 925.9 万吨，占全国总量的 85.1%。2019 年全国一般工业固体废物产生量 44.1 亿吨，比 2016 年上升 18.7%。2019 年一般工业固体废物综合利用量、处置量分别为 23.2 亿吨、11.0 亿吨；

2019 年全国工业危险废物产生量、综合利用处置量分别为 8126.0 万吨、7539.3 万吨，比 2016 年分别上升 55.7%、74.6%。

1.1.1.2 我国工业污染防治政策发展历程

我国的环境保护工作起步于 20 世纪 70 年代，1973 年我国召开第一次全国环境保护会议，拉开了环境保护工作的序幕。会议审议通过了中国第一个具有法规性质的环境保护文件——《关于保护和改善环境的若干规定》，提出“三同时”等制度，开始对工业企业提出了污染防治的要求。1979 年 9 月颁布的《中华人民共和国环境保护法（试行）》，明确规定了环境影响评价、“三同时”、排污收费和限期治理等基本制度。1981 年 2 月，国务院发布《关于在国民经济调整时期加强环境保护工作的决定》，提出“谁污染、谁治理”的原则，明确了工业企业在工业污染防治过程中的主体责任。1982 年 7 月，国务院颁布实施《征收排污费暂行办法》，排污收费制度正式确立。1989 年 4 月，我国召开第三次全国环境保护会议，提出了环境保护三大政策和八项管理制度，即“预防为主、防治结合，谁污染、谁治理，强化环境管理”三大政策，以及“环境影响评价制度、‘三同时’制度、排污收费制度、环境保护目标责任制度、城市环境综合整治定量考核制度、排污申报登记和排污许可证制度、限期治理制度、污染集中控制制度”八项管理制度。1984 年 5 月，全国人民代表大会常务委员会发布《中华人民共和国水污染防治法》。1987 年 9 月，全国人民代表大会常务委员会发布《中华人民共和国大气污染防治法》。1989 年 12 月，全国人民代表大会常务委员会发布《中华人民共和国环境保护法》。

1996 年 8 月，国务院颁布《国务院关于环境保护若干问题的决定》，首次提出环境质量的行政领导负责制，并提出“一控双达标”，即到 2000 年，各省、自治区、直辖市要使本辖区主要污染物排放总量控制在规定的指标内；全国工业污染源排放污染物达到国家和地方规定的标准；直辖市、省会城市等重点城市的大气、水环境质量达到国家规定标准。1992 年 9 月，国务院批准《关于开展征收工业燃煤二氧化硫排污费试点工作的通知》，在贵州、广东及重庆、宜宾、南宁、桂林、柳州、宜昌、青岛、杭州、长沙开展二氧化硫排污收费试点工作。1996 年 4 月，国务院颁布《关于二氧化硫排污收费扩大试点工作有关问题的批复》，提出可将二氧化硫排污收费试点地区扩大到酸雨控制区和二氧化硫污染控制区。1992 年，排放水污染物许可证发放工作在全国全面铺开。1992 年，国家环保局选择太原、柳州、贵阳、平顶山、开远和包头六个城市开展大气排污交易政策试点工作。

2006 年，《国民经济和社会发展第十一个五年规划纲要》提出将“十一五”主要污染物排放总量控制指标纳入约束性指标。环境保护规划实现了由软约束向硬约束的转变，将二氧化硫和化学需氧量作为两项“刚性约束”指标。同时，统筹实施结构减排、工程减排、管理减排“三大减排”战略。2011 年 10 月，国务院颁布《关于加强环境保护重点工作的意见》，首次以规范性文件的形式提出了“生态红线”的概念。

2013 年 9 月，国务院印发《大气污染防治行动计划》，被誉为“史上最严厉”的行动计划，首次将细颗粒物纳入约束性指标，并将环境质量是否改善纳入官员考核体系。2015 年 4 月，国务院印发《水污染防治行动计划》，这是当前和今后一段时间推进水环境治理的路线图。2016 年 5 月，国务院印发《土壤污染防治行动计划》，这是当前和今后一段时期全国土壤污染防治工作的行动纲领。

2015 年 5 月，中共中央、国务院印发《关于加快推进生态文明建设的意见》，这是中央就生态文明建设做出专题部署的第一个文件，首次提出“绿色化”概念，以及协同推进新型工业化、城镇化、信息化、农业现代化和绿色化。

2015 年 9 月，中共中央、国务院印发《生态文明体制改革总体方案》，这是统领生态文明体制各领域改革的纲领性文件，《生态文明体制改革总体方案》提出的八项制度是生态文明体制建设的“四梁八柱”。

2016 年 11 月 10 日国务院办公厅印发了《控制污染物排放许可制实施方案》（国办发〔2016〕81 号）明确提出“将排污许可制建设成为固定污染源环境管理的核心制度”，明确排污许可制衔接环境影响评价管理制度，融合总量控制制度，为排污收费、环境统计、排污权交易等工作提供统一的污染物排放数据，并提出“到 2020 年，完成覆盖所有固定污染源的排污许可证核发工作”。到 2020 年底，我国基本完成了所有固定污染源的排污许可证核发工作，初步形成了以排污许可制为核心的环境管理制度体系。

1.1.1.3 我国工业污染治理技术

（1）工业废水治理技术

不同类型的工业废水有不同的特征，在废水处理技术和策略上也有差异，这是工业废水治理难度较大的一个原因。在选择和实践废水治理技术策略的过程中，要把握好以下四点：一是废水治理当中采用的工艺技术应遵循绿色理念，在处理过程中使用的药物试剂是对环境无害的，而且处理过程中或处理后不会出现二次污染的情况，保证废水治理彻底消除对环境的污染威胁；二是废水中大多含有有毒有害物质，如挥发性有毒物质或放射性物质，还可能在废水治理过程中出现有毒中间产物，因此必须确保废水系统密封性，避免流失外排，保证未经过妥善治理的废水不会污染到外部环境；三是对废水中具有可回收利用价值的物质（如重金属等），治理废水技术要考虑到有价值物质的回收利用，尽量在实现废水治理的同时，实现废水变废为宝的目标；四是工业生产中产生废水量较大，如果废水中的有毒有害物质浓度较低，可简单处理后尽量循环利用，为工业企业生产节约能耗，降低成本。

工业废水治理技术主要包括如下几类方法。

1）物理法

物理法是治理工业废水的常见方法，目前物理法主要有吸附法、电解法、膜分离法以及磁分离法。

吸附法是指利用多孔材料对废水中的污染物质进行吸附，常见的吸附剂有硅藻土、活性炭。工业废水粒度分布宽，使用前需进行粒度改善，防止堵塞吸附装置。吸附法治理工业废水成本较高，治理效率不理想。为解决这一问题，出现了吸附法与其他方法一起治理，例如将吸附法与化学法组合在一起形成臭氧氧化灭菌二合一的工艺。

电解法采用阳极氧化和阴极还原方法进行废水处理，目前电解氧化法主要用于处理工业废水中的 CN^-、重金属等，该方法具有无需添加氧化剂、设备体积小、操作简单等优点，但是能耗高，易产生氢气副产物。

膜分离法利用渗透膜的作用进行分离，是一种新的处理方法。

磁分离法利用磁场作用进行废水杂质分离，需要添加混凝剂才能有效分离杂质。

2）化学法

化学法利用化学反应将废水中的杂质转化为可分解或可沉淀等易处理的物质。常见的方法有混凝法、中和法、氧化还原法。

混凝法是指有部分工业废水中存在难沉淀的细小颗粒，使用普通沉淀方法难实现沉淀，需要往废水中添加混凝剂改变废水表面电荷，使污染物质凝集的方法。

中和法通过调节废水 pH 值，将酸、碱废液转化为中性废水。该方法广泛应用于造纸废水处理中，造纸废水大部分是碱性废水，可向废水中吹入 CO_2、SO_2 改变废水 pH 值。

氧化还原法利用化学反应改变溶液性质，使其转化为毒性较低的新物质，用于废水处理的主要有臭氧氧化法、二氧化氯氧化法、光催化法、双氧水法等。臭氧氧化法利用臭氧超强氧化能力，能够将废水中的无机物、有机物进行氧化分解，如可分解废水中的合成洗剂。在工业废水处理中，可用臭氧氧化多种有机物和无机物，还可以脱色除臭。臭氧与废水中有机物的反应有两个途径，即臭氧与其直接反应和臭氧反应生成羟基自由基与其间接反应。此外，臭氧还具有助絮凝的作用，应用这一原理可以达到强化颗粒去除的效果。二氧化氯的性质极不稳定，遇水能迅速分解，生成多种强氧化剂，如 $HClO_3$、$HClO_2$、$HClO$、Cl_2、O_2 等，这些氧化剂组合在一起产生多种氧化能力极强的活性基团。二氧化氯氧化法可以在常温常压下破坏降解有机污染物，提高废水的可生化性，是处理难降解有机废水的一种有效途径。光催化法利用臭氧、双氧水等氧化剂与光共同分解废水中污染物质，能够提高废水处理效率。双氧水法利用双氧水氧化能力进行废水治理，该技术能短时间内实现废水有机物转变为 CO_2、H_2O。

3）生物法

生物法是利用生物的生命活动过程，降解废水中呈溶解态或胶体态的有机污染物的过程，此法具有高效、低能耗等特点，适合我国的处理工艺。根据作用微生物的不同，生物处理法主要有好氧生物处理法和厌氧生物处理法。

好氧生物处理法又分为活性污泥法和生物膜法两类。活性污泥法是当前应用最为广泛的一种生物处理技术，将空气连续鼓入大量溶解有机污染物的废水中，经过一段时间，水中即形成生物絮凝体——活性污泥。在活性污泥上栖息、生活着大量的好氧微生物，这种微生物以溶解性有机物为养料获得能量，并不断增殖，使废水得到净化处理。

活性污泥法是废水生物处理的主要方法，其运行方式很多，主要有传统活性污泥法、阶段曝气法、生物吸附法、完全混合法、延时曝气法、渐减曝气法。为了进一步提高活性污泥法的处理效果、丰富净化功能、简化设备和方便运转，近年来活性污泥法在技术上有了不少的改进，如纯氧曝气法、深水曝气法、粉末炭-活性污泥法、两级活性污泥法、间歇式活性污泥法等。生物膜法是废水好氧生物处理法的一种，是指使废水流过生长在固定支承物表面上的生物膜，利用生物氧化作用和各相间的物质交换，降解废水中有机污染物的方法。

厌氧生物处理过程又称厌氧消化，是在厌氧条件下由多种微生物的共同作用，使有机物分解生成 CH_4 和 CO_2 的过程。厌氧生物处理工艺是一项具有经济效益的处理技术，其处理动力消耗低，产生的沼气可作为能源。

(2) 工业废气治理技术

工业废气中含有大量污染物，其中能源和石化等重污染行业给大气环境造成的污染尤为严重，这些重污染行业排放的工业废气总量很大，废气污染程度很高，污染物的组成成分也很复杂，废气降解难度大，对大气环境、生态环境和人体造成的危害也最为严重。在工业废气中固体颗粒和气态污染物是两类主要的污染物。

1) 颗粒污染物的治理技术

大气中的烟尘（主要由颗粒污染物组成）大部分是由固体燃料燃烧产生的。去除大气中颗粒污染物的方法很多，根据其作用和原理可以分为机械除尘、湿法除尘、过滤除尘和电除尘。

① 机械除尘技术。通常指利用质量力（重力、惯性、离心力）的作用使颗粒物与气体分离的技术。常见机械除尘设备包括重力沉降室、惯性除尘器、旋风除尘器等。重力沉降室是通过重力作用使尘粒从气流中沉降分离的装置。气流在进入重力沉降室后，流动截面积扩大，流速降低，较重颗粒在重力作用下慢慢向灰斗沉降。惯性除尘器其沉降室内设置各种形式的挡板，含尘气流冲击在挡板上，气流方向发生急剧转变，借助尘粒本身的惯性作用使其与气流分离。旋风除尘技术是利用含尘气体旋转时所产生的离心力将粉尘从气流中分离出来的一种干式气-固相分离装置。

② 湿法除尘技术。是借助于水或其他液体与含尘烟气接触，利用液网、液膜或液滴使烟气得到净化的技术。湿式除尘器的机理是含尘气流通过水或其他液体，利用惯性碰撞、拦截和扩散等作用使尘粒留在水或其他液体内，而干净气体则通过水或其他液体。根据湿式除尘器的除尘机理，可将其大致分为重力喷雾洗涤器、旋风洗涤器、自激喷雾洗涤器、板式洗涤器、填料洗涤器、文丘里洗涤器、机械诱导喷雾洗涤器。

③ 过滤除尘技术。是使含尘气体通过具有很多毛细孔的过滤介质，从而将污染物颗粒截留下来的除尘方法，常用的设备有袋式过滤器和颗粒层过滤器。袋式过滤器的工作原理是让含尘煤气进入布袋的内侧或外侧，布袋以其微细的织孔对烟气进行过滤，烟气中的尘粒附着在织孔和布袋上并逐渐形成灰膜，烟气通过布袋和灰膜得到净化。颗粒层过滤器是利用物理和化学性质非常稳定的固体颗粒组成过滤层，通过惯性碰撞、扩散

沉积、重力沉积、直接拦截、静电吸引的过滤机理来实现对含尘气体的过滤，具有耐高温、持久性好等特点。

④ 电除尘技术。其利用静电力除尘，又称为静电除尘。它的基本原理是利用高压放电使气体电离，粉尘荷电后向收尘极板移动而从气流中分离出来，从而达到净化烟气的目的。整个除尘过程可划分为荷电、定向移动、黏附和冲洗四个阶段。常用的设备有干式静电除尘器和湿式静电除尘器。

2）SO_2 的治理技术

SO_2 是目前大气污染中数量较大、影响范围较广的一种气态污染物。它主要来自化石燃料的燃烧过程，以及硫化物的焙烧、冶炼等热过程。SO_2 不仅在大气中形成酸雨，造成空气污染，而且严重腐蚀锅炉尾部设备，影响生产和安全运行。

烟气脱硫方法很多，一般按脱硫剂的形式可分为干法、湿法和半干法三种。

① 干法脱硫技术。是在完全干燥情况下将粉状催化剂、吸附剂、吸收剂等与烟气中 SO_2反应去除 SO_2 的技术，常用固体石灰石粉料作为吸收剂。由于反应物和产物都是干固态粉末，这种脱硫技术中无废水产生，不存在设备结垢和腐蚀。然而，由于气固两相接触时反应速率慢，扩散受限，脱硫效率较低，且脱硫设备庞大，投资大并对操作技术要求高，不适合老企业引进。

② 湿法脱硫技术。是指应用液体吸收剂（如水或碱性溶液等）洗涤烟气，脱除烟气中 SO_2 的技术。它的优点是脱硫效率高、设备简单、操作容易、投资省且占地面积小，并且脱硫后的氨水、碱以及石膏等物质可以有效回收并二次利用；缺点是易造成二次污染，存在废水后处理问题，能耗高，特别是脱硫后烟气温度较低，不利于烟囱的扩散，易产生“白烟”，腐蚀严重等。目前较为常用的湿法脱硫技术有石灰石-石膏法、钠法、镁法、氨法、磷铵复肥法等。

③ 半干法脱硫技术。为提高烟气脱硫效率，将脱硫剂溶于水或以悬浮液喷入脱硫反应器中，使得烟气中的硫氧化物与脱硫剂反应脱硫，被称为半干法脱硫。半干法脱硫需要在气、固、液三相中进行，因此需增大各反应物接触面积，提高脱硫效率。该法包括喷雾干燥半干法和气体悬浮吸收烟气脱硫技术等。脱硫剂是影响脱硫效果和效率的核心因素。半干法脱硫流程简单、投资少、反应充分、脱硫率高。

3）NO_x 的治理技术

NO_x 中污染大气的主要是 NO 和 NO_2，NO_x 的排放会给自然环境和人类生产生活带来严重的危害。目前，对于燃烧产生的 NO_x 污染的控制主要有燃烧前燃料脱氮、燃烧中改进燃烧方式和生产工艺脱氮、锅炉烟气脱氮 3 种方法。由于技术和经济原因，目前应用最广泛的是烟气脱氮。现阶段烟气脱硝技术主要分为干法脱硝和湿法脱硝两种。干法脱硝包括选择性催化氧化法（SCR）、非选择性催化氧化法（SNCR）、炭还原法、吸附法和等离子法等；湿法脱硝是用可以溶解氮氧化物或可以与它发生反应的溶液吸收废气中的 NO_x 的办法，包括酸吸收法、碱吸收法、氧化吸收法和配合吸收法等。

4）挥发性有机污染物控制技术

挥发性有机化合物（VOCs）通常指沸点50～260℃、室温下饱和蒸气压超过133.132kPa的有机化合物，包括烃类、卤代烃、芳香烃、多环芳香烃等。化工厂排出的工业尾气、废弃物焚烧的烟气中含有多种VOCs，其与大气中的NO_2反应生成O_3，可形成光化学烟雾，并随着异味、恶臭散发到空气中，对人体造成危害。

有机废气的治理方法很多，如吸收法、吸附法、直接燃烧法、催化燃烧法、吸附+催化燃烧法、生物法等。

① 液体吸收治理技术。通过吸收剂将工业有机废气吸收，一般分为物理吸收和化学反应。物理吸收方法应用的原理是物质之间的相似相溶，使有机废气充分接触相应的吸收剂，然后溶解在吸收剂中，从而达到污染治理的效果。例如，液体水就是一种常见的吸收剂，可以用来吸收特定的工业有机废气，合成革企业产生的二甲基甲酰胺废气就可以采用水吸收，这种方法能够将工业生产排放的有机废气进行高效收集，并进一步分离利用。

② 吸附技术。主要利用多孔固体吸附剂吸附有机废气，即利用吸附剂中的分子引力、化学键力等吸附废气中的有害成分，从而达到净化工业有机废气的目的。目前，我国工业领域所用的吸附技术主要是物理吸附法，这种吸附技术有比较好的可逆性。在吸附剂吸附工业有机废气达到饱和之后，能够利用高温的方法将吸附的物质脱附，然后利用热破坏的方式将脱附的高浓度有害物质进行无害处理，因此这种方式能够实现吸附剂的重复利用。目前应用较为广泛的是活性炭吸附法。

③ 催化燃烧技术。诞生在20世纪中叶，一般而言催化燃烧具有以下几种特点。首先，催化燃烧温度要求不高，在250～450℃，可以减少能源的浪费。其次，催化燃烧技术应用的范围非常广泛，同时这种方法也能应用于大部分烃类废气、恶臭气体的治理。催化燃烧技术适用废气浓度上下限也比较广，面对成分复杂的废气，具有广泛的使用范围。最后，催化燃烧技术在应用过程中不会产生二次污染，能够将废气分解成为水、二氧化碳等。

④ 微生物降解有机废气技术。该技术应用固定载体将工业有机废气进行吸收，然后通过在载体中的微生物将吸收的废气降解，能够有效去除其中的有机废气。

5）卤化物气体控制技术

在大气污染治理方面，卤化物气体主要包括无机卤化物气体和有机卤化物气体，主要有氟化氢、氯化氢、氯气、四氟化硅等。基本处理技术有物理化学类方法，如固相（干法）吸附法、液相（湿法）吸收法和化学氧化脱卤法；生物学方法有生物过滤法、生物吸收法和生物滴滤法。在对无机卤化物进行处理时，优先考虑其回收利用价值，如氯化氢气体可以回收制盐酸，含氟废气能产生无机氟化物和白炭黑等。吸收和吸附等物理化学方法在资源回收利用和卤化物深度处理方面工艺技术相对比较成熟，优先考虑物理化学方法处理卤化物气体。吸收法治理含氯或氯化氢（盐酸酸雾）废气时，宜采用碱液吸收法；垃圾焚烧尾气中的含氯废气宜采用碱液或碳酸钠溶液吸收；吸收法治理含氟废气宜采用水、碱液或硅酸钠。

（3）工业固体废物治理技术

工业固体废物就是在工业生产中所产生的固体废物，也称为工业废物。同时，随着经济的不断发展，工业生产活动也在发展，这也意味着工业生产活动中所产生的工业废物就越来越多，而且随着时代的不断进步，工业废物的种类也在不断地增多，导致原来的工业废物处理办法难以解决目前的问题。传统的工业废物解决办法主要是填埋、焚烧等方法，还有一部分不能进行填埋的，只能堆积起来等待处理，这样的处理方式只会对环境造成污染，不能实质性地解决具体的问题。所以，各环保部门要对此有详细的了解，然后进行环保督查，寻找有效的措施解决问题。

可以采取以下措施对工业固体废物进行综合利用和治理。

1）优化生产工艺

为了有效地解决环保问题，首先要在具体的生产活动中改进生产技术，废除传统工业中的旧设备以及工艺技术，这样能够进一步简化工作步骤，也能从源头上把控工业废物的产生，减少工业废物的数量。其次，在具体的工作中聘请专业的技术人员进行设备的操作，这样能够使资源得到有效利用，避免越来越多的资源没有得到有效利用而被当作工业废物处理。相关工业部门要积极组织技术操作人员参加技术培训班，提升专业技能，并使其从意识上认识环保的重要性。最后，引用先进的生产项目，这样能够有效地减轻环保污染压力，目前很多的新能源项目都符合绿色生产，造成的环境污染比较小，可进一步促进重工业转型。

2）资源化综合利用

对工业固体废物实施资源化处理，是指通过科学、合理的技术手段，分析、提取与利用固体废物中可用的资源或成分，并尽可能降低固体废物的污染性、危害性，从而达到“变废为宝”的效果，使原本无利用价值或被丢弃的固体废物重新回到“资源阵营”当中。工业固体废物资源化技术包括堆肥技术、热裂解技术、厌氧消化处理技术等。

① 堆肥技术，简单来讲就是将具备有机物分解能力的微生物人为投放到固体废物中，从而加快固体废物的分解速度并提高其分解质量，使其在一定时间内得到充分发酵降解，最终变成可用于农业生产的有机肥料。除此之外，在固体废物的资源化处理中合理利用堆肥技术，还能改良区域内部的土壤环境，从而可以保证固体废物达到无害化卫生处理的标准。

② 热裂解技术，即通过高温加热的方式实现固体废物的分解处理，从而达到裂解有机物、促使大分子向小分子转化、缩小废物体积等目的。以前，人们普遍通过明火焚烧进行固体废物的热分解处理，但这种方式在实践过程中会产生大量的浓烟和毒气，不利于保护大气环境。相比之下，热裂解技术会在缺氧的特殊环境中进行，因而更加绿色环保，废物分解效果通常也更好。

③ 在固体废物中，绝大多数有机物都能在生化作用下得到有效的降解处理。一般而言，生物有机物内部往往包含大量的有机内能和生物质能，这种特性为应用厌氧处理

技术提供了优质的先决条件。如果对处理方法进行进一步划分，生物处理固体废物包括厌氧消化法和好氧堆肥法。好氧堆肥法在堆肥的过程中需要通入氧气，大幅增加了能源的消耗量；而厌氧消化法不需要消耗氧气，这样能最大限度节约资源，还可以生产出沼气这种新型清洁能源。

3）无害化处理

工业固体废物的无害化处理包括卫生填埋处理和焚烧处理。

① 卫生填埋技术是现阶段最常用的固体废物处理技术之一，使用该项技术时，人们需要在特定的填埋场地中深层填埋工业固体废物。从本质上讲，填埋技术的目的是尽可能使固体废物“与世隔绝”，即不会对城市环境与生态系统产生影响，因此该技术也被称作固体废物的“最终处置技术”。目前，固体废物的填埋处理主要分为陆地填埋和海洋填埋两种。其中，陆地填埋的经济性、便捷性、实效性最强，且能充分满足环境卫生方面的实践要求。卫生填埋技术的优点是：处理固体废物量大且节省资金，性价比较高。同时卫生填埋技术可以利用有机物来加快固体废物的降解速率，且不会造成二次污染，如果增加沼气回收设备，可以将沼气收集并合理利用。

② 焚烧处理技术的特点是可对固体废物中的病菌进行有效的消除，并且可对固体废物进行减量化处理，即固体废物的焚烧可以极大地减少固体废物的体积，降低到原体积的10%以下。此外，焚烧处理可以利用燃烧固体产生的热能进行发电。

1.1.2 我国工业绿色发展现状

1.1.2.1 绿色发展的概念

绿色发展是实现经济增长、资源消耗降低、环境效益增加的重要路径，是可持续发展的必要条件，绿色转型是重塑工业竞争新优势的新动能。绿色发展的核心是绿色经济，1989年英国环境经济学家David Pierce等在《绿色经济的蓝图》（*Blueprint for a Green Economy*）中首次提出了绿色经济的概念，强调通过对资源环境产品和服务进行适当的估价，使经济发展和环境保护基本保持和谐，从而实现可持续发展。

绿色发展的概念是伴随着可持续发展思想提出的，是继低碳经济、循环经济、绿色经济等概念之后，人类探寻可持续发展进程中的重大理论创新。1995年我国学者戴星翼在《走向绿色的发展》中首次明确使用绿色发展一词，以阐述可持续发展的一系列理论及实践问题，并指出“通往绿色发展之路”的根本途径是“可持续性不断增加”。2002年斯德哥尔摩环境研究所和联合国开发计划署共同发表《2002年中国人类发展研究报告：让绿色发展成为一种选择》，阐述了中国生态环境发展状况及面临的机遇与挑战，明确指出中国应选择绿色发展的道路。

绿色发展不仅要促进生产和消费方式的绿色化，催生新的绿色供给和需求，提高传统部门的效率；而且要注重环境治理和生态保护。绿色经济的显著特征是以绿色科技、绿色能源和绿色资本带动环境友好的相关产业在GDP比重的不断提高，增长模式强调低消耗、低排放，实现经济增长与污染排放脱钩，因此绿色发展依赖于绿色经济增长方式。

近年来，在促进经济复苏和应对气候变化的双重压力下，美国、欧盟、日本和韩国等国家和地区纷纷提出了绿色发展战略，绿色发展成为国际经济发展的共识和趋势。

1.1.2.2 我国工业绿色发展的基本情况

党的十八大以来，习近平总书记曾在国内外多个场合对绿色发展理念进行了一系列阐述："经济要发展，但不能以破坏生态环境为代价。""协调发展、绿色发展既是理念又是举措，务必政策到位、落实到位。""坚持绿色发展，就是要坚持节约资源和保护环境的基本国策，坚持可持续发展，形成人与自然和谐发展现代化建设新格局。"绿色发展是全面推进生态文明建设的必然选择，只有实施绿色永续发展战略，走绿色发展之路，才能有利于推动生态文明建设，引领经济社会可持续发展，实现中华民族伟大复兴。

2015 年 5 月 8 日，国务院正式印发《中国制造 2025》，明确提出"全面推行绿色制造，制定绿色产品、绿色工厂、绿色园区、绿色企业标准体系，开展绿色评价"。2016 年 3 月发布的《中华人民共和国国民经济和社会发展第十三个五年规划纲要》第二十二章提出"实施绿色制造工程，推进产品全生命周期绿色管理，构建绿色制造体系"。2016 年 6 月工业和信息化部印发《工业绿色发展规划（2016—2020 年）》，明确提出到 2020 年"绿色制造标准体系基本建立，绿色设计与评价得到广泛应用，建立百家绿色示范园区和千家绿色示范工厂，推广普及万种绿色产品，主要产业初步形成绿色供应链"。2016 年 9 月，工业和信息化部发布了《工业和信息化部办公厅关于开展绿色制造体系建设的通知》，提出"全面统筹推进绿色制造体系建设，到 2020 年，绿色制造体系初步建立，绿色制造相关标准体系和评价体系基本建成，在重点行业出台 100 项绿色设计产品评价标准、10～20 项绿色工厂标准，建立绿色园区、绿色供应链标准，发布绿色制造第三方评价实施规则、程序，制定第三方评价机构管理办法，遴选一批第三方评价机构，建设百家绿色园区和千家绿色工厂，开发万种绿色产品，创建绿色供应链，绿色制造市场化推进机制基本完成，逐步建立集信息交流传递、示范案例宣传等为一体的线上绿色制造公共服务平台，培育一批具有特色的专业化绿色制造服务机构"。

2016 年 11 月，财政部与工业和信息化部联合发布了《关于组织开展绿色制造系统集成工作的通知》，提出"通过几年持续推进，建设 100 个左右绿色设计平台和 200 个左右典型示范联合体，打造 150 家左右绿色制造水平国内一流、国际先进的绿色工厂，建立 100 项左右绿色制造行业标准，形成绿色增长、参与国际竞争和实现发展动能接续转换的领军力量，带动制造业绿色升级"。

全面推行绿色制造是实现工业绿色发展的必由之路，是破解工业化导致的经济发展和环境保护问题的根本之策。推动产业结构朝着科技含量高、资源消耗低和环境污染少的方向调整，加快生产方式绿色化，增加绿色产品供给，既是有效缓解资源能源约束、减轻生态环境压力的有效途径，更是推动工业转型升级，培育新的经济增长点，稳增长、调结构、增效益的关键措施，对促进工业文明与生态文明和谐共融具有重要的意义。

2016～2020 年，工业和信息化部共遴选发布 5 批绿色制造名单，绿色制造名单涵盖了全国各个省市，全国共建设 2121 家绿色工厂、189 家绿色供应链企业和 171 家绿色园区，推广近 2 万种绿色产品。

绿色制造系统集成项目以联合体方式协同推进。由绿色制造基础好以及技术、规模、产品和市场等综合条件突出的领军型企业作为牵头单位，联合重点企业、上下游企业和绿色制造方面第三方服务公司和研究机构等组成联合体，以需求为牵引、问题为导向，聚焦技术、模式、标准应用和创新，承担绿色制造系统集成任务。2016～2018 年，368 项绿色制造系统集成项目获得支持。

2019 年 5 月，工业和信息化部节能与综合利用司对 2019 年绿色制造系统解决方案供应商进行公开招标，招标公告的绿色制造系统解决供应商有绿色关键工艺系统集成应用、绿色制造共性技术装备系统集成应用、产品绿色设计与制造一体化集成应用、工厂数字化绿色提升集成应用、产业绿色链接系统集成应用、终端产品资源化利用系统集成和行业绿色发展数据基础能力提升 7 个主要方向。2020 年 4 月，工业和信息化部节能与综合利用司再次对绿色制造系统解决方案供应商进行公开招标，依然支持 7 个重点方向。与 2019 年相比，产品绿色设计与制造一体化集成应用和产业绿色链接系统集成应用两个方向转变为先进适用环保装备系统集成应用和水资源优化系统集成应用。绿色制造系统解决供应商是绿色制造系统集成项目的延续，以更公正公平、更精准有效的招投标方式遴选绿色制造企业承担绿色制造系统集成任务。

1.2 人造革与合成革行业现状及发展趋势

1.2.1 天然皮革

天然皮革指以动物皮为原料，经过一系列物理化学的加工处理所制成的一种坚固、耐用的材料。生皮的结构主要包括表皮层、真皮层及皮下组织，皮革制品主要利用中间的真皮层。真皮主要由纤维状蛋白质、基质和细胞组成，纤维状蛋白质主要有胶原纤维、网状纤维、弹力纤维三种，其中胶原纤维含量达到 95%～98%。而胶原纤维主要由胶原分子逐级形成的纤维束胶原蛋白构成，其中胶原蛋白含量达 80%～85%。胶原蛋白由 10 多种氨基酸构成，使得它具有大量的活性基团以及复杂的结构特征，对革制品的卫生性能及染色性能有很大的影响。

按生皮原料品种分类，天然皮革可以分为猪革、牛革、羊革、马革、鸵鸟革、鱼皮革、蛇皮革等；按皮革剖层的层数分类，天然皮革可以分为头层皮革、二层皮革、三层皮革等不同等级。头层皮革是带有天然粒面的那部分，使用性能和外观效果最佳，价格也比较昂贵，主要用于中高档产品的设计制作；二层皮革是紧挨头层皮革的那部分，表面不带天然粒面，多用于中低档产品的设计制作；三层皮革张幅较小，一般可用作箱包里料或低档产品的面料。天然皮革按鞣制方法可分为植物鞣革、铬鞣革、铝鞣革、锆鞣革、醛鞣革、油鞣革等。天然皮革按用途可分为家具革、箱包革、沙发革、工业用革、手套革、服装革、擦拭革等。

1.2.2 人造革与合成革的产生和发展

天然皮革产品吸湿性能强，透水汽性能优，穿着舒适性好，被众多的消费者所青睐，但是随着人口的膨胀，社会经济的发展，人们对天然皮革的需求量也在不断增加，有限的天然皮革资源已经无法满足人们的需求，采用合成材料替代天然皮革成为了一种选择。

20 世纪 20 年代，最早发展出了利用硝酸纤维素溶液涂覆织物所制成的硝化纤维漆布，但是这种材料的强度低，不耐老化，易变脆变硬，仅用于照相机的机壳、各种盒子及文具封底、封面等一些要求不高的日用品中。聚氯乙烯树脂于 1931 年开始小规模工业化生产，之后逐渐发展出了贴合法聚氯乙烯人造革，1954 年开发出了聚氯乙烯泡沫人造革，1956 年又开发出了涂刮法聚氯乙烯人造革。聚氯乙烯人造革的物理力学性能、外观及手感也逐步提高。

1959 年又出现了聚酰胺人造革，它是以尼龙 6 或尼龙 66 树脂溶液涂覆在织物上制成的具有多孔性结构的制品，但是由于其柔软性不好、缺乏真皮感，并没有得到太大的发展。

除了聚氯乙烯外，聚氨酯树脂的发展也对人造革与合成革工业的发展起到了巨大的推动作用。1937 年德国以拜尔教授为首的团队成功研制了聚氨酯树脂，1957 年德国首先推出了聚氨酯人造革方面的专利，1962 年日本从德国引进了该专利，同年日本兴国化学工业公司制成了聚氨酯人造革。1963 年美国杜邦公司推出了商品名为“Corfam”的无纺布底基的聚氨酯合成革。如果说早期的人造革仅是在外观上类似天然皮革，其本质则与天然皮革相去甚远，只是起到在数量上弥补天然皮革的不足之作用，那么以杜邦公司推出的聚氨酯合成革为代表性产品，由于其具有连续的微孔结构，吸湿、透湿等卫生性能大大提高，同时还具有耐寒、手感好、强度高、无聚氯乙烯类人造革冬硬夏软且黏手的现象，使得聚氨酯合成革无论在外观还是在内部结构上都与天然皮革更为接近。

随着合成纤维工业的进一步发展，又推出了超细纤维合成革这一高技术含量的产品。超细纤维合成革以超细纤维制成的具有三维网络结构的无纺布做基材，具有开孔结构的聚氨酯网状和尼龙束状结构，真正模拟天然皮革形态，超细纤维的巨大表面积赋予超细纤维合成革强烈的吸水作用，使得超细人工革的吸湿特性能够与具有束状超细胶原纤维的天然革相媲美，因而超细纤维合成革从内部微观结构、物理特性、外观质感和穿着舒适性，以及外观手感、透气性、弹性等方面均可与天然皮革相媲美，完全可以作为高档天然皮革的替代产品。因此，可以说超细纤维合成革对于人造革与合成革行业具有革命性意义，它把人造革与合成革行业推向了更高的发展层次。20 世纪 70 年代，日本可乐丽公司、东丽公司等先后成功开发出超细纤维合成革。此后随着生产技术、应用技术的进步和完善，生产成本的逐渐下降以及人们消费观念的转变和环保意识的增强，超细纤维合成革的生产和消费快速增长，现已被广泛应用在高档鞋、服装、家具、球类和汽车内饰等领域中。据统计，有 90%以上的高档运动鞋是由超细纤维合成革制成的，另外高档汽车座椅中也已大量采用超细纤维合成革代替天然皮革。

1.2.3 人造革与合成革的定义

人造革、合成革是将合成树脂以某种方式（如涂覆、贴合等）与基材结合在一起得到的天然皮革的代用品。《中国大百科全书：轻工》中人造革的定义为：人造革是一种外观、手感似革并可代替其使用的塑料制品。通常以织物为底基，涂层为合成革树脂。合成革的定义是模拟天然皮革的微观结构及理化性能，作为真皮的代用材料的塑料制品。通常以非织造布为网状层，以微孔或膜结构聚氨酯为粒面层，其外观与性能都与天然皮革相似。

2017 年，中华人民共和国国家质量监督检验检疫总局和中国国家标准化管理委员会发布的《人造革与合成革术语》（GB/T 34443—2017）进一步规范了人造革与合成革行业的相关术语定义。根据该标准，人造革是以压延、流延、涂覆、干法工艺在机织布、针织布或非织造布等材料上形成聚氯乙烯、聚氨酯等合成树脂膜层而制得的复合材料；合成革是以湿法工艺在机织布、针织布或非织造布等材料上形成聚氨酯树脂微孔层，再经干法工艺或后处理工艺制得的复合材料；复合革是以人造革、合成革或其半成品与其他材料贴合制得的复合材料；超细纤维合成革是以超细纤维基布制成的合成革。

1.2.4 我国人造革与合成革行业现状

1.2.4.1 我国人造革与合成革行业发展状况

中国自 1958 年开始研制生产人造革，该行业是中国轻工业中发展较早的行业，但是中国的人造革、合成革行业迅速发展是在改革开放后实现的。自 1979 年以后，上海、北京、广州、徐州等地引进压延法聚氯乙烯（PVC）人造革生产设备，武汉、长沙、佛山、石家庄等地引进了成套的离型纸法生产设备。1981 年又开始引进干法聚氨酯（PU）革生产技术，当时仅广州人造革厂生产，随后东莞人造革厂和武汉塑料一厂也相继引进投产。我国 1983 年在山东烟台建成了第一个聚氨酯合成革厂，标志着中国合成革行业真正意义上的发展。烟台万华合成革公司是 1978 年中国技术进口总公司从日本的可乐丽株式会社购买的“制鞋用合成革”成套设备和制造技术而建设的大型合成革企业，它的前身是“六五”期间的烟台合成革总厂。

近年来，我国合成革行业迅速发展，行业整体优势与规模不断扩大。2018 年，人造革、合成革产量为 299.5 万吨，同比增长 1.04%；工业总产值为 907.6 亿元，同比下降 5.8%；规模以上企业有 448 家，主营业务收入 978 亿元，同比下降 4.6%；出口量为 4.78 万吨，占总产量的 1.6%。2018 年复合统计各类生产线 4128 条，其中压延机 525 条、聚氨酯合成革生产线 2107 条（其中干法 1042 条，湿法 1065 条）、超细纤维合成革生产线 82 条，其他为各类配套生产线，如发泡、压花、研磨、揉纹、印刷、喷涂、上浆、转移、磨皮、片皮、植绒等生产线。目前我国人造革与合成革的生产量、消费量和进出口贸易量都位居世界第一位。

2019 年我国人造革与合成革规模以上企业 445 家，2019 年产量 328.28 万吨，2019 年出口量为 680287t。2020 年我国人造革与合成革行业遭受前所未有的打击，规模以上企业 441 家，在新型冠状病毒疫情高发期，季度产量 50.2 万吨，同比下降 32%；在生产恢复期，产量为 224.4 万吨，下降速度循环比收窄 29%。全年完成产量 323.07 万吨，同比下降 3%；1～12 月主营业务收入 724.13 亿元，同比下降 17.02%。

1.2.4.2 我国人造革与合成革区域分布情况

我国人造革、合成革行业产量区域集中度较高，主要分布在长江三角洲、珠江三角洲及沿海大中城市。据 2018 年统计数据显示，我国人造革、合成革产量主要集中在福建、浙江、广东、江苏等地区，产量分别占全国总产量的 26%、25%、21%、18%。2018 年我国人造革、合成革行业产量区域分布见表 1-1 和图 1-1。

表 1-1 2018 年我国人造革与合成革行业产量情况

项目	全国	福建	浙江	广东	江苏	其他省份
产量/万吨	299.5	77.87	74.875	62.895	53.91	29.95
占全国总产量的比重/%	100	26	25	21	18	10

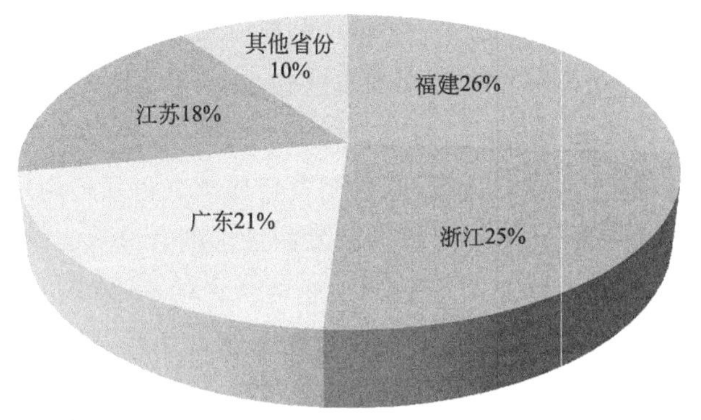

图 1-1 2018 年我国人造革与合成革产量分布

2020 年全国 18 个省市实现正增长的有北京、吉林、安徽、江西、湖北、湖南、四川七省市，增长总量49.52万吨。呈现负增长的有13个省市，下降幅度20%以上的有河北、上海、辽宁、福建、贵州。2020年以丽水、福鼎、萧县、南平、江阴、晋江、临海等地区为主的企业聚集地，销售收入300多亿元，占全国的50%。

（1）丽水合成革聚集区

丽水经济技术开发区于1993年设立，为国家级经济技术开发区，总面积110km^2，其中城市规划面积71km^2，整体位于丽水市区西南方，是丽水中心城市的重要组成部分。丽水经济技术开发区自2003年引入合成革产业以来，经历了引进新产业、调结构增品种、全面整治提升的不同发展阶段，2007年被中国塑料加工工业协会（简称中国塑协）确定为推进合成革循环经济试点基地，2012年被中国轻工业联合会授予“中国水性生态合成革产业示范基地”的荣誉称号。

目前丽水工商注册合成革生产经营企业118家，其中开发区生产企业84家，规模以上企业48家，占开发区企业的23.7%；职工1.3万人，占开发区就业职工的30.23%。合成革固定资产规模44亿元，生产线1000多条。产品产量年产4亿多米，其中聚氯乙烯人造革产量1.57亿米、聚氨酯合成革产量2.42亿米、超细纤维合成革1000多万米，合成革上下游产业链年工业总产值118.38亿元。2020年合成革产品实现工业总产值63.5亿元，占开发区工业总产值的26.56%，制品部分占全市塑料行业的72.16%，占全省合成革行业的30.38%。2020年，主营业务销售收入占全国人造革与合成革行业的比重，从2013年的7%提升到8.17%，同比增长1.17个百分点。

丽水合成革上下游配套企业逐步聚集，主要包括服务于合成革行业的原辅材料生产企业、环保治理企业、配套加工企业等。目前上游企业有18家，其中革基布7家、革树脂3家、革助剂与表处剂及辅助材料企业4家；后端加工企业27家，还有离型纸生产厂、固渣处理中心、热电联厂供给、DMF（二甲基甲酰胺）回收循环利用处理中心等。无纺布产量7亿米，占全国革基布业的10%；PU树脂产量27万吨，产值37.8亿元，占全国革树脂行业供给产能总量的7%；上游主要企业材料企业年产值43.95亿元。丽水合成革下游行业主要有箱包、手袋、制鞋、服装服饰、家具以及汽车内饰、文体器材等相关60多家公司，分布在丽水各市区县。

几年来，丽水减少和淘汰DMF工艺，减少溶剂型工艺产能25%～30%以上；同时，环保型水性聚氨酯生产，以水性聚氨酯制备合成革（包括适用水性聚氨酯表面处理剂、水性黏合层等制备水性合成革），以及开发的无溶剂合成革、热塑性弹性体等产量、产值增长10倍以上。2018年以来，规模以上企业生产的水性革、水性超纤革、水性助剂、水性黏合剂、水性涂层表处产品以及无溶剂革水性面层产品、水性离型纸以及15条水性革生产线，创造的水性生态合成革规模达到11.2亿元，占丽水生态合成革产业规模的15%，位居全国产业集群之首，占全行业水性革规模的26.3%。

丽水水性合成革生态工艺逐步形成体系。

① 水性革材料体系。具备了水性发泡层、水性面层、水性黏合剂、水性表处剂等生产能力；水性革各类树脂浆料以及助剂、表处剂等材料已经达到万吨级。

② 开发了水性革系列工艺体系。在 2013 年单一的水性干法工艺基础上，深入开发了水性湿法贝斯工艺、水性后处理工艺、水性黏合附着工艺三个新工艺技术。

③ 水性革产品逐步系列化。如水性聚氨酯革、水性超纤革、水性开纤基材产品、水性干法产品、水性湿法贝斯产品等。

(2) 福鼎合成革聚集区

福鼎市地处东南沿海地区，北邻浙南长三角，东邻台湾，南接闽东南海峡西岸经济区，是福建省的“北大门”和海西东北翼的“桥头堡”。2005 年，随着福鼎“工业立市”和“承接浙南经济”发展战略的推进，福鼎市从紧邻的“中国合成革之都”温州引进了一些合成革企业。经过十几年的发展，目前已有两个合成革项目园区，已形成“革基布—聚氨树脂—合成革—制革品”等一条龙的合成革产业链，具有一定产业基础和规模，成为福鼎市产值超百亿元的产业集群。

福鼎市的合成革企业主要分布在龙安和文渡两个项目区，龙安工业项目集中区和文渡工业项目区都位于东部沿海区域，具有港口、公路、铁路等交通运输的便利条件。龙安工业项目集中区位于福鼎市东南沿海的沙埕港西岸，地理区位优势明显，水陆交通便利，腹地平坦开阔，是闽浙边贸工业园临港工业组团的中心区域。北离温州机场 100km，西距太姥山高速公路互通口 15km，距温福铁路太姥山火车站仅 10km。文渡工业项目区位于秦屿镇以南 2km 区域，坐落于福鼎市太姥山镇与硖门畲族乡的交界处，G15 沈海高速公路东侧，距秦屿高速公路互通口 3km，距太姥山火车站 5km，距福鼎市、沙埕港均约 20km。项目区土地范围包含有秦屿镇东埕村以及硖门畲族乡斗门头、柏洋、青湾 4 个行政村以及福鼎盐场。

到 2018 年，福鼎市共有合成革及配套企业 62 家，其中规模以上企业 53 家，在建未入规企业 9 家；其中合成革生产企业 35 家，合成革前段生产企业 11 家（主要是树脂、助剂、革基布制造)，后段生产企业 7 家，拥有 200 多条干湿法生产线，提供就业岗位 8000 多个。2018 年，合成革产业累计完成产值 210.3 亿元（其中产值超亿元企业达到 48 家)，增长 10.2%，占全市规模以上工业产值的 29.0%，累计纳税 1.29 亿元。

2018 年合成革产量 60 万吨，在国内占有率近 20%，占福建省合成革总产量的 69%，出口贸易值占总销售额的 30%，年实现税收上亿元。2011 年，中国塑料加工工业协会授予福鼎“中国合成革名城”“中国合成革产业示范基地”荣誉称号。2015 年 11 月，中国轻工业联合会授予福鼎“中国生态合成革产业园”荣誉称号。目前，福鼎已成为全国合成革生产规模最大的产业集聚区。

从产业层面来看，龙安、文渡园区内合成革上游、下游的产业逐步得到发展。上游的树脂、基布、助剂等企业达到了 12 家。其中龙安工业区的树脂生产企业产能达到了 27 万吨/年（含 65% DMF，折合 17.55 万吨)，能够满足现有合成革企业 48000 万米的产能需求。

1.2.4.3 人造革与合成革的上下游产业

人造革与合成革产业以人造革与合成革行业为核心，包括上游石化行业、丝绵行业，中游天然制革、革树脂、革基布、革化工等行业，以及下游汽车内饰、制鞋、箱包、手袋、服装、服饰、文体用品等十个主要应用行业。

人造革与合成革行业与服装业、鞋业、箱包工业同步发展。人造革与合成革服装面料已经得到广泛应用，在服装面料中的比例不断提高，目前大约占10%，特别是时尚化的合成革服装面料受到欢迎，大约有30%的高档人造革与合成革用于制鞋业的发展，人造革与合成革面料已经成为箱包的主体。人造革与合成革的发展得益于PU浆料、PVC技术以及纺织材料的发展，也带动了相关原料的进步。

(1) 上游工业发展情况

人造革、合成革与超纤革生产使用材料主要有聚氯乙烯、聚氨酯、尼龙、涤纶、聚乙烯、聚苯乙烯以及增塑剂、各类助剂等高分子化学原料，还包括纺织行业产业用布、造纸行业特种离型纸等。其大宗原料商品主要是聚氯乙烯、聚氨酯以及革基布等。

1) 聚氯乙烯

聚氯乙烯是人造革加工的主要原料。2020年我国聚氯乙烯树脂表观消费达到2000多万吨。全年进口粉状树脂95万吨，进口糊状树脂12.86万吨，同比增长42.9%和49.1%。2020年国内20多家生产PVC糊状树脂企业产能138万吨，产量111万吨，消费量120万吨，其中40%用于塑料人造革类产品。

2) 聚氨酯

聚氨酯是合成革的核心材料。2020年国内聚氨酯总产量达到1467万吨，化工行业及革厂内配生产合成革用聚氨酯浆料的生产企业60多家，合成革浆料产量已达到400多万吨，华峰、汇得等前10家树脂厂产量占据全国70%的市场份额。

3) 革基布

我国革基布主要是针织布、机织布、非织造布、复合织物等，革基布行业聚集在福建、浙江、江苏、北京等地。

(2) 下游工业发展情况

人造革、合成革与超纤革的下游应用行业主要包括服装服饰、制鞋制靴、箱包手袋、文体器材、家具用品、汽车内饰、装饰壁布、弹性地板等领域。

合成革应用面广，涉及多个领域，在每个领域的应用地位不同，有用作主要材料、支撑材料、核心材料的，也有作为辅助材料的（如包装材料、装饰材料、配置材料），80%都属于工业中间品，产品出厂直接面对消费者的有弹性地板、装饰壁布。聚氨酯合成革产品下游行业主要以制鞋类、沙发座椅、手袋箱包等为主体；聚氯乙烯人造革下游行业主要以箱包革、弹性地板革、灯箱广告装饰革为主体；超细纤维合成革主要以运动鞋、汽车革为主体。

1.2.4.4 人造革与合成革行业绿色发展状况

由于人造革与合成革在生产过程中会使用大量的树脂、溶剂、化学助剂等化工材料，从而会产生相应的废气污染物，对区域生态环境造成污染，如何防治人造革与合成革行业废气污染已经成为行业持续发展需要面对的重要问题。

人造革与合成革行业产生量最大的废气是DMF废气，一条干法生产线排出的废气视生产规模而定，外排风量为5000～20000m^3/h，温度为80～100℃，热空气中的DMF浓度为15000～45000mg/m^3，尽管目前多数合成革企业已经配备了DMF回收装置，但是DMF废气的排放量仍然较大。如何替代和/或减少DMF废气的排放一直是人造革与合成革行业绿色发展的工作重点。

2016年，工业和信息化部发布了《重点行业挥发性有机物削减行动方案》，指出“石油炼制与石油化工、涂料、油墨、胶黏剂、农药、汽车、包装印刷、橡胶制品、合成革、家具、制鞋等行业VOCs排放量占工业排放总量的80%以上”，提出“到2018年，工业行业VOCs排放量比2015年削减330万吨以上，减少苯、甲苯、二甲苯、二甲基甲酰胺（DMF）等溶剂、助剂使用量20%以上，低（无）VOCs的绿色农药制剂、涂料、油墨、胶黏剂和轮胎产品比例分别达到70%、60%、70%、85%和40%以上”，并提出“重点推进水性与无溶剂聚氨酯，热塑性聚氨酯弹性体和聚烯烃类热缩弹性体树脂，替代有机溶剂树脂制备人造革、合成革、超纤革”。通过2019年与2016年同口径数据分析，合成革行业使用水性聚氨酯减少DMF使用量3.57%，去产能和关停并转企业减少使用DMF 25%，总计减少DMF使用28.57%，取得一定的成效。但是从总体规模来看，目前已经存在和正在形成的具备水性和无溶剂合成革生产能力的企业占规模以上企业的25.84%，且由于技术和市场的原因，这些企业也并没有实现全部产品的水性和无溶剂化，溶剂型产品在合成革行业仍然占据主导地位，水性和无溶剂产品的占比明显较低。

水性合成革的称呼是相对于普通溶剂型合成革而言的，溶剂型合成革的黏结层、发泡层、面层和表面处理层的化学材料一般以DMF等有机溶剂作为溶剂，水性合成革则以水作为溶剂，从而大大降低了DMF等有机废气的排放，同时也降低了环保处理费用。无溶剂合成革与水性合成革最大的区别，就是发泡层、面层结构的化学材料中完全没有溶剂，但无溶剂合成革的黏结层、表面处理层可能还是水性材料。无溶剂合成革由于不采用任何溶剂，因此对环境的污染为零，相比水性合成革而言，在生产上也更加节能。

“十三五”期间，人造革与合成革行业在水性合成革和无溶剂合成革的开发、推广和应用方面取得了较大的进展，突破了“传统湿法贝斯生产线技术改造升级生产水性湿法贝斯”，在福建南平成功开发了首台套水性湿法贝斯生产线，完成了“水性聚氨酯涂层、压花、着色一体机”智能装备实验开发工作，在江苏溧阳成功完成了首台套涂层压花着色一体机，在浙江丽水完成了“水性聚氨酯制备超细纤维合成革项目”。

与传统的溶剂型合成革相比，水性和无溶剂合成革更环保，大大减少了VOCs产生，但是水性和无溶剂合成革替代溶剂型合成革是一项非常复杂的综合性集成技术，涉及各类高分子材料复合、多种工艺路线、光机电主辅设备的设计改造以及相关生产过程参数的调整和控制，需要进一步加大研发力度，在产业政策、资金补助政策、税收政策等方面对水性和无溶剂合成革给予更多的支持和倾斜，以促进水性和无溶剂合成革的快速发展，从源头削减 VOCs 排放。

1.2.5 人造革与合成革行业发展趋势

近年来，我国人造革与合成革行业发展迅速，已经成为人造革与合成革生产大国、消费大国、贸易大国，在人造革与合成革的工艺创新、产品创新、装备创新、材料创新等方面已经取得了巨大的进步，在节约资源、环境友好、能效水平、绿色制造、生态工艺等方面都已经处于世界领先地位。随着中国工业生态化、绿色化、自动化和智能化的发展，中国人造革与合成革行业未来也必将向生态化、高端化和智能化发展。

第一，由传统的合成革产业向生态合成革产业发展。总体来说，我国的溶剂型产品在合成革行业仍然占据主导地位，水性和无溶剂产品的占比明显较低。在未来的“十四五”期间，水性和无溶剂生态合成革必将成为世界合成革的发展方向，我们要继续坚持力促水性革与无溶剂革产业化，继续加大水性革、无溶剂革、水性超纤革、压延革水性表处等生态革的基础材料、基础工艺等关键技术攻关，解决卡脖子的助剂材料和提高生产效率技术问题，畅通加速生态革的产业化进程。

第二，由传统合成革产业升级到高端产业，迈向时尚产业。当前，全球一系列的新兴产业，如新能源、新材料、智能装备、移动互联网、互联网、大数据等领域取得种种突破，网络众包、协同设计、个性化定制、精准供应链管理、全生命周期管理、电子商务等正在重塑人造革与合成革产业价值链体系，信息技术与制造业的深度融合等，这些将给我国人造革与合成革产业带来一场变革，在生产方式、产业形态、商业模式等方面促进行业技术领域的转型升级。人造革与合成革丰富多彩的时尚产品、流行产品，成为大众时尚产业、绿色消费升级必不可少的民生产品。

第三，由传统合成革产业向自动化、智能化产业发展。广东的英德匠心已经建立了标准化的全自动数字化生产线。未来“十四五”期间，应全面推广英德匠心全自动数字化生产技术，大力开发实用性的智能生产、数字化生产装备，加速生产工艺与互联网数字化融合，促进企业智能化、信息化、数值化科学制造，推动自动供料、自动检测、自动配色、自动在线监测和 ERP 等软件开发。

参考文献

[1] 潘峰. 工业污染防治技术管理与政策分析 [J]. 风景名胜，2021 (2)：347.

[2] 于洪伟，张昌帅. 工业废水的污染现状及防治策略 [J]. 环球市场，2020 (8)：358.

[3] 贾志红，樊薛伟. 治理工业废气污染技术的有效应用分析 [J]. 科技与企业，2016 (8)：126.

[4] 和丽芬，刘艳冰. 工业固体废物管理和利用对推动绿色发展的影响 [J]. 环境与发展，2020，32 (6)：216-218.

[5] 任启欣，孙浩楠，等. 工业固体废物现状及环境保护防治方法研究 [J]. 数字化用户，2019，25 (52)：202.

［6］ 黄新焕，鲍艳珍．我国环境保护政策演进历程及“十四五”发展趋势［J］．经济研究参考，2020（12）：76-83.
［7］ 刘子煜．工业废水的产生、治理及回收利用［J］．化工管理，2021（10）：33-34.
［8］ 李志华．工业废水污染治理技术研究［J］．资源节约与环保，2021（4）：83-84.
［9］ 甘晓润．工业废水治理技术及其进展［J］．城市建设理论研究（电子版），2015（3）：4964-4965.
［10］ 吕伯宇，李思凡，等．生物法处理工业废水的研究进展［J］．当代化工，2014（3）：432-434.
［11］ 杨立新．生物法在我国轻工业有机废水处理中的应用与进展［J］．鞍山钢铁学院学报，2001，24（4）：251-255.
［12］ 徐夏杰，殷恺．工业废气治理技术效率及其影响因素研究［J］．皮革制作与环保科技，2021，2（1）：77-79.
［13］ 牛莉慧，杜佩英．除尘技术研究进展［J］．山东化工，2017，46（19）：75-77.
［14］ 王春燕，王廷杰，等．烟气脱硫技术的进展、现状、展望［J］．科技视界，2021（14）：144-145.
［15］ 宋玉才，许艳梅．工业废气治理技术现状及发展趋势［J］．建筑工程技术与设计，2015（13）：2158-2159.
［16］ 陈朔．工业有机废气污染治理技术的应用和发展［J］．资源再生，2021（6）：53-55.
［17］ 洪双文．浅谈工业固体废物治理现状及防治措施［J］．企业技术开发，2017，36（10）：138-140.
［18］ 马培华．固体废物的资源化和综合利用技术研究［J］．低碳世界，2021，11（4）：29-30.
［19］ 潘闯．固体废物综合处理技术及治理措施［J］．山东工业技术，2016（21）：20.
［20］ 陈镜新．我国绿色制造体系建设的历程、现状与展望［J］．电子产品可靠性与环境试验，2020，38（4）：114-117.
［21］ 陶刚．工业化后期我国发展绿色生产方式问题探讨［J］．理论导刊，2017（6）：76-79.
［22］ 朵永超，钱晓明，等．超纤革仿天然皮革研究进展［J］．中国皮革，2019，48（03）：41-45.
［23］ 范浩军，陈意，等．人造革合成革材料及工艺学［M］．北京：中国轻工业出版社，2017：1-9.
［24］ 丁双山，王凤然，等．人造革与合成革［M］．北京：中国石化出版社，1998：10-12.
［25］ 钟宁庆．人造革合成革挑战天然皮革［J］．中国鞋业，1998（4）：15-17.
［26］ 李华．PU 干法生产线废气对环境的影响及回收效益分析［C］．首届中国（狮岭）国际人造革合成革高新技术与发展论坛论文集，2002：74-76.
［27］ 马兴元，吴泽，张淑芳，等．无溶剂聚氨酯合成革的成型机理与关键技术［J］．中国皮革，2013，42（17）：11-13，16.

第2章

人造革与合成革的生产工艺和主要环境问题

2.1 人造革与合成革的生产工艺

2.1.1 概述

人造革与合成革制造工业从20世纪80年代起在我国开始大力发展，逐步融合了纺织、造纸、皮革和塑料四大柔性材料的先进生产技术和自动化生产设备，形成了独立的理论体系、技术体系、制造体系和产品体系。产品主要包括人造革、合成革和超纤革三大类。

人造革是以纺织布作为基布，复合聚合物涂层制成的仿皮革材料，多数以聚氯乙烯（PVC）作为涂层剂，俗称PVC人造革，属于最早开发的第一代产品。合成革是以非织造布作为基布，经过浸渍和涂布聚合物浆料制成的仿皮革材料，多数以聚氨酯（PU）作为浸渍材料和涂层材料，俗称PU合成革，属于后期开发的第二代产品。超纤革全称超细纤维合成革，是以海岛纤维非织造布为基材，经过浸渍聚氨酯、湿法凝固和开纤制成超细纤维合成革基布，再通过干法贴面生产的仿皮革材料。超纤革具有卓越的力学性能、良好的卫生性能和使用性能，属于快速发展的第三代产品。人造革与合成革的加工制造过程是一个复杂的塑料加工工艺过程，在制造过程中除大量应用各种树脂（聚氯乙烯树脂、聚氨酯树脂）外，还要应用各种化工产品，如增塑剂［邻苯二甲酸二辛酯（DOP）、邻苯二甲酸二丁酯（DBP）］、溶剂［二甲基甲酰胺（DMF）、甲苯（TOL）、丁酮（MEK）、乙酸乙酯（EA）］，并需加入各种稳定剂、发泡剂等加工助剂，这些化工产品在生产加工过程中会产生废气、废水和固体废物。

由于人造革与合成革可以采用不同的加工工艺生产制造，所以工艺不同所生产的产品也不同，所采用的原辅材料也不同，因而不同的加工工艺生产过程中所产生的污染物也不同。

2.1.2 聚氯乙烯人造革生产工艺

2.1.2.1 发展概况

最早的人造革是1921年利用硝酸纤维素溶液涂覆织物所制成的硝化纤维漆布。1931年，PVC树脂首次实现小规模工业化生产，人们生产出了贴合法PVC普通人造革，PVC人造革是人工革的第一代产品。1954年又生产出了PVC泡沫人造革，硝化纤维素人造革逐渐被PVC人造革所取代。此后，随着乳化液法PVC树脂的出现，1956年又开发了涂刮法PVC人造革。后来，生产工艺也由最初的直接涂刮法发展到转移涂刮法（钢带法、离型纸法）。随后又出现了聚酰胺革和聚烯烃人造革，但直至现在它们的产量都很小。

1958年上海塑料制品一厂研制成功人造革，正式揭开了我国人造革发展的序幕，这也是我国塑料工业中发展较早的行业；但是直到改革开放后，我国人造革与合成革行业才开始了真正意义上的发展。自1979年以后，上海、北京、广州、徐州等地引进了压延法PVC人造革生产设备，武汉、长沙、佛山、石家庄等地引进了成套的离型纸法生产设备。

2.1.2.2 生产工艺和主要生产设备

聚氯乙烯人造革是指以压延、流延、涂覆、干法工艺在机织布、针织布或非织造布等材料上形成聚氯乙烯等合成树脂膜层而制得的复合材料。主要是由聚氯乙烯树脂、增塑剂（如邻苯二甲酸二辛酯、邻苯二甲酸二丁酯等）、稳定剂、填充剂等辅助材料组成的混合物，通过不同的工艺路线，涂刮或贴合在各类基布上制成的具有柔软、色泽鲜艳、质地轻、耐磨、耐折、外观与天然皮革相似等特点的塑料制品。其工艺方法主要分为直接涂刮法、转移法、压延法等。

（1）直接涂刮法聚氯乙烯人造革生产工艺和主要生产设备

1）生产工艺

直接涂刮法是将PVC增塑糊（以PVC树脂和增塑剂为主的糊状混合料）用刮刀涂覆在预处理的基布上，再经凝胶塑化、冷却、卷取等工序生产PVC人造革的工艺。该工艺是我国人造革生产最早采用的一种生产方法，生产以机织布、帆布、尼龙布为底基的人造革。现在直接涂刮法已不是主要的生产方法。

直接涂刮法聚氯乙烯人造革生产过程中主要产污环节是塑化和发泡工序，生产中为了满足物料的凝胶塑化、发泡和压花等工艺要求，塑化箱温度可达170～210℃，在此温度下可产生主要含有增塑剂的废气。

生产工艺流程如图2-1所示。

2）主要生产设备

直接涂刮法聚氯乙烯人造革主要生产设备有配料设备、基布预处理设备、涂刮机、

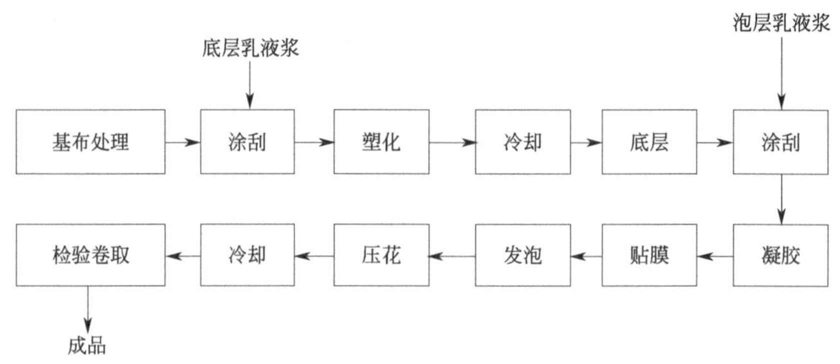

图 2-1 直接涂刮法聚氯乙烯人造革生产工艺流程

烘箱、压花装置、冷却装置、卷取装置等。下面重点介绍涂刮机和烘箱。

① 涂刮机。涂刮机是直接涂刮法聚氯乙烯人造革生产的主要设备之一。涂刮机需要能控制涂布量而且涂布均匀。常用的涂刮机有刀涂式和辊涂式两大类，直接涂刮法人造革生产一般采用刀涂式。为保证涂刮的质量，涂刮机对各部件，特别是刮刀和导辊的加工精度要求很高。刀涂方式分为浮刀涂刮、辊筒刀涂、带衬涂刮三种形式。

图 2-2 是辊筒刀涂机现场照片。

图 2-2 辊筒刀涂机现场照片

辊筒刀涂机是在钢辊（或橡胶辊）的最高点垂直放置刮刀，辊筒的直径一般为350mm，调节刮刀与辊筒的间隙可调节涂层的厚度。辊筒刀涂机由于有金属或橡胶辊承托，可用于涂刮强度较小的基布而且涂层厚薄均匀，质量较好。但辊筒刀涂机对底部辊筒表面质量要求很高，底部辊筒不光滑时涂层厚度就不易保证均匀。

② 烘箱。烘箱（图 2-3）也是主要设备之一。烘箱置于涂刮机或贴合机后面，其作用是将基布上的 PVC 涂层烘干成膜，达到塑化、发泡、贴牢的目的。

图 2-3 烘箱现场照片

烘箱的热源有导热油、蒸汽。导热油加热后温度可达 250℃以上，温控精确度较高，无明火，适用性较广，是目前主要的热源；但需配备加热导热油的锅炉（使用燃油、燃煤等）和导热油循环系统，投资较大。蒸汽加热比较安全，且可以使用园区内热电厂产生的蒸汽代替导热油生产所需的加热风，从而在热电联产中实现蒸汽的有效利用，同时降低人造革生产过程中的干燥成本，并提高人造革生产过程的安全性。

烘箱的加热方式可分为热辐射式、热风循环式、热辐射与热风循环相结合。热辐射式常采用石英玻璃管电加热器或金属管状远红外辐射加热器，这种加热方式升温快，结构简单，但热效率低，温度不均匀。热风循环式烘箱具有安全可靠、内部温度均匀、温度控制精度高等优点，目前烘箱多采用这种方式。热风循环式烘箱采用导热油加热空气，由风机将热空气经喷嘴射出，在烘箱内强制循环。用导热油加热烘箱的循环系统如下：将储油槽中的导热油用注油泵输入膨胀槽，再经过滤器滤去油中杂质后送入加热炉内加热至 280℃；然后高温导热油进入烘箱散热器，与空气进行热交换，此时空气被加热，由散热器内的轴流风机通过风管进入烘箱内；导热油温度降低后再次进入加热炉内进行循环。工厂内一般采取集中供热的方式，由一台锅炉向多个烘箱集中供热。

（2）转移法聚氯乙烯人造革生产工艺和主要生产设备

1）生产工艺

常见的转移法有离型纸法、钢带法等。离型纸法由于生产设备比较简单，工艺容易掌握，产品质量好，是目前主要的生产方法。下面以离型纸法为例进行介绍。该工艺是将聚氯乙烯树脂、增塑剂、稳定剂、发泡剂、填充剂等助剂配成的糊状浆料涂刮到离型纸上，使基布在不受张力的情况下与涂层复合，经塑化发泡等工艺过程冷却后，从离型纸上剥离下来，此时将涂层皮膜转移至基布上即成为人造革。离型纸法 PVC 人造革产品以泡沫革为主，具有手感柔软、弹性好、真皮感强等特点，常用于服装、手套、沙发等。

转移法与直接涂刮法相比具有以下特点：

① 基布与涂层贴合时，所受的张力很小，胶料渗入基布的量较少，因而人造革手感较好，可用于组织疏松、伸缩性很大（针织布）或强度较低（某些非织造布）的基布。

② 人造革的表面质量受基布影响小。

③ 产品质量好，工艺易掌握控制，生产时受胶料黏度及涂层厚度的限制较少，对生产增塑剂含量多的薄型柔软衣着和手套用革尤为适宜。

离型纸法聚氯乙烯人造革生产的主要产污环节也是塑化和发泡工序，塑化箱温度可达 170～210℃，在此温度下可产生主要含有增塑剂的废气。

生产工艺流程如图 2-4 所示。

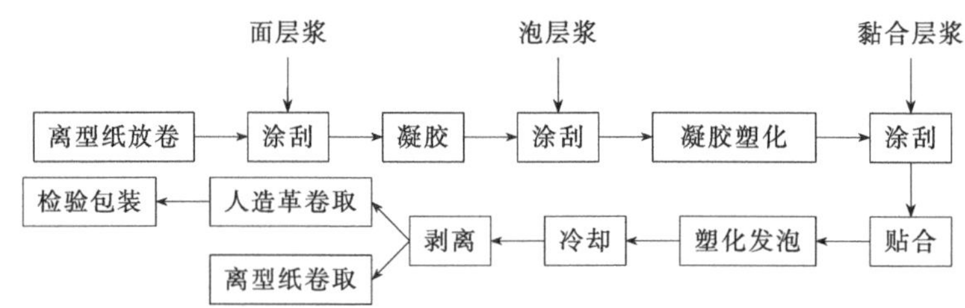

图 2-4 离型纸法聚氯乙烯人造革生产工艺流程

离型纸法人造革以泡沫人造革为主，三层结构（包括面层、泡沫层和黏结层）的泡沫人造革其生产过程简述如下：配好各层胶料，离型纸放卷，经储纸机在第一涂刮机涂刮面层，进入第一烘箱凝胶塑化，冷却后进入第二涂刮机涂刮发泡层，进入第二烘箱进行预塑化不发泡，冷却后进入第三涂刮机刮涂黏结层，然后与基布贴合（湿贴）进入第三烘箱塑化发泡，冷却后人造革与离型纸剥离，分别卷取，此生产过程称为“三涂三烘”。两层结构的人造革生产则采用“二涂三烘”：在涂刮发泡层后，通过一个温度较低的短烘箱，使发泡层呈半凝胶状态，出烘箱后立即与基布贴合；贴合后，进入烘箱进行塑化发泡，然后冷却、剥离。

2）主要生产设备

使用的主要生产设备有储纸机、烘箱、贴合机、剥离机、离型纸检查机等。

下面重点介绍烘箱。

离型纸法 PVC 人造革的烘箱可在其中安排上下两排风嘴进行加热，风嘴的排列与离型纸运行方向垂直。为了保护离型纸，又由于离型纸对热量传递有屏蔽作用，所以一般烘箱上风嘴风量大，具有对涂层加温的功能；下风嘴风量小，具有对离型纸保温的功能，从而使上风嘴对涂层的加温不至于因离型纸温度过低而失散。

(3) 压延法聚氯乙烯人造革生产工艺和主要生产设备

1) 生产工艺

压延法是在压延软质 PVC 薄膜的过程中引入基布，使薄膜和基布牢固地贴合在一起，再经过后加工制成 PVC 人造革的工艺。压延法 PVC 人造革也可分为发泡的泡沫革和不发泡的普通革。压延法是 PVC 人造革最重要的生产工艺，特别适用于制造箱包革、家具革和地板革，也可用于服装革和鞋用革的生产。其优点是可以使用廉价的悬浮法 PVC 树脂，所用的基布比较广泛，加工能力大，生产速度快，产品质量好，生产连续。缺点是设备庞大，生产线长，占地面积大，投资高，生产技术复杂，维修复杂。

在压延法聚氯乙烯人造革的生产中，为了满足物料的塑化、压延成型、发泡和压花等工艺要求，炼塑机温度可达 110～135℃，塑化箱温度可达 170～210℃，在此温度下可产生主要含有增塑剂的废气。

生产工艺流程如图 2-5 所示。

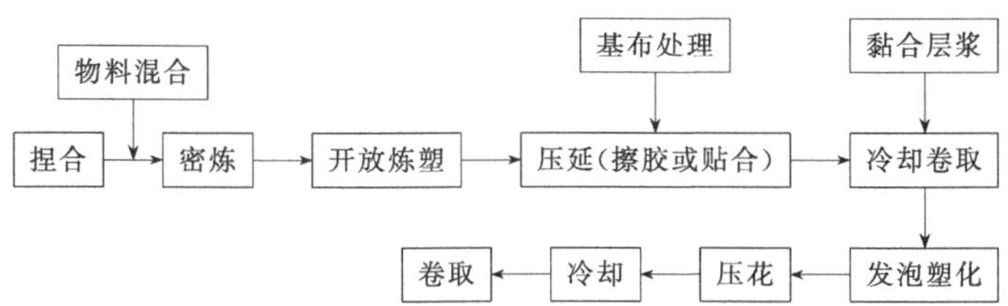

图 2-5 压延法聚氯乙烯人造革生产工艺流程

2) 主要生产设备

使用的主要生产设备有基布处理设备、配混设备、预塑化设备、压延机、贴合设备等。下面重点介绍压延机。

压延机是压延法人造革生产线的主要设备之一，主要由传动系统、压延系统、辊筒加热系统、润滑循环及冷却系统和电控系统组成。

根据辊筒数目的不同，压延机分为双辊、三辊、四辊、五辊，甚至有六辊。辊筒排列方式如图 2-6 所示。压延法 PVC 人造革主要采用 I 形三辊压延机和倒 L 形四辊压延机。相对三辊压延机，四辊压延机多一道间隙，因此辊筒的线速度更高（通常是三辊的 2～4 倍），从而可提高生产效率，同时还可以使制品厚度均匀，表面光滑；而且由于四辊压延机对塑料多了一次压延，因而可以用来生产较薄的薄膜，因此目前一般采用四辊压延机。

2.1.3 干法聚氨酯合成革生产工艺

2.1.3.1 发展概况

聚氨酯合成革是第二代产品，其开发与聚氨酯树脂的发展密切相关。1937 年德国以拜耳教授为代表的研究人员对聚氨酯树脂的研究成功，为聚氨酯人造革及合成革的开

图 2-6 压延机辊筒排列方式

发打下了良好的基础。继 PVC 人造革之后，科技专家们 30 多年潜心研究和开发了 PU 合成革。1953 年德国首先推出聚氨酯人造革方面的专利，其作为天然革的理想替代品，获得了突破性的技术进步。日本于 1962 年从德国引进该专利，同年日本兴国化学工业公司也制成了聚氨酯人造革。1963 年左右美国杜邦公司研究成功聚氨酯合成革，其外观、物性构成、手感等更接近天然皮革，牌号为柯芬（Corfam），其基材是聚酯纤维。第二年，日本仓敷人造丝公司也相继制成商品名称为可乐丽娜（Clarino）的合成革，其基材是尼龙丝，接着东洋橡胶工业公司也制成帕特拉（Patora）聚氨酯合成革，帝人公司的哥得勒也研究成功。在此基础上，人们在基材和涂层树脂方面进行了改进。到 20 世纪 70 年代，合成纤维的无纺布出现，针刺成网、黏结成网等工艺使基材具有藕状断面、空心纤维状，达到了多孔结构，且符合天然皮革的网状结构要求；同时合成革表层已能做到微细孔结构聚氨酯层，其他物理特性都接近于天然皮革的指标，而色泽比天然皮革更为鲜艳，其常温耐折达到 100 万次以上，低温耐折也能达到天然皮革的水平。

合成革生产采用的基布为非织造布，这是一种不需要纺纱织布而形成的织物，是将纺织短纤维或者长丝进行定向或随机排列，使其形成纤网结构，然后采用机械、热黏合或化学等方法加固而成的。利用非织造布作为基布制造仿革产品，其最大的优势是纤维结构与天然皮革接近，能够赋予产品近似于天然皮革的加工性能。

合成革工艺是将两种不同的材料（基布和涂层材料）结合起来的工艺技术，按生产方法可以分为干法聚氨酯工艺和湿法聚氨酯工艺。

干法聚氨酯合成革是我国从 20 世纪 70 年代末开始从国外引进生产工艺和设备开发研制生产的，当时仅广州人造革厂生产，随后东莞人造革厂和武汉塑料一厂也相继引进投产。

2.1.3.2 生产工艺和主要生产设备

(1) 生产工艺

干法聚氨酯合成革通过一定的生产工艺过程把溶剂型聚氨酯树脂溶液涂覆于基布

上，其中的溶剂挥发后，得到多层薄膜和基布构成的一种多层结构体。通常采用离型纸生产工艺，即将涂层先涂在离型纸上，使它形成连续均匀的薄膜，再在薄膜上涂上黏合剂，与织物或湿法贝斯叠合，经过烘干和固化将离型纸剥离，涂层剂膜就会转移到织物或基布上。由于采用聚氨酯浆料直接干燥形成聚氨酯涂层的成型方式，所以其成品被称为干法聚氨酯合成革，这种工艺形式俗称“干法”。采用干法工艺形成的聚氨酯涂层柔软并富有弹性，与非织造布结合牢度高。一般情况下，采用溶剂型聚氨酯干法成膜的方式制备的涂层，透气透湿性能较差；采用水性聚氨酯干法成膜的方式制备的涂层，透气透湿性能相对较好。

干法聚氨酯合成革生产工艺流程如图 2-7 所示。

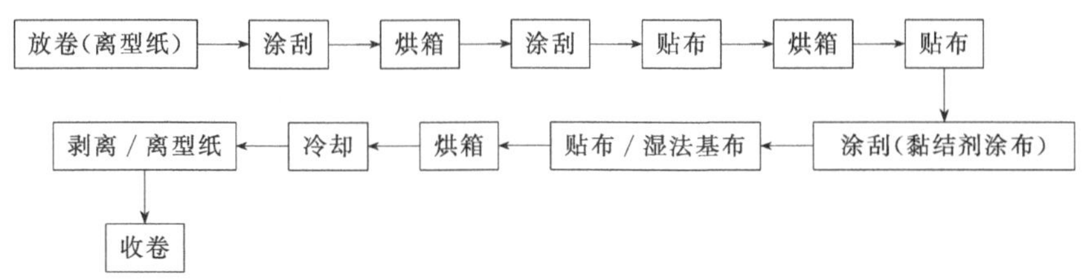

图 2-7 干法聚氨酯合成革生产工艺流程

(2) 主要生产设备

使用的主要生产设备有高速搅拌机、精密涂布机、烘箱等。下面重点介绍精密涂布机和烘箱。

1) 精密涂布机

在干法涂层生产线中，涂布机是最重要的设备，分为平板刀涂机、辊筒刀涂机和带衬涂刮机，现大多采用前两种。

平板刀涂机是平板式机台，在平板的边缘上方垂直放置刮刀，且刮刀可上下移动，左右调整角度。涂刮机上安装多根导辊与张力架，涂层的厚度是靠刀刃在基布上力的大小来控制的，即基布张力大，则涂层薄；基布张力小，则涂层厚。由于在刮刀作用下没有任何支承物承托基布，所以会影响涂层的厚薄均匀度，因此发展了辊筒刀涂机，以克服涂层厚度不易控制的缺点。

辊筒刀涂机是在钢辊最高点垂直放置可上下调整的刮刀，一般钢辊直径为 350mm 左右，刮刀与辊筒的间隙决定涂层的厚度。采用辊筒刀涂机生产合成革操作方便，生产的产品厚薄均匀，质量较好。

2) 烘箱

烘箱是干法合成革的主要设备，它的作用是高速有效地将涂层剂变成涂膜层。烘箱加热的热源主要有电、蒸汽和导热油，现在大多采用导热油，且大多采用热风循环式加热，共有两种形式：在烘箱上部设单面热风喷嘴和上下两部位都设热风喷嘴。热风循环式加热烘箱温度均匀，且易控制。

烘箱结构主要由箱体、加热与温度控制系统、排风系统组成。合成革用烘箱一般采用长方形隧道式箱体结构，烘箱由多节单元组成，可拼装成所需长度，一般烘箱长 6～40m，宽 2m 左右。烘箱的金属骨架全部采用型钢，内外壁为金属板，夹层内填充隔热保温材料，侧面有小门，便于穿布操作和清洁烘箱。在烘箱下部安装导辊，离型纸进入烘箱后由导辊承托前进，同时在烘箱内部多处安装电子控温系统，以调节烘箱温度达到工艺要求，其温度应从低向高分布。

2.1.4 湿法聚氨酯合成革生产工艺

2.1.4.1 发展概况

湿法聚氨酯合成革于 1963 年由美国杜邦公司研制投放市场，20 世纪 70 年代末期和 80 年代初期，国外市场出现各种规格的以织物为基布的湿法聚氨酯合成革。我国相继从欧洲、中国台湾地区引进了近百条以起毛布为基材的生产线，目前我国湿法聚氨酯合成革所用的基布主要有纺织布和无纺布两大类。山东烟台合成革厂（即现在的烟台万华）从日本可乐丽引进了湿法聚氨酯革的生产技术及设备。

2.1.4.2 生产工艺和主要生产设备

（1）生产工艺

湿法聚氨酯合成革曾一度被认为是天然皮革的最佳替代品。将聚氨酯树脂、DMF 溶液添加各种助剂制成浆料，浸渍或涂覆于基材上，然后放入与 DMF 具有亲和性、与聚氨酯树脂不亲和的水中，DMF 被水置换，聚氨酯树脂逐渐凝固，从而形成多孔性的薄膜（微孔聚氨酯粒面）。通常情况下，习惯将浸渍过聚氨酯或带有微孔涂层的基布称为贝斯（英文 Base 的音译，指半成品）。贝斯经过干法贴面或者经过后整饰，如表面印刷、压花、磨皮、揉纹等工艺后，才能称为聚氨酯人造革或聚氨酯合成革。

采用湿法聚氨酯浸渍工艺和涂层工艺，在非织造布纤维之间形成多孔的聚氨酯填充体，在非织造布表面形成多孔的聚氨酯涂层，使其性能更加接近天然皮革，通常被称为“湿法贝斯”。由于这种工艺需要在含有二甲基甲酰胺（DMF）的水浴中凝固，所以被称为湿法聚氨酯合成革，这种工艺形式俗称“湿法”。湿法凝固所形成的聚氨酯填充体或涂层柔软并富有弹性，与基布结合牢度高。

贝斯产品类型主要有超细纤维无纺布贝斯、起毛布贝斯和各类机织布贝斯等。

湿法聚氨酯合成革生产配料工艺流程如图 2-8 所示，湿法聚氨酯合成革生产工艺流程如图 2-9 所示。

图 2-8 湿法聚氨酯合成革生产配料工艺流程

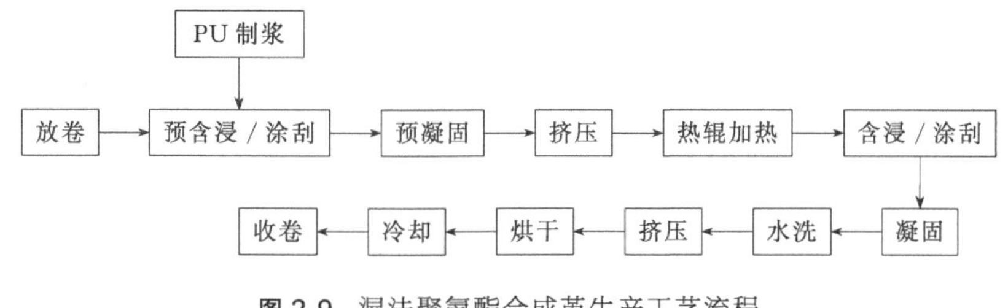

图 2-9 湿法聚氨酯合成革生产工艺流程

（2）主要生产设备

使用的主要生产设备有制浆设备、含浸槽、凝固槽、水洗槽、烘箱、冷却装置、卷取装置、DMF 回收装置等。下面重点介绍含浸槽和凝固槽。

1）含浸槽

含浸槽外观一般为长方体结构，采用不锈钢材料制造，内装上下两排导辊。基布入槽后，在上下两排辊间运动，与聚氨酯混合液充分接触。含浸槽体积越大，越有利于基布更充分地浸渍聚氨酯混合液。

2）凝固槽

凝固槽在湿法凝固涂层中是相当重要的设备。凝固槽主要有立式和卧式两种，现多为卧式。卧式凝固槽内导辊数量有 3 排、5 排、7 排，基布在槽内呈 S 形折回返出。卧式凝固槽长度一般为 20～25m，流程长度一般在 70～110m。凝固槽用不锈钢制造，外面用槽钢加强，基布入槽处的辊筒、出口处的挤压辊以及中间的折返辊都是主动辊，其余为被动辊。整个凝固槽的张力靠调节主动辊速度来调节。

2.1.5 超细纤维合成革生产工艺

2.1.5.1 发展概况

超细纤维合成革是第三代合成革产品，它以超细纤维制成的具有三维网络结构的无纺布作为基材，具有开孔的聚氨酯网状和尼龙束状结构，真正模拟了天然皮革的形态，如图 2-10 所示。超细纤维的巨大表面积赋予超细纤维合成革强烈的吸水作用，使得超细纤维合成革的吸湿特性能够与具有束状超细胶原纤维的天然皮革相媲美，因而超细纤维合成革从内部微观结构、物理特性、外观质感和穿着舒适性，以及外观手感、透气性、弹性等方面，均可与天然皮革相媲美，在耐化学性、质量均一性、大生产加工适应性以及防水、防霉变性等方面，更超过了天然皮革，完全可以作为高档天然皮革的替代产品。因此，可以说超细纤维合成革对于合成革行业具有革命性意义，它把合成革行业推向了更高的发展层次。

20 世纪 70 年代，日本可乐丽公司、东丽公司等先后成功开发出超细纤维合成革。超细纤维合成革的出现，最重要的意义是这种产品提升了整个行业的地位。此后随着生产技术、应用技术的进步和完善，生产成本的逐渐下降，以及人们消费观念的转变和环保意识的增强，超细纤维合成革的生产和消费快速增长，现已广泛应用在高档鞋、服

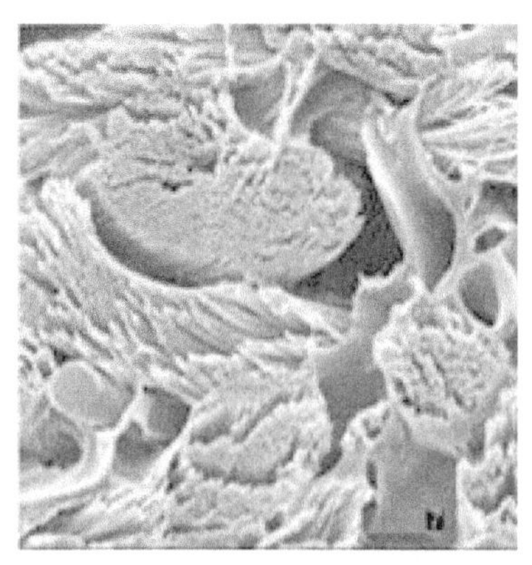

图 2-10　超细纤维合成革的剖面电镜图

装、家具、球类和汽车内饰等领域中。日本是目前世界上最大的超细纤维生产国，也是超细纤维合成革技术水平最为先进的国家。在日本、欧美等发达国家和地区超细纤维产品也得到了充分认可。

我国的超细纤维合成革由烟台合成革总厂（后称万华超纤股份有限公司）于 1983 年在引进日本可乐丽公司技术的基础上逐渐发展起来。

2.1.5.2　生产工艺和主要生产设备

超细纤维合成革生产原理：以海岛纤维非织造布为基材，浸渍聚氨酯浆料并经过湿法凝固后形成海岛纤维/聚氨酯复合材料，再经过开纤（碱减量或甲苯减量），得到超细纤维/聚氨酯复合材料，即超细纤维合成革基布，最后经过不同的后整理工序，生产出具有耐磨、耐寒、透气、耐老化的光面超纤革或绒面超纤革。与湿法聚氨酯合成革工艺相比，最大的区别是在浸渍和凝固后进行开纤，使海岛纤维变成超细纤维。超纤革的纤维非常细，在微观结构和使用性能方面更加接近天然皮革，并具有更好的力学性能。

制造超细纤维合成革中所使用的纤维主要是海岛型复合纤维。因为超细纤维不能进行梳理和加工，故以复合的形式被制成基布后，把“海”溶解或分解除去，留下来的“岛”以超细方式存在于基体中，赋予超细人工皮革优良的特性。其生产工艺主要有不定岛和定岛两种。定岛超细纤维合成革和不定岛超细纤维合成革的区别之一为开纤时使用的溶出剂不同，定岛超细纤维合成革溶出剂为 NaOH，不定岛超细纤维合成革的溶出剂为甲苯。定岛技术制得的合成革染色均匀度好，力学性能高，但柔软度和起绒后的手感较差；不定岛技术制得的合成革比较柔软，起绒后的手感较好，但强度相对低一些，容易出现染色不匀、色牢度差等问题，另外起绒的纤维易于脱落，抗起球性能较差。

（1）不定岛工艺

不定岛工艺流程如图 2-11 所示。

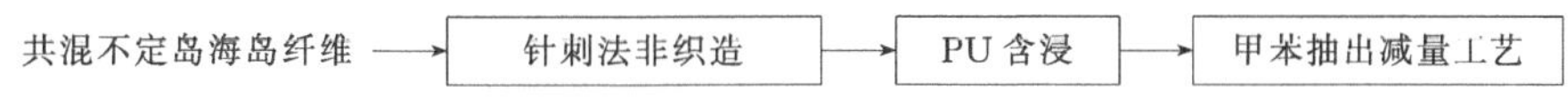

图 2-11 不定岛工艺流程

甲苯抽出减量工艺利用聚乙烯能够溶解于热甲苯中的特性，以热甲苯作为聚乙烯的萃取溶剂。萃取方式采用对流多段连续萃取，即将前加工基布连续地送入化学减量机内，甲苯溶液以对流方式连续送入，基布在大量热甲苯溶液中经反复浸渍，用压辊挤液使复合纤维中的聚乙烯及已无用的添加剂被化学减量除去，从而使纤维呈束状结构，经化学减量后的基布在抽出槽中通过水与甲苯共沸作用洗除残余甲苯，达到抽出的目的。

（2）定岛工艺

定岛工艺流程如图 2-12 所示。

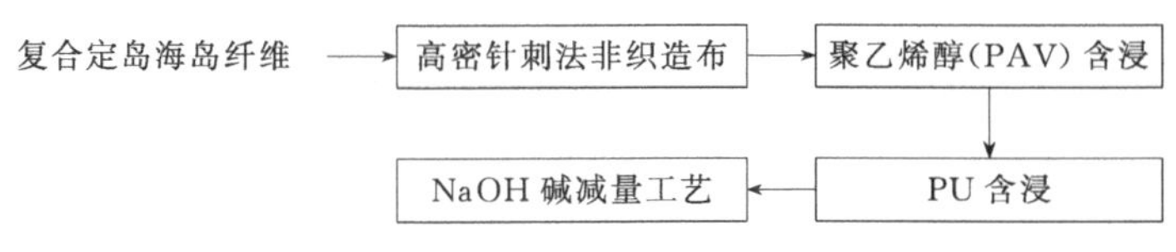

图 2-12 定岛工艺流程

碱减量工艺是利用尼龙和聚氨酯在碱液中不易水解的特性，将制革工序加工而成的贝斯送入碱液，在一定的温度和时间下通过反复压轧，溶掉“海”成分完成开纤，形成完全由超细纤维束和网络状的 PU 树脂组成的海绵体，至此形成了真正具有天然皮革结构的海岛超纤皮革。

超细纤维合成革与湿法工艺合成革生产有一定的相似性，但增加了前段海岛纤维生产和后段的甲苯抽提/碱减量工序，因此与湿法工艺合成革生产相比，增加了废气和废水的产生。

2.1.6 人造革与合成革后处理工艺

人造革与合成革后处理工艺主要有表面处理、表面印花、表面花纹获得、抛光和磨革等。

2.1.6.1 表面处理工艺

表面处理工艺是常见的后处理工序之一，一般采用二版印刷机、三版印刷机、辊涂机或专门的表面处理机，可以产生改色、增光、消光、抛光、提升手感等效果。

用于表面处理的设备主要为辊涂机和印刷机两类。表面辊涂处理生产线和表面印刷处理生产线的主要区别在于外观和供料方式。表面印刷处理采用下供料方式；表面辊涂处理的辊涂机既可以采用上供料方式，也可以采用下供料方式。采用表面辊涂处理生产线，可以方便地加长烘箱，提高生产效率，特别适合水性表面处理工艺。

2.1.6.2 表面印花工艺

表面印花源于纺织品印花，又融合了现代包装材料的油墨印刷技术，采用大型的喷墨或激光打印机，在合成革表面印出各种美丽的图案。表面印花可分为辊涂印花、丝网印刷等。辊涂印花使用的是辊涂印花机且通常采用凹辊印刷。丝网印刷是在刮板（刮刀）的作用下，印刷浆料通过丝网版中的花样漏印在合成革上，使合成革表面呈现各种图案和色彩。

2.1.6.3 其他

表面花纹的获得有四种方式，分别是机械压纹、真空吸纹、揉纹和离型纸转移花纹。表面抛光一般采用抛光机。对绒面型超细纤维合成革来说，磨革是非常关键的工序，需要磨出具有良好“书写效应”的绒头。

表面涂饰、印刷工序主要成膜物质以树脂组分（如丙烯酸酯、聚丙烯酸酯及氯-醋共聚树脂等）为主，加入二甲基甲酰胺（DMF）、甲基乙基酮（MEK）、甲苯（TOL）、乙酸乙酯（EA）等溶剂配制而成。故排放的工艺废气是含有上述各种溶剂的有机废气。

人造革与合成革表面涂饰与印刷加工工艺流程如图 2-13 所示。

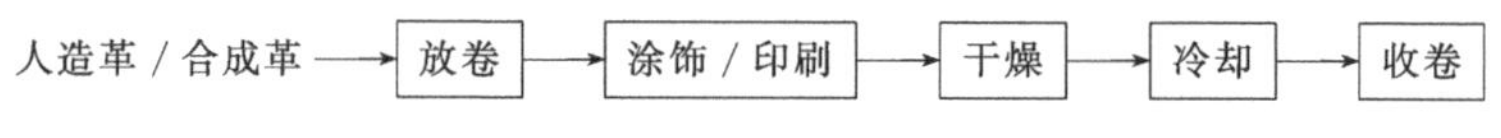

图 2-13 人造革与合成革表面涂饰与印刷加工工艺流程

2.2 人造革与合成革行业主要环境问题

2.2.1 人造革与合成革生产废水排放

2.2.1.1 来源

人造革与合成革企业生产废水主要来源于湿法工艺的工艺废水、超纤工艺中的甲苯抽提和碱减量废水、湿揉工艺废水、水洗式废气净化治理水、DMF 精馏废水、冷却塔非定期排水、地面设备等的洗涤水、锅炉废水以及厂区生活污水。

对废水来源和主要污染物进行汇总，见表 2-1。

表 2-1 人造革与合成革生产过程中产生的废水

序号	工艺或单元	废水来源	主要污染指标
1	湿揉工艺(后处理)	湿揉、洗涤废水	化学需氧量、色度、有机溶剂、阴离子表面活性剂、悬浮物
2	湿法工艺	浸水槽、凝固槽、水洗槽等的工艺废水和清洗水	化学需氧量、二甲基甲酰胺、阴离子表面活性剂、悬浮物、氨氮

续表

序号	工艺或单元	废水来源	主要污染指标
3	超纤:甲苯抽出工艺	水封水、甲苯回收水	甲苯、二甲基甲酰胺、化学需氧量
4	超纤:碱减量工艺	工艺废水和清洗水	二甲基甲酰胺、化学需氧量
5	废气净化治理	水洗式废气净化治理水	化学需氧量、有机溶剂、悬浮物
6	DMF 精馏	精馏塔的塔顶水、真空泵出水、DMF回收废水贮罐(池)的非定期排放、清洗水	二甲基甲酰胺、悬浮物、化学需氧量
7	冷却塔	冷却水的非定期排放	化学需氧量、悬浮物
8	清洗	地面冲洗水、容器洗涤水、设备洗涤水	化学需氧量、有机溶剂、悬浮物
9	锅炉	锅炉废气治理废水	化学需氧量、悬浮物
10	生活	员工生活污水	化学需氧量、悬浮物、氨氮

2.2.1.2 控制措施

(1) 不同种类废水的预处理

人造革与合成革生产过程中的废水处理要根据行业自身的特点，对一些特殊的废水要先进行预处理，达到一定水质要求后再送入主废水处理池处理。

湿法工艺的浸水槽或超纤生产中的含浸凝固槽废水、干法工艺中的水洗式废气洗涤水、料罐清洗水等，废水中的 DMF 含量较高，浓度含量均超过 20%，需要将其收集于特制废水罐中，收集到一定量后，送入 DMF 精馏塔进行回收处理。

DMF 精馏塔塔顶水的预处理，需要解决温度高和臭味的问题，在塔顶水进入调节池之前要先进行冷却，冷却过程不能采用冷却塔。另外，为了防治预处理过程中二甲胺造成大气污染，需使用酸中和或其他预处理方式进行除臭，除臭预处理过程需要在密闭环境中进行，防止臭气污染环境。

高浓度废水一般指洗塔水或洗槽水，其一般为停止生产期间产生，水量不大，但污染物浓度较高，需要提前进行预处理，以防止其对后续废水处理系统的影响。预处理的方法一般是专门为高浓度废水设置调节池，高浓度废水进入调节池后，控制其出水的水量与较低浓度的废水混合，使进入总调节池的废水浓度控制在系统允许的范围内。若高浓度废水悬浮物太多，则需先做过滤处理。

(2) 废水末端治理

应根据现行的污染物排放标准、污染物的来源及性质、排水去向确定合成革与人造革工业废水的处理程度，以选择相应的处理级别和处理工艺。废水的处理过程需要充分考虑脱氮，目前较为有效的方法为生物脱氮法。

(3) 含 DMF 废水精馏回收

含 DMF 废水主要通过 DMF 精馏回收塔进行回收。

精馏的基本原理是利用溶液中不同组分的沸点不同。料液经加热后有一部分气化(即部分气化)时，由于各个组分具有不同的挥发性，液相和气相的组成不一样：挥发性高的组分，即沸点较低的组分（或称作“轻组分”）在气相中的浓度比在液相中的浓度要大；挥发性较低的组分，即沸点较高的组分（又称作“重组分”）在液相中的浓度比在气相中的浓度要大。同样道理，物料蒸气被冷却后有一部分成为冷凝液（即部分冷凝），冷凝液中重组分浓度要比气相中重组分浓度高。

多组分溶液经过上述的一次部分气化和部分冷凝过程进行分离的方法称作简单蒸馏。如果将蒸馏所得的冷凝液再一次进行部分气化，气相中的轻组分就会更高，这样的部分气化-部分冷凝过程进行多次以后，最终可以在气相中得到较纯的轻组分，在液相中得到较纯的重组分。多组分溶液经过上述的多次部分气化-部分冷凝过程而达到分离的方法，即为精馏。

如图 2-14 所示为含 DMF 废水精馏回收装置。

图 2-14 含 DMF 废水精馏回收装置

2.2.1.3 主要环境问题

合成革废水处理的难点在于脱氮，目前采用最多的还是生物脱氮法，即在微生物的作用下，废水中的有机胺经过硝化、反硝化转化成氮气而脱氮。

人造革与合成革生产废水比较难处理的是塔顶水。塔顶水的特点是温度高、氨氮含量高、有二甲胺臭味，温度高会对整个废水处理系统造成冲击，臭味会对环境造成污染。解决温度高的问题，一般在塔顶水进入调节池之前先进行冷却，冷却采用热交换器。解决臭味的问题，根据二甲胺的特性，目前主要的脱二甲胺方法有溶液吸收法、低温等离子体催化氧化法。脱二甲胺产生的二甲胺废气应采用蓄热式燃烧技术（RTO）或者酸吸收处理等处理工艺进行有效处理。

2.2.1.4 第二次污染源普查结果

依据第二次全国污染源普查发布的《292 塑料制品行业系数手册》（初稿），人造革与合成革行业废水产排污系数见表 2-2。需要说明的是，《292 塑料制品行业系数手册》

（初稿）未涉及 PVC 人造革的废水产排污系数。

⊡ **表 2-2 人造革与合成革行业二次污染源普查废水产排污系数**

<table>
<tr><th>产品名称</th><th>原料名称</th><th>工艺名称</th><th>规模等级</th><th>污染物类别</th><th>污染物指标</th><th>单位</th><th>产污系数</th><th>末端治理技术</th><th>末端治理技术效率/%</th><th>末端治理设施实际运行率（k 值）计算公式</th></tr>
<tr><td rowspan="9">聚氨酯合成革</td><td rowspan="9">聚氨酯浆料，基布，二甲基甲酰胺（DMF），表面处理剂</td><td rowspan="9">湿法＋干法＋后处理</td><td rowspan="9">所有规模</td><td rowspan="9">废水</td><td>工业废水量</td><td>t/万平方米-产品</td><td>20</td><td>—</td><td>—</td><td>—</td></tr>
<tr><td rowspan="2">化学需氧量</td><td rowspan="8">g/万平方米-产品</td><td rowspan="2">27000</td><td>厌氧生物处理法＋好氧生物处理法＋物理化学法</td><td>94</td><td rowspan="8">k ＝污水治理设施运行时间（h/a）/正常生产时间（h/a）</td></tr>
<tr><td>厌氧生物处理法＋好氧生物处理法</td><td>94</td></tr>
<tr><td rowspan="2">氨氮</td><td rowspan="2">1300</td><td>厌氧生物处理法＋好氧生物处理法＋物理化学法</td><td>95</td></tr>
<tr><td>厌氧生物处理法＋好氧生物处理法</td><td>60</td></tr>
<tr><td rowspan="2">总磷</td><td rowspan="2">8</td><td>厌氧生物处理法＋好氧生物处理法＋物理化学法</td><td>—</td></tr>
<tr><td>厌氧生物处理法＋好氧生物处理法</td><td>—</td></tr>
<tr><td rowspan="2">总氮</td><td rowspan="2">5130</td><td>厌氧生物处理法＋好氧生物处理法＋物理化学法</td><td>92</td></tr>
<tr><td>厌氧生物处理法＋好氧生物处理法</td><td>40</td></tr>
</table>

2.2.2 人造革与合成革生产废气排放

2.2.2.1 聚氯乙烯人造革

（1）废气来源

聚氯乙烯人造革生产过程中产生的主要污染物为增塑剂等有机废气。

1）直接涂刮法

直接涂刮法产生的塑化剂等废气主要来源于塑化发泡工序，该工序可使人造革在生产中满足物料的凝胶塑化、发泡和压花等工艺要求，塑化箱温度可达 170～210℃，在此温度下可产生排放主要含有增塑剂和氮气等的废气，一般情况下一条生产线工艺废气浓度为 30～40mg/m^3。

2）离型纸法

离型纸法产生的塑化剂等废气主要来源于凝胶塑化和塑化发泡工序。

3）压延法

压延法产生的塑化剂等废气主要来源于密炼、开放炼塑、压延（擦胶或贴合）、发泡塑化等工序。炼塑、压延贴合、塑化发泡工序可使人造革在生产中满足物料的塑化、压延成型、发泡和压花等工艺要求，炼塑机温度可达 110～135℃，塑化箱温度可达 170～210℃，在此温度下可产生排放主要含有增塑剂和氮气的废气，一般情况下一条生产线工艺废气排放量为 10000～25000m^3/h，增塑剂浓度为 25～30mg/m^3。

（2）控制措施

增塑剂等有机废气主要通过静电回收装置（图 2-15）进行处理。

图 2-15　增塑剂废气静电回收装置

静电回收装置工作原理为：在静电净化回收装置中，用以从含尘气体中捕集分离尘粒的作用既不是重力也不是惯性，而是电的吸引力，其过程首先是将静电荷赋予尘粒，当尘粒以足够的电荷在电场中流动时，作用的电吸引力使尘粒在与气流流动垂直方向移向符号相反的沉降板电极上，尘粒即被捕集分离于这个电极上，若被捕集分离的尘粒为液珠，则由于重力作用而流入器底液斗中，废气中的增塑剂即为液珠，而被收集。该装置净化回收率应大于 90%。

2.2.2.2　合成革

（1）干法聚氨酯合成革

聚氨酯干法工艺产生的污染物为 DMF 废气，主要来源于涂刮和烘干工序。

(2) 湿法聚氨酯合成革

聚氨酯湿法工艺产生的污染物主要有DMF废气、含DMF废水和PU桶残留浆料。DMF废气主要来源于热辊加热、烘干工序。

(3) 超细纤维合成革

① 不定岛工艺。不定岛工艺产生的污染物为甲苯废气、DMF废气和含DMF废水，其中PU含浸工序产生的污染物有DMF废气和含DMF废水，甲苯抽出减量工艺产生的污染物有甲苯废气。

② 定岛工艺。定岛工艺产生的污染物有有机废气、有机废水等，其中PAV含浸工序产生PAV废气和含PAV废水，PU含浸工序产生DMF废气和含DMF废水。

2.2.2.3 人造革与合成革后处理

后处理工段主要污染物为有机废气，主要来源于磨皮、涂饰、印刷、染色、压花等工序。其特点是浓度相对高、风量大。

2.2.2.4 控制措施

(1) DMF废气

DMF废气常采用喷淋吸收+活性炭吸附的方式进行处理。吸收所得的DMF溶液，浓度高的（达到20%左右）与湿法生产线产生的废水合并，用精馏的方法将DMF从溶液中分离出来，重新作为原料使用；浓度低的，返回湿法生产线，作为凝固槽或水洗槽的补水。

(2) 其他有机废气

人造革与合成革生产过程中会产生大量的有机废气，对于低浓度有机废气可采用活性炭进行吸附，对于后整理印刷工段等产生的高浓度有机废气可采用燃烧法进行治理。

其中，活性炭吸附方法由于活性炭种类、质地等的差异，其去除性能具有一定的差异性，且该方法本身去除效果有限，因此为保持稳定良好的运行效果，需要及时维护和更换。

2.2.2.5 主要环境问题

由于DMF精馏回收过程中局部高温等原因，有部分DMF会分解或水解而使DMF得率降低。而DMF分解或水解的产物一般为二甲胺、甲酸等。甲酸在提馏段以脱酸塔去除，二甲胺沸点较低，在精馏段与轻组分的水一起在塔顶被冷凝而溶于塔顶水中。目前，主要的脱二甲胺方法有溶液吸收法、低温等离子体催化氧化法。

2.2.2.6 第二次全国污染源普查结果

依据第二次全国污染源普查发布的《292 塑料制品行业系数手册》（初稿），人造革与合成革行业废气产排污系数见表2-3。

2.2.3 人造革与合成革生产固体废物排放

人造革与合成革生产过程中产生的一般工业固体废物为燃煤灰渣，磨皮粉尘，边角

⊡ 表 2-3 人造革与合成革行业废气产排污系数

产品名称	原料名称	工艺名称	规模等级	污染物类别	污染物指标	单位	产污系数	末端治理技术	末端治理技术效率/%	末端治理设施实际运行率（k值）计算公式
PVC人造革	树脂(PVC)，增塑剂，发泡剂，表面处理剂	配料—混合—塑化—压延/刮涂—发泡—表面处理	所有规模	废气	工业废气量	m^3/万平方米-产品	3.45×10^5	—	—	—
					挥发性有机物	kg/万平方米-产品①	15.3	活性炭吸附	70	k = 废气治理设施运行时间(h/a)/废气产污工段正常生产时间(h/a)
								低温等离子体	55	
								蓄热式热力燃烧法	95	
								光催化	40	
								光解	40	
								光催化＋活性炭吸附	80	
								低温等离子体＋活性炭吸附	80	
								光催化＋低温等离子体	70	
								其他(直排)	0	
聚氨酯合成革	聚氨酯浆料，基布，二甲基甲酰胺（DMF），表面处理剂	湿法＋干法＋后处理	所有规模	废气	工业废气量	m^3/万平方米-产品	7.81×10^5	—	—	—
					挥发性有机物	kg/万平方米-产品	84②	活性炭吸附	70	k = 废气治理设施运行时间(h/a)/废气产污工段正常生产时间(h/a)
								低温等离子体	55	
								蓄热式热力燃烧法	95	
								光催化	40	
								光解	40	
								光催化＋活性炭吸附	80	
								低温等离子体＋活性炭吸附	80	
								光催化＋低温等离子体	70	
								其他(直排)	0	

① 对于无法用面积计量的产品，可根据使用的原料（PVC浆料）计算产污量，折算的产污系数为0.59kg/t（PVC浆料）。

② 仅进行干法合成革的生产企业，其废气产污系数为本表格产污系数×0.8。

料，废离型纸，各种溶剂、浆料等原材料包装桶、编织袋、纸箱等包装材料；危险废物为树脂桶壁干料、浆料过滤残渣、DMF 回收精馏过程中的釜残、污水处理污泥等。一般固体废物按照《一般工业固体废物贮存和填埋污染控制标准》（GB 18599—2020）等规定进行收集、转移、贮存、利用、处置，先自行进行回收利用，不能自行回收利用的进行外售；危险废物按照《危险废物贮存污染控制标准》（GB 18597—2001）等规定进行收集、转移、贮存、利用、处置。

各类固体废物产生来源和主要成分汇总见表 2-4。

表 2-4 各类固体废物产生来源和主要成分汇总

编号	名称	属性	产生工序	废物类别	废物代码	主要成分	性状
1	蒸发釜残	危险废物	生产	HW11	900-013-11	DMF、有机物、杂质等	固体
2	其他废水预处理污泥		废水处理	HW42	261-076-42	有机物、水、生化污泥	半固体
3	二甲胺硫酸盐		生产	HW06	261-005-06	二甲胺硫酸盐、杂质等	固体
4	废活性炭(废气处理)		废气处理	HW06	261-005-06	活性炭、甲苯等	固体
5	滤渣	一般工业固体废物	生产	—	—	聚乙烯、杂质等	固体
6	废棉		生产	—	—	原棉	固体
7	废无纺布		生产	—	—	无纺布	固体
8	废布		生产	—	—	基布	固体
9	废离型纸		生产	—	—	废离型纸	固体
10	布袋除尘器收集的粉尘		生产	—	—	纤维等	固体
11	原料包装桶(袋)		生产	—	—	—	固体
12	生活垃圾	一般固体废物	生活	—	—	—	固体

2.2.4 人造革与合成革噪声排放及控制

人造革与合成革生产过程中主要噪声源有风机、各种泵、空压机、冷却塔等生产设备。首先是降低声源噪声，在设备选型时尽可能选用低噪声设备；其次，对噪声源在噪声传播途径上采用隔声、隔震、消声、吸声等措施，以减少对周围环境的干扰。

参考文献

[1] 范浩军，袁继新，等. 人造革/合成革材料及工艺学 [M]. 北京：中国轻工业出版社，2010：120-193.

[2] 马兴元，冯见艳，张韬林. 合成革化学与工艺学 [M]. 北京：中国轻工业出版社，2015：3，167-195.

[3] 中国塑料加工工业协会人造革合成革专业委员会. 中国人造革合成革行业发展现状和展望 [J]. 国外塑料，2008 (2)：36-42.

[4] 中国塑料加工工业协会人造革合成革专业委员会. 我国人造革合成革现状及发展趋势 [J]. 塑料制造，2010 (9)：14-18.

[5] 中国塑料加工工业协会人造革合成革专业委员会．我国人造革合成革现状及发展趋势（二）[J]．塑料制造，2010（10）：46-52.

[6] 潘亚泽．我国人造革合成革现状及发展趋势 [J]．山东工业技术，2014，18：214-215.

[7] 冯庶君．人造革合成革行业发展现状 [J]．国外塑料，2005，10：30-32.

[8] 徐一剡，姜慧，殷士芳．中国人造革与合成革行业的战略转型与创新 [J]．化工管理，2021（2）：77-78.

[9] 丁双山，王凤然，王中明．人造革与合成革 [M]．北京：中国石化出版社，1996：140-287.

[10] 强涛涛．合成革化学品 [M]．北京：中国石化出版社，2015：1-5，194.

[11] 孙慧，吕竹明，刁晓华，等．合成革行业 VOCs 减排与管理措施研究 [C]．2013 中国・丽水，第一届国际水性生态合成革产业大会，2013：33-37.

[12] 韩高瑞．合成革后整理挥发性有机物催化燃烧技术研究与工程设计 [D]．杭州：浙江大学，2020.

[13] 王何灵，吴绅溶．合成革产业挥发性有机物（VOCs）污染防治问题浅析——以丽水经济技术开发区合成革产业为例 [J]．丽水学院学报，2019（2）：32-35.

人造革与合成革行业污染防治技术

3.1 人造革与合成革清洁生产技术

3.1.1 绿色原料替代

绿色原料是与有毒有害原料相对应的，人造革与合成革生产过程使用的部分有机溶剂、增塑剂等相继被列入限制清单或淘汰清单。

2015年，国家安全生产监督管理总局、工业和信息化部、公安部、环境保护部联合印发《危险化学品目录（2015版）》，将二甲苯、*N*,*N*-二甲基甲酰胺、环己酮、二甲胺溶液等物质列入其中。

2020年，生态环境部发布《优先控制化学品名录（第二批）》，将甲苯列为优先控制化学品。

2021年11月22日，欧盟在其官方公报上发布（EU）2021/2030，新增REACH法规附件XVII第76项关于*N*,*N*-二甲基甲酰胺（DMF）的限制条款，正式将*N*,*N*-二甲基甲酰胺纳入REACH法规限制清单。

因此，原料的清洁化替代成为必然的选择。近年来，水性表处剂、水性黏合剂、水性面层、无溶剂发泡层、单组分与多组分无溶剂等环保材料已经实现产业化生产，其DMF型浆料与水性树脂、无溶剂树脂的比例接近7∶3。表3-1所列为水性树脂、无溶剂树脂、热塑性树脂特性对比。

2019年，中国轻工业联合会发布《绿色设计产品评价技术规范　水性和无溶剂人造革合成革》（T/CNLIC 0002—2019）团体标准，进一步从能源属性、资源属性、环境属性和品质属性四类指标提出了更加严格的要求。

⊡ **表 3-1 三种树脂特性对比**

项目	水性树脂	无溶剂树脂	热塑性树脂
树脂原料特性	水性乳液	单组分或双组分树脂	TPU 颗粒或 TPU 膜
可加工树脂种类	多	较少	较少
应用领域	湿法、干法、表处	干法(中、底层)	干法、复合膜
操作难度	低	高	低

3.1.1.1 水性树脂原料替代

2016 年 7 月 8 日，工信部、财政部发布《工业和信息化部　财政部关于印发重点行业挥发性有机物削减行动计划的通知》(工信部联节〔2016〕217 号)，将人造革与合成革行业列为挥发性有机物污染防治重点行业，减少苯、甲苯、二甲苯、二甲基甲酰胺(DMF)等溶剂、助剂使用，重点推进水性与无溶剂聚氨酯，热塑性聚氨酯弹性体和聚烯烃类热缩弹性体树脂，替代有机溶剂树脂制备人造革、合成革、超纤革。

水性聚氨酯还可分为阴离子型水性聚氨酯、阳离子型水性聚氨酯和非离子型水性聚氨酯。其中阴离子型产量最大、应用最广。阴离子型水性聚氨酯又可分为羧酸型和磺酸型两大类。近年来，非离子型水性聚氨酯在大分子表面活性剂、缔合型增稠剂方面的研究越来越多。阳离子型水性聚氨酯渗透性好，具有抗菌、防霉性能，主要用于皮革涂饰剂。

水性聚氨酯还可分为聚醚型、聚酯型、聚碳酸酯型和聚醚、聚酯混合型。依照选用的二异氰酸酯的不同，水性聚氨酯又可分为芳香族、脂肪族、芳脂族和脂环族，或具体分为 TDI(甲苯二异氰酸酯)型、IPDI(异佛尔酮二异氰酸酯)型、MDI(二苯甲烷二异氰酸酯)型等。芳香族水性聚氨酯同溶剂型聚氨酯类似，具有明显的黄变性，耐候性较差，属于低端普及型产品；脂肪族水性聚氨酯则具有很好的保色性、耐候性，但价格高，属于高端产品；芳脂族和脂环族的性能居于二者之间。

水性聚氨酯也可分为单组分水性聚氨酯和双组分水性聚氨酯。单组分水性聚氨酯包括单组分热塑性、单组分自交联型和单组分热固性三种类型。单组分热塑性水性聚氨酯为线型或简单的分支型，属第一代产品，使用方便，价格较低，贮存稳定性好，但涂膜综合性能较差；单组分自交联型、单组分热固性水性聚氨酯是新一代产品，通过引入硅交联单元或者干性油脂肪酸结构可形成自交联体系，通过水性聚氨酯的羟基和氨基树脂(HMMM)可以组成单组分热固性水性聚氨酯。

自交联基团或加热(或室温)条件下可反应的基团，使涂膜综合性能得到了极大提高，其耐水、耐溶剂、耐磨性能完全可以满足应用，该类产品是水性聚氨酯的研究主流。

双组分水性聚氨酯包括两种类型：一种由水性聚氨酯主剂和交联剂组成，如水性聚氨酯上的羧基可用多氮丙啶化合物进行外交联；另一种由水性羟基组分(可以是水性丙烯酸树脂、水性聚酯或水性聚氨酯)和水性多异氰酸酯固化剂组成，使用时将两组分混合，水挥发后，通过室温（或中温）可反应基团的反应形成高度交联的涂膜，以提高综合性能。

3.1.1.2 无溶剂树脂原料替代

无溶剂合成革，即树脂采用无溶剂聚氨酯所制备的合成革，包括浇注型合成革和双组分无溶剂合成革。无溶剂合成革由于不采用任何溶剂，因此对环境的污染为零；相比水性合成革而言，在生产上也更加节能。

浇注型无溶剂合成革的涂层是通过异氰酸酯（A料）与多元醇、扩链剂和催化剂的混合物（B料）经高速搅拌混合后发生反应而制成的，应用时将A料、B料反应生成的预聚体浇注涂覆在离型纸上，经进一步熟化后再转移至基布上而制成合成革。也有将A料、B料混合后直接涂覆在基布上（无需离型纸），在基布上原位反应后形成涂层。

双组分无溶剂合成革制备原理与浇注型有些相似，只是A料为聚氨酯预聚体，B料为交联剂。其工艺流程如图3-1所示。

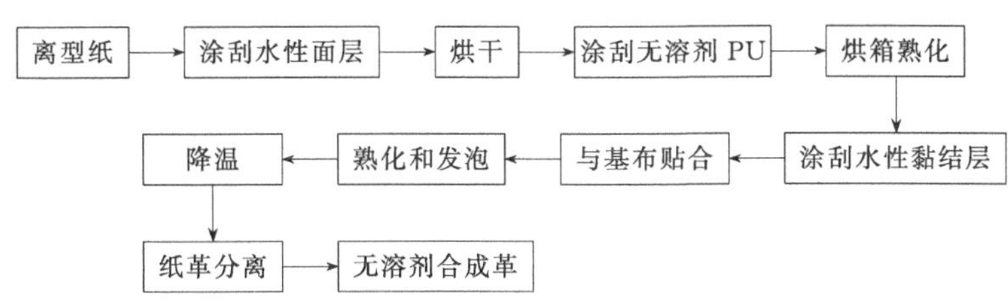

图3-1 无溶剂合成革生产工艺流程

3.1.1.3 热塑性树脂原料替代

TPU/TPO合成革是以TPU（热塑性聚氨酯）或TPO（热塑性聚烯烃）为原料而制备的合成革，是一种新型环保合成革。其制备工艺不使用任何溶剂，改变了原来的压延工艺，直接将TPU颗粒加热熔融分别制成TPU薄膜面料、TPU热熔胶膜、TPU发泡底料，然后按照上层TPU面料→中间层TPU热熔胶膜→TPU发泡底料的顺序，经热压贴合机于120～230℃热压贴合3～30s，制成热塑性无溶剂合成革。可以生产出以针织布、无纺布及超细纤维为基布的合成革。利用该法制造无溶剂合成革需要特殊的压延设备，投资较大，各工段的加工温度比传统的工艺要高；另外，如果缺少发泡环节，成革的丰满度、透气性能、透湿性能和卫生性能也尚待提高。

其工艺流程如图3-2所示。

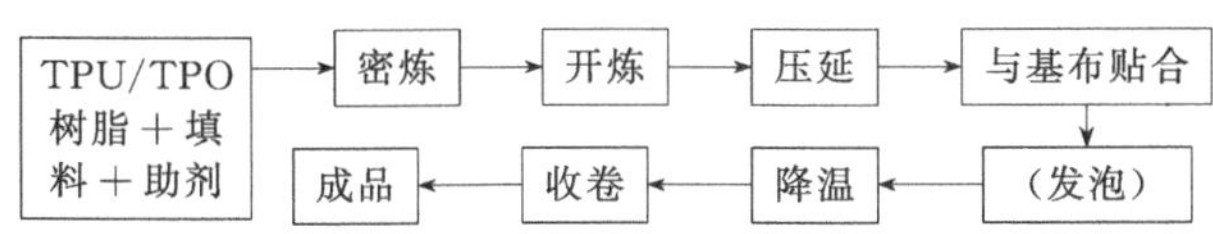

图3-2 TPU/TPO合成革生产工艺流程

3.1.1.4 聚氯乙烯人造革原料替代

有机溶剂和增塑剂是PVC人造革生产的主要污染来源，因此采用相容性好、挥发性低、毒性低的有机溶剂和增塑剂是PVC人造革主要的清洁生产技术。例如：用水性/无溶剂型背衬胶替代涂布法中含有DMF、乙酸酯等的背衬胶；用分解温度低、分解气体量大的AC发泡剂替代原有的发泡剂；采用无毒性或低毒性的复合稳定剂代替具有毒性的铅、镉、钡类稳定剂；用柠檬酸酯类增塑剂、植物油增塑剂、聚合物类增塑剂以及多元醇苯甲酸酯类增塑剂替代邻苯酸酯类增塑剂。

3.1.1.5 表处剂替代

为了获得天然皮革的外观和手感，合成革通常要进行表面处理。常见后段加工手段有印刷、压花、辊涂、喷涂、抛光、揉纹、烫金、覆膜、植绒、淋膜、冲孔等。

目前大部分合成革表面处理剂为溶剂型体系，生产过程中溶剂的排放不仅危害环境，损害员工的身体健康，溶剂残留在成品中还会危害消费者。常见的合成革表处剂为溶剂型丙烯酸树脂和聚氨酯树脂，体系中的溶剂丁酮、甲苯、环已酮、乙酸丁酯等无法回收，既造成资源浪费又造成严重的环境污染。为了消除溶剂造成的污染，近年来国内外化工企业相继推出了以醇、乙酸酯类为溶剂的低毒表处剂，但仍存在着资源浪费、毒性和安全隐患。水性表处剂以水为主要溶剂，添加少量丙醇和乙二醇醚等水溶性溶剂，其污染程度和毒害性大大降低。

(1) 水性PU雾面擦色表处剂

合成革用水性PU雾面擦色表处剂，由下列质量分数的原料组成：水性聚氨酯树脂40%～50%，水30%～40%，消光粉3%～6%，有机硅消泡剂1%～5%，有机硅流平剂0.5%～5%，水性聚氨酯增稠剂0.5%～5%。

(2) 环保型印刷油墨

合成革表面的花纹通过印刷、喷绘等工艺进行制作，所用的油墨中含有甲苯、环己酮等有机溶剂，通过使用水性油墨、能量固化油墨能够从源头减少挥发性有机化合物的使用。

《油墨中可挥发性有机化合物（VOCs）含量的限值》（GB 38507—2020）一共规定了17种禁用溶剂。这些溶剂作为有毒有害的VOCs，是不允许人为添加到油墨中的，包括苯、甲苯、乙苯、二甲苯、环氧丙烷、苯乙烯、亚硝酸异丙酯、亚硝酸丁酯、乙二醇单乙醚、乙二醇乙醚乙酸酯、乙二醇单甲醚、乙二醇甲醚乙酸酯、2-硝基丙烷、*N*-甲基-2-吡咯烷酮、三甘醇二甲醚、乙二醇二甲醚、乙二醇二乙醚。

3.1.1.6 环保型胶黏剂替代

在涂布法人造革和干法聚氨酯生产过程中需要使用胶黏剂（黏合剂）将面层和基布进行贴合，剥离强度是一项非常重要的物理性能指标，它直接影响着人工皮革的品质和性能。若剥离性能不好，产品在使用过程中会出现涂层面与基布分离现象，从而导致表面破裂，不仅影响产品的美观，也会严重影响产品的使用寿命。

涂布法人造革生产中按配方将面层、发泡层和黏合层配好，面层糊料涂刮于具有所要求纹理的离型纸上，烘干后涂上发泡层，烘干后再涂上胶黏剂与基布贴合，最后进行塑化发泡。生产工艺流程见图 3-3。

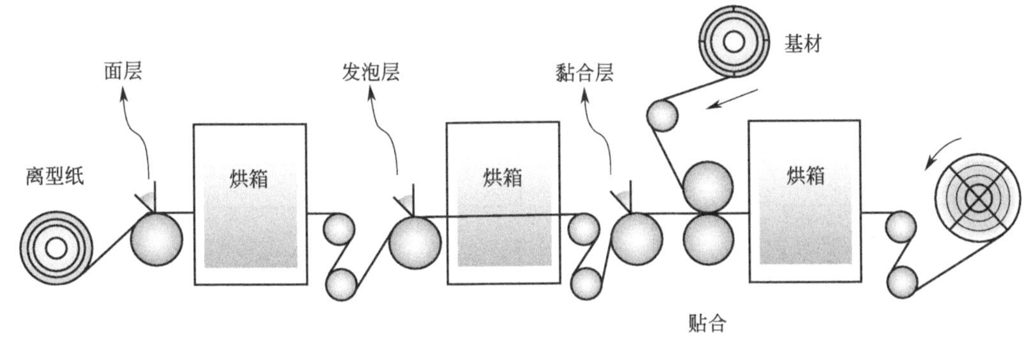

图 3-3 PVC 人造革涂布法生产工艺流程

干法 PU 合成革生产工艺一般以离型纸为载体，将聚氨酯树脂浆料涂刮在离型纸上，进入烘箱分段加温使浆料中的溶剂挥发形成 PU 聚氨酯致密层，经干燥冷却后涂覆黏合剂，利用基布贴合装置将基布与致密层复合，再经过干燥冷却后将合成革与离型纸分别成卷分离。

根据胶黏剂产品中不同的分散介质和含量，将胶黏剂分为溶剂型胶黏剂、水基型胶黏剂、本体型胶黏剂三类。常见的溶剂型胶黏剂可以分为聚氨酯胶黏剂、氯丁胶黏剂、环氧树脂胶黏剂。

（1）聚氨酯胶黏剂

聚氨酯胶黏剂是指基料中含有氨基甲酸酯基和/或异氰酸酯基的胶黏剂。聚氨酯胶黏剂分子结构中因含有氨基甲酸酯基和/或异氰酸酯基，而具有高度的极性和反应活性。聚氨酯胶黏剂可以和各种含活泼氢的基材形成牢固的化学键合和物理键合，因而其黏结强度高，属于化学反应性胶黏剂。

（2）氯丁胶黏剂

氯丁胶黏剂是一种合成橡胶化合物，分为阴离子型和非离子型。非离子型是氯丁二烯和甲基丙烯酸的共聚物，稳定性好，有羟基官能团，对聚氨酯合成革具有较好的黏合效果。

（3）环氧树脂胶黏剂

环氧树脂胶黏剂是一类由环氧树脂基料、固化剂、稀释剂等配制而成的胶黏剂。由于分子结构中含有活泼的环氧基团，可以和聚氨酯合成革中的氨基甲酸酯基反应形成很强的粘接力。

水基型胶黏剂以甲苯二异氰酸酯（TDI）为硬段，聚醚二元醇为软段，二羟甲基丙酸（DMPA）为亲水性扩链剂，乙二胺（EDA）为后扩链剂，环氧树脂为交联剂，丙烯酸丁酯为单体，合成了改性水性聚氨酯黏合剂。合成前期丙烯酸丁酯为稀释剂，后期则作为反应单体参与聚氨酯的合成，反应结束后没有溶剂剩余，从而实现了清洁化生产。如表 3-2 所列为某水性胶黏剂的参数。

⊡ **表 3-2　某水性胶黏剂参数表**

类型	水性聚氨酯	黏度值(20℃)/(mPa · s)	5000～20000
固含量／%	45	密度／(g/cm^3)	1.05
甲苯、二甲苯含量／%	0	甲醛含量／%	0
pH 值	7～9	颜色	白色

3.1.2　过程控制优化

3.1.2.1　自动化生产技术

全自动数字化自动供料、自动配色、自动检测、自动传输、自动上下卷等技术得到产业化应用。

自动配料系统主要包括色浆的全自动称量与加注，树脂和助剂等的管道自动输送等，已达到 PLC 与 ERP 系统优化。自动配料过程的实际操作和配料工艺，系统采用色浆和助剂集中贮存和自动称量技术，树脂采用泵送系统；配料的全过程采用计算机控制和自动化流程，配料精确稳定，消除了人为因素的影响；电脑计算配方及原材料耗用量，生产过程严格掌控，节省了原材料消耗，称料工数量减少，产品品质稳定性提高。

全自动色浆称料系统基本工作原理为：色浆分别贮存于不同的色浆贮罐中，根据选定的配方要求，通过计算机对分配阀门进行控制；分配阀门沿圆周方向分布，当选取某种色浆时则计算机自动将对应的阀门定位转至出料口，然后启动泵阀给料；给料量通过高精度电子秤反馈给系统，通过闭环控制来达到色浆的精确称量。

3.1.2.2　智能检测技术

将智能检测、检验技术应用于生产，能够实现产品瑕疵在线检测、非甲烷总烃在线检测，进而实现数据传输、智能调控。

例如干法生产线 DMF 废气回收塔智能控制系统采用高分辨率的 DMF 溶液在线浓度传感器进行全自动测量，避免人为测量误差，测量精度高，并带有精确的自动温度补偿来保证在不同的测量环境下能客观精准地测量出 DMF 溶液的浓度。同时搭载控制模块，用户可以根据需求通过该系统的人机界面设定所需排液的 DMF 溶液浓度范围值，该系统将在线浓度传感器当前采集到的浓度值与设定的浓度值进行比较与运算，同时输出控制信号来控制排液阀门开关，从而确保 DMF 溶液浓度值的稳定和准确，提高回收效率。DMF 在线监测控制系统示意如图 3-4 所示。

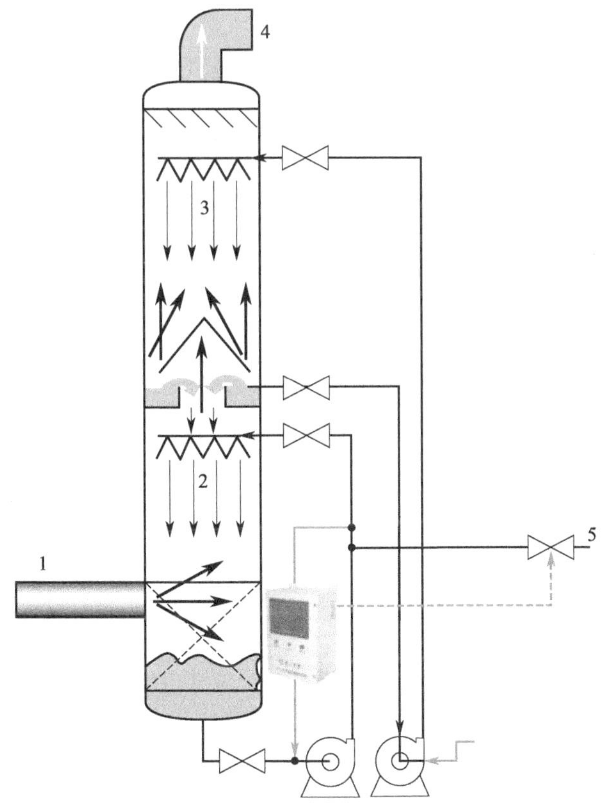

图 3-4 DMF 在线监测控制系统示意

1—DMF 废气入口；2—内循环气水交换；3—外循环气水交换；
4—废气出口；5—DMF 溶液出口

3.1.3 工艺技术改进

3.1.3.1 水性聚氨酯生产工艺

(1) 水性直涂干法贝斯

顾名思义，水性直涂干法贝斯就是用水性树脂直接涂布于革基布上，经烘箱烘干成型形成一层松软的涂层。这是做水性生态合成革贝斯简单的工艺技术之一。在加工贝斯过程中几乎无技术难度，设备也十分简单。生产工艺流程见图 3-5。

水性直涂干法贝斯对树脂的要求则相对较高，即需要专用的树脂，树脂本身需有相对的成膜软度和弹性，必要时需经过一定的机械发泡，其皮膜的特性通常就是直接由树脂决定的。由于工艺简单，水性直涂干法贝斯未来将有较大的发展。其有一很大的缺点就是产品受树脂种类限制性大，目前工艺条件下用此类工艺加工的水性生态合成革皮面折痕较大，因而也限制了其进一步的发展。

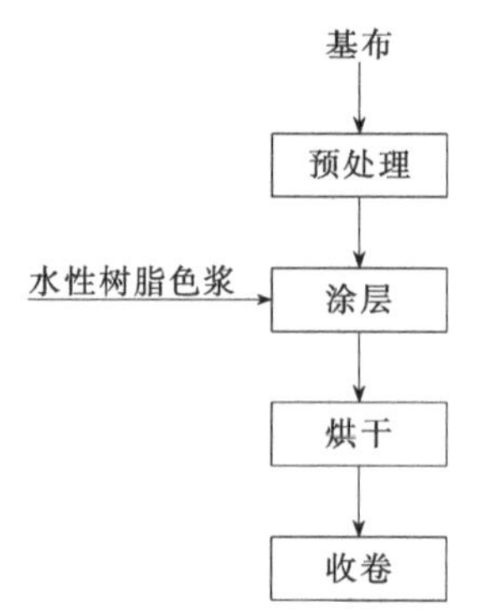

图 3-5 水性直涂干法贝斯工艺流程

(2) 水性蒸汽定型贝斯

水性蒸汽定型贝斯就是水性树脂涂布后经过蒸汽房或在蒸汽态下固化成型而形成的一类贝斯。利用树脂热固化性质，在温湿状态下成型，然后再将水分挤压、烘干形成多孔结构的水性贝斯。开展水性蒸汽定型贝斯研究比较早的是韩国。2010 年相关工艺被引进到我国，2011 年在浙江优耐克科技发展有限公司有小试生产。用该工艺生产的贝斯，可以完全实现产品的生态性，产品也有一定的物性，可以用于制造鞋革、沙发革等产品。

水性蒸汽定型贝斯很大的弱点是工艺复杂、设备复杂，产品可调性受材料、设备、工艺限制性较大。

(3) 水性（含浸）湿法贝斯

水性（含浸）湿法贝斯是类似于溶剂型湿法工艺制造的贝斯，即经过涂布水性树脂的革基布经过湿法槽进行凝固，再经过挤压、烘干形成水性生态合成革贝斯。水性（含浸）湿法贝斯制造同溶剂型湿法贝斯生产在形式上有极为相似的一面，但原理完全不同。目前这类水性贝斯的制造研究较为活跃，尤其是以我国台湾地区为代表的水性生态合成革制造公司已优先把此工艺引进到了工业化生产领域。浙江优耐克公司在这方面的研究相对国内其他地区研究机构的研究为早。目前，实验室小试样品已经各种测试，并开始进入工业化生产线的制造研究阶段。

用水性湿法工艺制造的水性贝斯，可以替代相当一部分的溶剂型贝斯产品，其贝斯可广泛用于鞋、沙发、箱包类合成革的制造。

采用水性树脂替代溶剂型树脂，湿法贝斯制造技术基本不变，即将水性树脂经涂台涂覆在预处理的基布上后，进入凝固槽凝固（也可以在水中凝固后再用水蒸气凝固），凝固完毕水洗、干燥、收卷。工艺及参数如下。

① 凝固液：一般采用高价盐［如 $CaCl_2$、$Ca(NO_3)_2$］的水性液，凝固液呈酸性，高价盐阳离子和酸均有利于聚氨酯的快速凝固。

② 基本预处理：将基布浸入凝固液预处理，控制水分含量，拉伸扩幅定性。

③ 涂布：涂布量控制在 350～450g/m；树脂要求高黏、高固含量，凝固快速，成

肌性好，泡孔结构稳定。

④ 凝固：涂布完成后，浸入凝固液凝固，凝固速度与凝固液的组成、温度和涂布量等诸多参数有关，指压涂层能迅速回弹表明凝固完成。

⑤ 水洗：凝固完成应充分水洗，以去除树脂膜内外的盐和酸。

⑥ 干燥：水性涂层宜梯度干燥，先低温后高温，干燥温度不宜超过 140℃。

该工艺的优点是涂层具有微孔结构，成革丰满，透气性好；缺点是凝固过程中会产生大量的含盐废水。另外，全水性湿法合成革设备与传统溶剂型湿法合成革设备也存在较大差异。

2013 年 10 月，丽水优耐克公司第一条水性贝斯生产线建成投产；2014 年兰州科天公司在兰州建立两条水性贝斯生产线并投产。

（4）水性“固化-水溶”型贝斯

水性“固化-水溶”型贝斯同样需经过水槽含浸，不同的是生产工艺独特，即经过水性树脂涂布后先固化再含浸，后烘干成型。贝斯的软硬度既受树脂的影响，又受工艺控制的影响，因此制造工艺可控制性强，产品种类多。用该工艺制造的贝斯弹性更大，手感更好，可以用作服装革、手袋革、手套革等高档次合成革产品。

3.1.3.2 一次成型干法生产工艺

一次成型干法工艺以离型纸为载体，将浆料涂刮在其上，送入烘箱烘干除去树脂中的水分得到 PU 皮膜，然后将基布和 PU 皮膜挤压贴合、烘干形成合成革制品，再将离型纸与合成革分离得到成品，最后进行后处理。水性聚氨酯干法生产工艺流程如图 3-6 所示。

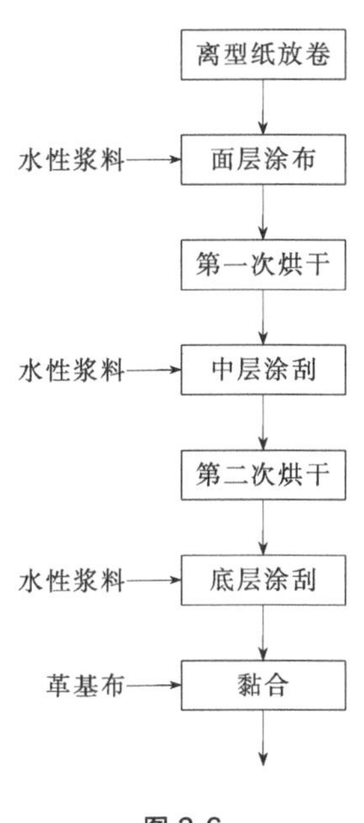

图 3-6

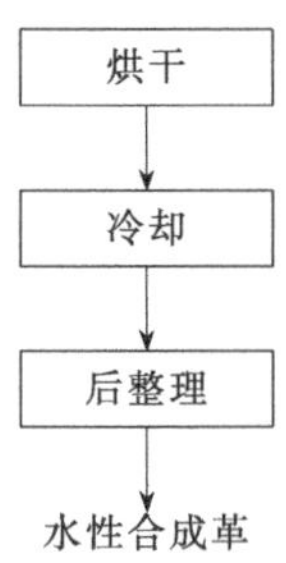

图 3-6 水性聚氨酯干法生产工艺流程

3.1.3.3 喷墨印刷技术

对人造革与合成革表面进行印刷图案一直以来都以辊轮转移印刷为主，但是这种方法上浆量小，多版印刷精度差。也有企业采用网印技术对合成革进行深层次加工，以丰富其花式品种。由于技术的特点，网印只能一次印刷一种颜色，多色图案需要进行复杂、烦琐的套色，容易出现套色不准的现象，增加产品的报废率。

喷墨印刷技术不受合成革成型过程中膨胀和收缩影响，这是传统技术难以实现的，并且实现了耐摩擦性。具有坚硬膜质量的薄油墨膜，可将基于材料设计技术和配制技术新开发的含有可光固化聚合物稳定地喷射到基础材料上，通过成型可以表现出高清晰度和出色的显色性，同时可充分利用基础材料的质感，即有光泽的基材达到“光泽和美丽的光洁度”，不均匀的基材达到“利用基材的形状”。

3.1.4 设备维护更新

3.1.4.1 高速高杂高效智能水刺法非织造布生产装置

高速高杂高效智能水刺法非织造布生产线（图 3-7）配置了高效清洁的开清系统、宽幅高速高杂型梳理机、高效节能型水刺机和烘干机，并且整线配备了智能运维系统，

图 3-7 高速高杂高效智能水刺法非织造布生产线

可实现在线监控以及远程运维功能，使得生产线具备了信息化水平高、设备运行稳定、生产效率高、能耗低等优点。其中，3.8m 高速高杂梳理机的气流高杂装置，搭配网下抽吸剥棉、负压抽吸压网系统等技术，保证了纤维网的高速剥取、转移，减少了意外牵伸，使最终产品纵横向强力比≤3。3.8m 宽幅高速高杂型水刺生产线运行速度可达 180m/min，年产能超过万吨，技术水平国内首屈一指。

3.1.4.2 水性合成革混合烘干机

中波红外和导热油混合烘干方式生产水性生态合成革，具有节能、生产效率高的特点。在同一个烘箱内采用两种烘干方式，在树脂涂层上方采用中波红外灯管加热，可充分利用中波红外辐射和热传导二重作用对水性聚氨酯涂层进行烘干的优势，其热能 90％以辐射的形式传递，不依赖空气介质而直接加热水性聚氨酯树脂涂层，避免了能量损失，特别是水性聚氨酯树脂涂层和红外线波长相匹配，能够更好地吸收中波红外线的能量；在树脂涂层下方采用导热油辅助加热，并保证上部温度高于底部导热油温度，这样有利于水性树脂涂层快速干燥而不形成针孔、泡孔。此外，采用中波红外加热，热惯性小，温度控制容易，升温快，不需要暖机，生产线电源开启后 15min 内就可以加工制革，不仅节省人力，而且节省炉体的建造费用及空间。另外，与传统的热空气对流法相比，中波红外光波具有穿透性，能对水性聚氨酯树脂涂层进行内、外同时加热，改变了热空气对流法只在表面加热的模式，可使涂层内、外的水分子经过中波红外线的辐射作用后直接转变为水蒸气，从而实现了水性树脂涂层快速干燥，提高了制革的生产效率。

3.1.4.3 水性树脂机械发泡装置

目前，国内外聚氨酯合成革行业使用的合成革用树脂绝大多数仍为溶剂型聚氨酯树脂。干、湿法两种制革工艺需要两种不同的制革生产线。在满足干法生产合成革工艺的基础上增加水性树脂机械发泡装置，水性聚氨酯浆料通过发泡机得到薄膜状的聚氨酯浆料后，经过涂台上浆、烘箱烘干后可得到在透气透湿性能上与溶剂型树脂通过湿法制革工艺制得的溶剂型贝斯相媲美的水性树脂发泡涂层。该装置将溶剂型树脂制革工艺中的干、湿法制革工艺合为一体，使整个制革工艺大大简化，从整体上降低了制革成本。

3.1.5 废物回收利用

3.1.5.1 精馏废物回收利用

根据《国家危险废物名录》的规定，合成革生产企业的废树脂、精馏釜残渣等属于危险固体废物，需根据《固体废物污染环境防治法》有关危险废物的管理、处置要求进行安全处置。通常精馏釜残渣平均热值大于 4000kcal/kg（1kcal/kg＝4.1868kJ/kg），可采用无害化焚烧处理，焚烧产生大量热量，既可以转化成蒸汽用于甲苯、丁酮的资源化回收系统，也可以为生活及其他生产供热。

此外，精馏釜残渣中还含有30%～40%的DMF，可通过干燥处理将其中的DMF回收。

3.1.5.2 合成革边角料回收利用

合成革属于塑料产品的一种。根据塑料受热后的性质不同可将其分为热塑性塑料和热固性塑料，通常可以进行回收的废塑料是指热塑性塑料。热塑性塑料分子结构都是线性结构，在受热时发生软化或熔化，可塑制成一定的形状，冷却后又变硬，在受热到一定程度时又重新软化，这种过程能够反复进行多次，如聚氯乙烯、聚乙烯、聚苯乙烯、聚氨酯等。根据以上特性，对人造革、合成革的边角料投加增塑剂或溶剂并加热就可以将树脂与基布分离，得到树脂浆料进行重新利用。此外，人造革与合成革边角料可作为小物件的包装材料，也可做一些小挂件等装饰品或小包之类的商品等。

3.1.5.3 离型纸循环利用

离型纸根据加工制造方法的不同可分为涂覆法离型纸、转移膜法离型纸和电子硬化法离型纸，按离型纸表面树脂材料不同可分为硅树脂类离型纸、PP（聚丙烯）树脂类离型纸和电子硬化树脂类离型纸三类。硅树脂类离型纸能经受DMF的作用，耐温180～190℃，缺点是花纹表现力不足，立体感较差，可使用次数较少；PP树脂类离型纸耐温性在130～140℃，花纹及色彩表现力较强；电子硬化树脂类离型纸耐温性在220～230℃，花纹及色彩表现力强，但价格相对较高，且耐溶剂性能有待提高。

目前，生产用的高温型离型纸主要采用由环氧丙烯酸树脂为涂层的含硅离型层，该涂层硬度高，脆性大，制造工艺复杂，生产成本高，生产中由于脆性大离型层极易断裂而无法使用，可重复使用次数少，使用次数一般只有10次左右。因此，必须正确使用与维护以延长其使用寿命，降低加工成本。根据生产实践，进口离型纸使用次数可达50次左右。

干法生产线离型纸多次循环使用后不能再用，可由木质粉厂回收打碎后做木质粉用。

3.1.6 产品生态设计

《国务院关于加强环境保护重点工作的意见》（国发〔2011〕35号）明确提出要推行工业产品生态设计，这就要求企业摒弃之前的“资源—产品—废弃物”单向过程，用减量化、可循环、可持续的理念开发和生产产品，从源头减少污染物的产生。

产品生态设计也称生命周期设计或绿色设计，以资源节约和环境保护为设计理念，要求在产品研发设计阶段充分考虑材料、生产、销售、消费、处理等各个环节可能对环境造成的影响，将污染防治和处理从消费终端前移至产品的开发设计阶段，以减少资源的消耗和使用，提高资源循环利用效率，减少污染排放，从源头上实现节能减排。

2019年，《绿色设计产品评价技术规范　水性和无溶剂人造革与合成革》（T/CNLIC 0002—2019）团体标准经中国轻工业联合会批准正式对外发布。2020年，安徽安利材料科技股份有限公司水性无溶剂人造革与合成革产品入选工业和信息化部绿色产品名录，不但达到了《绿色设计产品评价技术规范　水性和无溶剂人造革与合成革》（T/CNLIC 0002—2019）标准中的基本要求以及评价指标中的能源属性指标、资源属性指标、环境属性指标、品质属性指标等，而且在产品的生命周期全阶段进行了绿色跟踪评价，相比传统溶剂型聚氨酯合成革产品，在能源需求、耗水量以及产生的温室效应等方面都有大幅度下降，且不含有毒有害禁用物质，带来的环境负荷小，最大程度降低了对环境的影响。

2021年，《绿色设计产品评价技术规范　革用聚氨酯树脂》（T/CNLIC 0018—2021）团体标准经中国轻工业联合会批准发布并于同日起正式实施，标志着革用聚氨酯树脂产品全生命周期的绿色化管理终于有“标”可依、有“标”可查。该标准规定了在革用聚氨酯树脂的全生命周期推行绿色设计或绿色化改进方案——采用高性能、绿色环保的新材料，开发具有无害化、绿色环保、高品质等特性的绿色产品，在产品使用后收集、回收产品包装物，以实现从原辅料与能源采购到包装物循环利用/废弃物处置全过程的绿色化。该标准将促进合成革用聚氨酯树脂行业的绿色转型升级，符合《中共中央关于制定国民经济和社会发展第十四个五年规划和二〇三五年远景目标的建议》中推动传统产业高端化、智能化、绿色化，加快推动绿色发展，降低碳排放的要求。

3.2 人造革与合成革污染末端治理技术

3.2.1 水污染治理技术

3.2.1.1 废水回用技术

（1）湿法工艺的凝固槽或超纤生产中的含浸槽工艺废水回用

湿法工艺凝固槽和超纤生产的含浸槽工艺废水，排放后送入配套的废水收集罐，与其他DMF浓度较高的废水混合，废水达到一定量后送入DMF精馏塔对其中的DMF进行回收。精馏后的废水作为塔顶水处理，废气进行脱氨处理后排放，精馏残液作为危险废物进行处理。工艺废水的回收率可达到100%。

湿法或超纤工艺废水回用流程见图3-8。

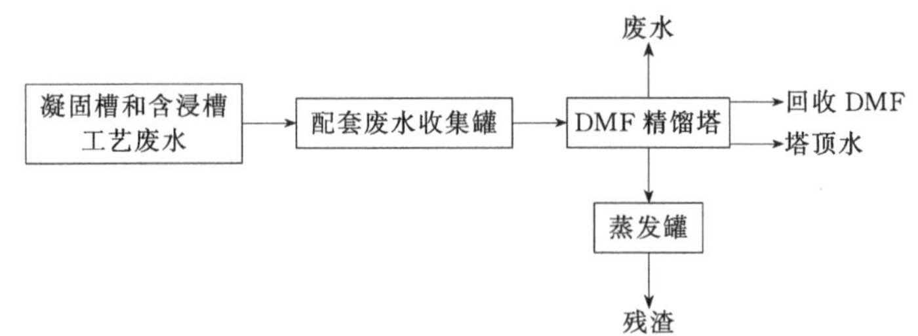

图 3-8 湿法或超纤工艺废水回用流程

(2) 干法工艺废气净化治理设施废水回用

干法生产线中的 DMF 废气浓度较高，经吸收塔的水反复吸收后（一般为三级水喷淋），水中的 DMF 浓度很快达到较高浓度。因此，吸收塔废水应收集送入配套储水罐，然后送入 DMF 精馏塔进行 DMF 的精馏回收，这部分废水回收率可达到 100%。

干法工艺废气净化治理设施废水回用流程见图 3-9。

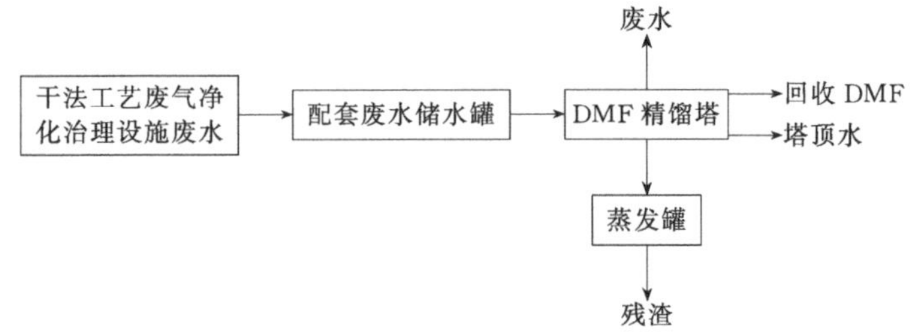

图 3-9 干法工艺废气净化治理设施废水回用流程

(3) 湿法工艺中的水洗槽废水回用

湿法工艺中的水洗槽废水 DMF 含量较低，无法进行精馏，可将其回收后作为凝固槽和含浸槽的补水水源。湿法工艺水洗槽废水回用流程见图 3-10。

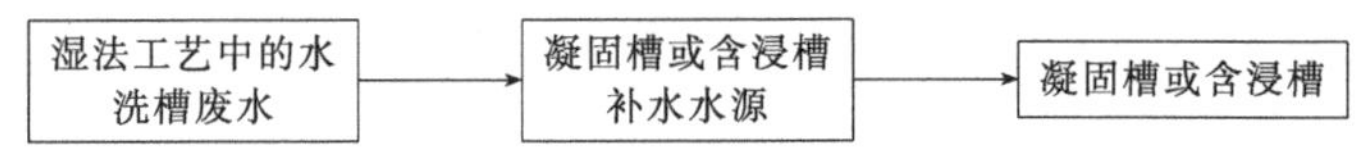

图 3-10 湿法工艺中的水洗槽废水回用流程

(4) 湿法工艺废气净化治理设施废水回用

湿法工艺中的废气净化治理设施废水 DMF 含量低，无法进行精馏，可将其与湿法工艺水洗槽废水合并后，作为凝固槽或含浸槽补水水源。湿法工艺废气净化治理设施废水回用流程见图 3-11。

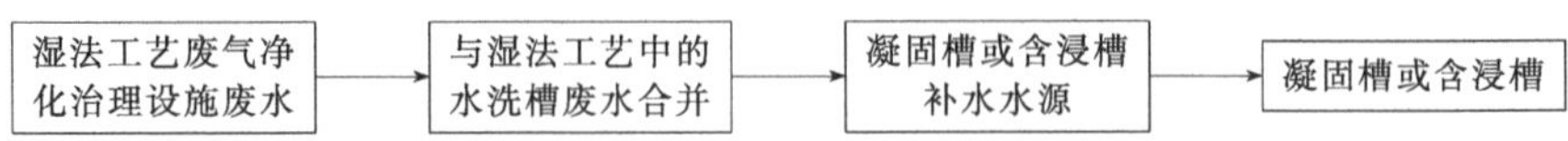

图 3-11 湿法工艺废气净化治理设施废水回用流程

(5) DMF精馏塔塔顶水回用

DMF精馏塔塔顶水，一部分宜作为湿法工艺凝固槽或超纤工艺含浸槽的补水水源，这部分废水的回收率应≥30%，剩余部分在进行预处理后送入废水末端处理系统。DMF精馏塔塔顶水回用流程见图3-12。

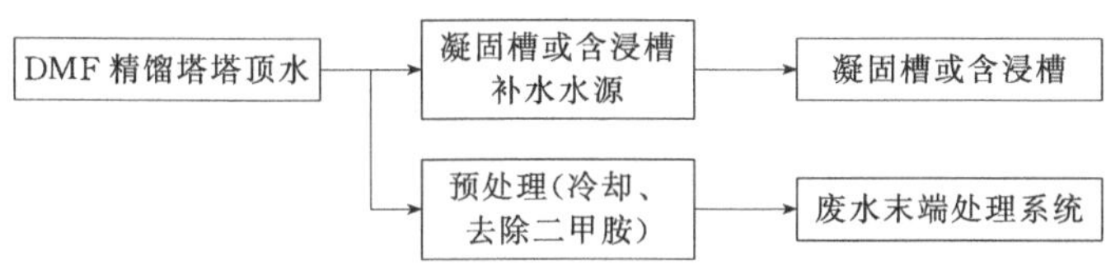

图3-12 DMF精馏塔塔顶水回用流程

(6) 洗塔水、洗槽水、料桶清洗水回用

洗塔水、洗槽水的污染物浓度相对较高，应先送入高浓度废水调节池，如悬浮物浓度较高，宜先进行过滤处理，然后送入废水末端治理设施进行处理。洗塔水、洗槽水回用流程见图3-13。

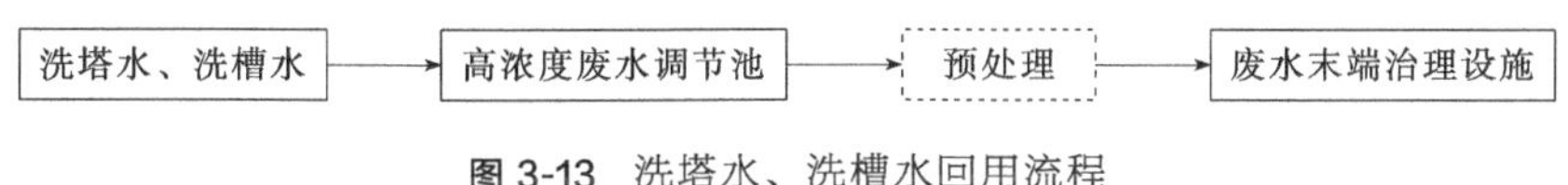

图3-13 洗塔水、洗槽水回用流程

料桶清洗水DMF含量较高，应送入配套废水收集罐，然后送入废水精馏塔进行DMF的精馏回收，料桶清洗水回收率可达100%。料桶清洗水回用流程见图3-14。

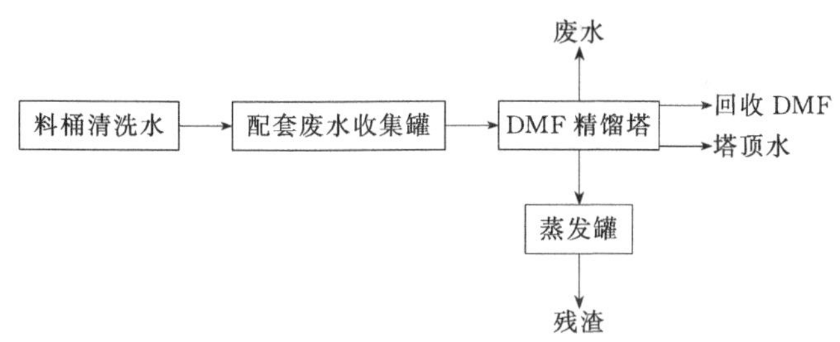

图3-14 料桶清洗水回用流程

3.1.1.2 废水处理技术

(1) 废水特性分析

人造革与合成革生产过程中废水来源主要包括以下几个方面：

① 冲槽废水。浓度较高，主要含DMF(*N*,*N*-二甲基甲酰胺)等有机污染物，COD约13000mg/L，SS约100mg/L。

② 冲塔废水。浓度较高，主要含DMF、乙二胺等污染物，COD 15000～40000mg/L，

NH_3-N 200～300mg/L，SS约300mg/L。

③ 地面冲洗水及洗桶水。包括干、湿法车间及印刷车间系统废水，含DMF等有机污染物及少量固体悬浮物，COD约13000mg/L，SS约150mg/L。

④ 水鞣废水、喷涂废水、设备循环冷却水。主要含DMF、丁酯等有机污染物，COD≤1000mg/L，NH_3-N≤50mg/L，SS约100mg/L，色度（稀释倍数）70～100倍。

⑤ 生活污水。COD≤500mg/L，NH_3-N≤35mg/L。

通过对废水污染源进行分析，可以把废水分为如下三类。

① 高浓度生产废水（冲槽废水、冲塔废水、地面冲洗水及洗桶水）。含有DMF、乙二胺等有机污染物，特点是间歇式排放，水质水量波动大，有机物浓度高，氨氮含量高，SS含量高，色度大。

② 低浓度生产废水（包括水鞣废水、喷涂废水、设备循环冷却水）。主要含有DMF、丁酯等污染物及少量悬浮物。

③ 生活污水。

（2）处理工艺

废水处理工艺宜优先考虑生物法，辅以物化法。生产废水经调节池调节水质后，进入混凝沉淀池，向合成革生产废水中投加混凝剂进行混凝反应，再进入沉淀池进行污染物的分离，上清液流至生化处理系统进一步进行处理。

1）一级（预）处理

一级（预）处理单元主要包括格栅、均质调节、水解、厌氧等环节。

2）二级处理

二级处理是以生化处理为主体的处理单元，目前合成革与人造革废水经一级（预）处理后污染物浓度较高的废水，采用好氧生化处理取得了较好的处理效果。生化好氧处理工艺主要包括SBR（序批式活性污泥法）、A/O工艺等。

3）深度处理

对于直接排放的企业二级生化处理后仍然无法达标的废水，应进行深度处理，一般通过混凝沉淀、过滤等工序进一步除去二级处理不能完全去除的污染物。

合成革废水处理工艺流程见图3-15。

3.2.2 大气污染治理技术

3.2.2.1 大气污染源头控制

源头控制是环境污染预防和控制的基本理念。为从源头控制污染，国家相关部门要求大力推进清洁生产工艺技术，实行清洁生产审核制度。人造革与合成革企业应结合自身实际情况，按照清洁生产的要求，全厂综合考虑，对废气进行全过程控制。

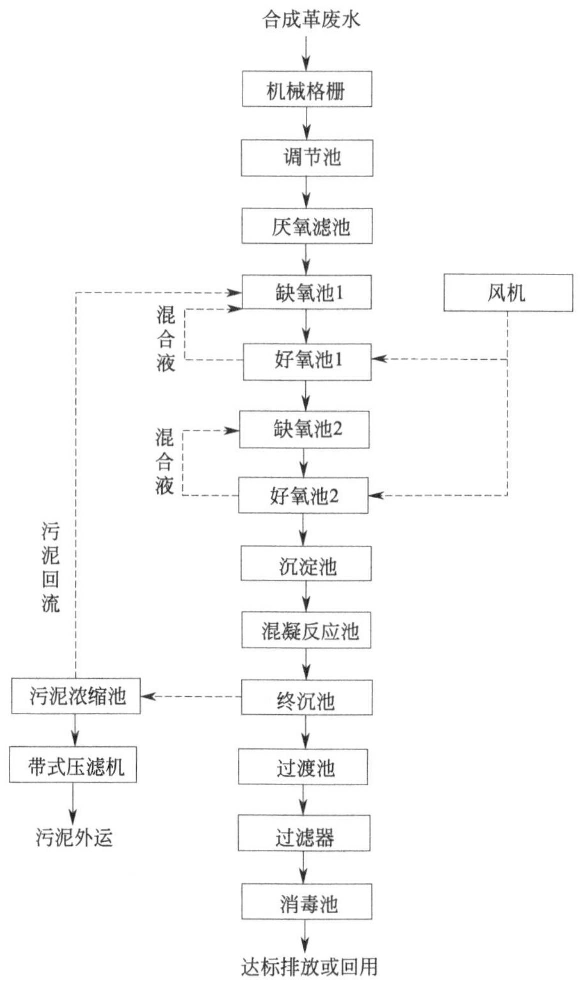

图 3-15 合成革废水处理工艺流程

3.2.2.2 大气污染治理工艺设计要求

(1) 一般要求

根据《重污染天气重点行业应急减排措施制定技术指南（2020 年修订版）》的要求，企业应结合废气特性、污染物初始浓度及排放要求选择相应的治理工艺。优先采用技术先进、经济可行、运行稳定的工艺，鼓励采用多污染物协同治理技术。如表 3-3 所列为人造革与合成革行业主要产排污节点及治理技术。

(2) 处理工艺的选择

聚氯乙烯人造革开炼、涂覆、压延、发泡工序废气主要成分为增塑剂（颗粒物），宜采用静电吸附＋喷淋水洗＋吸附工艺处理。

通过增塑剂静电吸附回收装置，可减少颗粒物的产生。

⊡ **表 3-3　人造革与合成革行业主要产排污节点及治理技术**

序号	生产工艺		产排污节点	排放形式	主要污染物	主要治理技术
1	聚氯乙烯人造革	聚氯乙烯直接涂刮法	塑化	有组织	增塑剂废气	静电吸附
			塑化发泡			
		聚氯乙烯离型纸法	凝胶塑化	有组织	增塑剂废气	
			塑化发泡			
		聚氯乙烯压延法	密炼	有组织	增塑剂废气	
			开放炼塑			
			压延			
			塑化发泡			
2	聚氨酯合成革	前处理工艺	配料	有组织	VOCs	集气设施或密闭车间、水喷淋吸附、活性炭吸附、光催化氧化、低温等离子体、吸附浓缩＋燃烧、催化燃烧、吸附＋冷凝回收
		聚氨酯干法	第一涂刮	有组织	VOCs	
			第一烘干			
			第二涂刮			
			第二烘干			
			第三涂刮			
			第三烘干			
		聚氨酯湿法	预含浸/涂刮	有组织	VOCs	
			热辊加热			
			烘干			
3	超细纤维合成革	前处理工艺	配料	有组织	VOCs	
		超细纤维合成革不定岛工艺	PU 含浸	有组织	VOCs	
			甲苯抽出减量工艺			
		超细纤维合成革定岛工艺	聚乙烯醇含浸	有组织	VOCs	
			PU 含浸			
4	后处理工艺		磨皮/涂饰/印刷/染色/压花	有组织	VOCs	
					颗粒物(PM)	袋式除尘、静电除尘

聚氨酯合成革干法生产线废气宜采用三级喷淋水洗工艺回收 DMF，其他非水溶性挥发性有机物成分宜采用吸附、吸收、吸附浓缩＋燃烧工艺（包括直接燃烧、蓄热燃烧、催化燃烧）进行处理；若不设置 DMF 回收单元宜采用燃烧工艺（包括直接燃烧、蓄热燃烧、催化燃烧）进行处理。

聚氨酯合成革湿法生产线含浸槽、烘干废气宜采用水喷淋吸收工艺回收 DMF。

人造革与合成革后处理印刷工序废气，应采用燃烧工艺（包括直接燃烧、蓄热燃烧、催化燃烧）、吸附浓缩＋燃烧工艺（包括直接燃烧、蓄热燃烧、催化燃烧）进行处理。

DMF 废水脱胺塔二甲胺尾气宜采用酸液吸收，或密闭排气至有机废气治理设施、脱臭设施。

废水贮存、处理设施，在曝气池及其之前加盖密闭或采取其他等效措施，并密闭排气至有机废气治理设施或脱臭设施。

采用燃烧工艺的设施应采用低氮燃烧、脱硝设施，防治氮氧化物污染。

如表 3-4 所列为适用末端处理工艺。

表 3-4 适用末端处理工艺

序号	废气产生工序	废气主要污染物	适用末端处理工艺
1	聚氯乙烯人造革开炼、涂覆、压延、发泡等	增塑剂、氯化氢、氨气	静电吸附＋喷淋水洗＋吸附等
2	聚氨酯合成革干法	丁酮、环己酮、醋酸甲酯、甲缩醛、甲苯	三级喷淋水洗＋吸附(吸收、吸附浓缩＋燃烧)、燃烧等
3	聚氨酯合成革湿法	DMF	喷淋水洗等
4	后处理印刷	溶剂型油墨：甲苯、二甲苯；水性油墨：丁酮、乙酸乙酯等	燃烧、吸附浓缩＋燃烧
5	DMF 废水脱胺塔	二甲胺	酸液吸收、燃烧、低温等离子体、紫外线催化氧化等

注：氨气产生于 AC 发泡剂（偶氮二甲酰胺）分解过程。

(3) 处理设施设计依据

目前，生态环境部已经发布了《蓄热燃烧法工业有机废气治理工程技术规范》（HJ 1093—2020）、《吸附法工业有机废气治理工程技术规范》（HJ 2026—2013）、《催化燃烧法工业有机废气治理工程技术规范》（HJ 2027—2013）等行业标准。

当前，有机废气治理设施存在以下突出问题：a. 治理设施设计不规范，与生产系统不匹配；b. 光催化、光氧化、低温等离子体等低效技术使用占比大、治理效果差；c. 治理设施建设质量良莠不齐，应付治理、无效治理等现象突出；d. 治理设施运行不规范，定期维护不到位。为此，2021 年 8 月 4 日生态环境部印发《关于加快解决当前挥发性有机物治理突出问题的通知》，以进一步规范有机废气治理设施。

设备和材料首先应根据确定的工艺路线和特点进行选择，主要设备材料的性能应能满足废气治理系统的要求，在满足系统可靠性和经济性的同时还应满足国家相关标准的要求。

3.2.2.3 工艺废气处理技术

(1) 工艺废气收集

工艺废气应根据有机废气、无机废气的类别进行区分，混合后能够进行二次化学反应或者爆炸的废气必须单独收集，含卤素有机废气和非含卤素有机废气进行分类收集、分类处置。

产生逸散有机废气的设备，宜采取密闭、隔离和负压操作措施，废气收集装置应满足 GB/T 16758、GB 21902、GB 37822 的要求。包围型排风罩开口面位置的风速应大于 0.4m/s，敞开型排风罩开口面最远距离作业位置的风速应大于 0.6m/s。

对废气收集装置的要求见表 3-5。

⊡ **表 3-5　对废气收集装置的要求**

类别	生产设施或生产区域	收集装置类型
备料间	所有配料设施和配料区域	密闭收集
聚氯乙烯生产线	烘箱、涂覆区域	包围型排风罩
	密炼机、开炼机、其他烘干装置	敞开型排风罩
	涂覆区域和烘箱之间的贴合、传输区域	
聚氨酯干法生产线	烘箱、涂覆区域	包围型排风罩
	涂覆区域和烘箱之间的贴合、传输区域	
聚氨酯湿法工艺	预含浸槽、含浸槽、凝固槽	密闭收集
	水洗槽	密闭收集
	烘箱、涂覆区域、预含浸后烘干区域	包围型排风罩
后处理	涂饰区域、印刷区域、烘箱	密闭收集
	涂饰印刷区域同烘箱之间的传输区域	包围型排风罩
其他产生挥发性有机物的操作区域		敞开型排风罩

废气收集效果应保证车间环境质量符合职业安全健康要求，厂区内无组织非甲烷总烃浓度符合 GB 37822 要求，厂界无组织非甲烷总烃浓度符合 GB 21902 要求。

(2) 水喷淋＋干燥＋活性炭吸附技术

合成革生产中主要的有机溶剂为 DMF、丁酮、环己酮等，其中 DMF 与水混溶，而丁酮和环已酮在水中的溶解度很低，为了提高 DMF 吸收效果，吸收塔往往采取喷淋＋填料三段式结构。

来自生产线的 DMF 工艺废气，分别经集气罩收集，由各支管汇总后先进入过滤装置进行除尘，然后由高压离心风机加压后，进入高效填料吸收塔处理，处理后废气经排气筒直接排放。塔内吸收液循环使用，待吸收循环液中 DMF 浓度达到 18%～25%时，通过自控装置将高浓度吸收液由水泵提升到贮罐，送至 DMF 回收系统处理。DMF 通过水吸收有很高的去除率（去除率在 94%左右)，剩余的丁酮和环已酮等成分通过活性炭吸附去除。

无溶剂干法线、水性干法线、水性湿法线、复合线、弹性体生产线产生的有机废气由于挥发性有机物浓度比较低，也可以分别收集并经余热交换器回收热量后，再集中送至水喷淋吸收＋干燥＋活性炭吸附装置处理，水喷淋的水经过一段时间循环后作为废水进行处理。

(3) 活性炭吸附技术

对于不含有 DMF 成分的低浓度有机废气可以通过吸附法处理。根据生态环境部的要求，采用活性炭吸附工艺的企业，应根据废气排放特征，按照相关工程技术规范设计净化工艺和设备。

① 吸附设施的风量宜按照最大废气排放量的120%进行设计，挥发性有机物去除效率应达到90%以上，其他性能要求需满足 HJ/T 386 和 HJ 2026 的要求。

② 宜根据废气种类、浓度、流量、位置进行合理分类，采用多级、多相吸附设施。

③ 采用颗粒活性炭作为吸附剂时，其碘值不宜低于 800mg/g；采用蜂窝活性炭作为吸附剂时，其碘值不宜低于 650mg/g；采用活性炭纤维作为吸附剂时，其比表面积应不低于 $1100m^2/g$（BET 法）。一次性活性炭吸附工艺宜采用颗粒活性炭作为吸附剂。

④ 含有二甲基甲酰胺、丁酮、环已酮、乙酸乙酯、乙酸丙酯、苯乙烯等物质的有机废气吸附设施不宜使用活性炭作为吸附剂。

⑤ 进入吸附装置的废气应进行降温、除湿、除尘预处理，预处理后温度宜低于40℃，相对湿度宜低于40%，颗粒物含量应低于 $1mg/m^3$，高湿度有机废气应采用疏水性吸附剂。

⑥ 采用颗粒状吸附剂时，气体流速宜低于 0.60m/s；采用纤维状吸附剂时，气体流速宜低于 0.15m/s；采用蜂窝状吸附剂时，气体流速宜低于 1.20m/s。

⑦ 采用纤维状吸附剂时，吸附单元的压力损失宜低于 4kPa；采用其他形状吸附剂时，吸附单元的压力损失宜低于 2.5kPa。

⑧ 吸附装置产生的废吸附剂作为 VOCs 废物进行密闭贮存，并作为危险废物进行处置或再生利用。

（4）吸收技术

吸收技术根据相似相溶的原理，对于水溶性的废气可以采用水洗喷淋工艺吸收，目前对于含有 DMF 的废气采用水洗喷淋工艺进行吸收。对于非水溶性有机溶剂使用高沸点的有机溶剂进行吸收，将能溶于该吸收剂的成分从废气中吸收分离出来，这种方法由于对吸收剂的选择要求较高且吸收剂的净化效率下降得很快，以及吸收剂的回收和进一步处理比较麻烦，限制了其发展。

① 吸收设施的风量宜按照最大废气排放量的120%进行设计，其性能要求需满足 HJ/T 387 要求。

② 含有非水溶性组分的废气不得仅采用水或水溶液洗涤吸收方式处理。

③ 宜采用无臭、无毒、难燃、化学稳定性好的吸收剂，废气经吸收塔后需进行除雾处理。

④ 吸收装置产生的废吸收液作为 VOCs 废物进行密闭贮存，DMF 废水应采取多效蒸发工艺进行回收，产生的危险废物进行处置或再生利用。

（5）直燃焚烧技术

对于高浓度的有机废气，例如干法线的废气，若不回收 DMF 时，可以采取直燃焚烧技术。

直燃焚烧技术将高浓度废气送入燃烧室直接燃烧（燃烧室内一般有一股长明火），废气中有机物在750℃以上燃烧生成 CO_2 和 H_2O，高温燃烧气通过换热器与新进废气间接换热后排掉，换热效率一般≤60%，导致运行成本很高，因此该技术只在少数能有效利用排放余热的企业中应用。

总体而言，直燃焚烧技术简单，设备初期投资低，具有良好的推广前景。在运行中可以通过换热器对燃烧烟气进行多次热交换，用于预热待处理废气，给导热油或水进行加热，实现余热回收利用的效果。

由于直燃温度高达700～800℃，且废气中DMF含有氮元素，容易产生热力型氮氧化物，因此烟气处理后续必须增加脱硝装置，防治氮氧化物二次污染问题。

（6）蓄热燃烧、催化燃烧技术

蓄热燃烧的燃烧方式与直燃焚烧相同，只是将换热器改为蓄热陶瓷，高温燃烧气与新进废气交替进入蓄热陶瓷直接换热，热量利用率可提高到90%以上。该技术理念先进，运行成本较低，是目前国家主推的废气治理工艺。

催化燃烧技术是指在较低温度下，在催化剂的作用下使废气中的可燃组分彻底氧化分解，从而使气体得到净化处理的一种废气处理方法。催化燃烧废气处理是典型的气-固相催化反应，其实质是活性氧参与深度氧化作用。在催化燃烧过程中，催化剂的作用是降低反应的活化能，同时使反应物分子富集于催化剂表面，以提高反应速率。借助催化剂可使有机废气在较低的起燃温度条件下发生无焰燃烧，并氧化分解为 CO_2 和 H_2O，同时放出大量热量。废气催化燃烧处理工艺流程如图3-16所示。

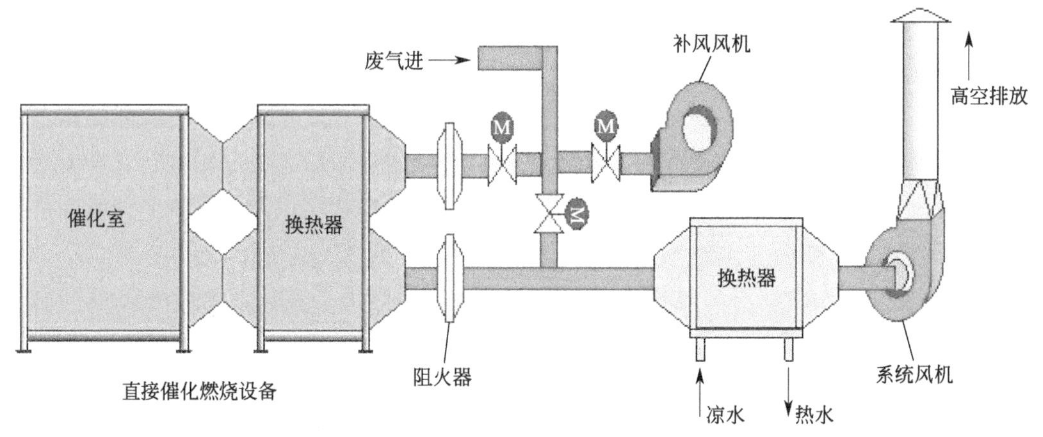

图3-16 废气催化燃烧处理工艺流程

两种工艺都可以用于处理烷烃、芳香烃、酮、醇、酯、醚、部分含氮化合物等有机废气。含硫磷类废气会使催化剂中毒，不适合用催化燃烧技术处理，而如果忽略含硫磷废气燃烧时对设备仪表的少量腐蚀，可以限制性地使用蓄热燃烧技术处理。由于处理温度均低于1150℃，两种工艺都不能用于处理含卤代烃废气，以避免产生二噁英。

在采用催化燃烧、蓄热燃烧工艺时应注意以下要点：

① 治理设施的风量按照最大废气排放量的120%进行设计，挥发性有机物去除效率

应达到97%以上，其他性能需满足HJ/T 389、HJ 1093和HJ 2027要求。

② 进入催化燃烧装置前废气中的颗粒物含量高于$10mg/m^3$时，应采用高效过滤等方式进行预处理。

③ 燃烧室应该设置事故应急排空管，排空装置与冲稀阀、报警联动，确保进入燃烧室的有机废气浓度控制在混合有机物的爆炸极限下限的25%以下，燃烧室宜为负压状态。

④ 处理设施应设置废气余热回收装置，余热用于预热进口废气或回用于生产线烘干等工序，热回收效率不得低于90%。

（7）吸附浓缩＋燃烧组合净化技术

当有机废气浓度低于$2000mg/m^3$时，需要大量的天然气进行助燃，因此如果废气浓度偏低，需要采用吸附浓缩的方式进行预处理。含VOCs废气进入沸石转轮吸附净化，脱附后的高浓度废气再通过燃烧装置［如蓄热式氧化炉（RTO）、蓄热式催化燃烧炉（RCO）、回收式热力焚烧炉（TNV）等］进行燃烧净化。VOCs吸附浓缩倍数在10倍以上，沸石转轮吸附净化效率≥90%，燃烧净化效率≥97%。该技术将中低浓度、大风量的VOCs废气通过吸附浓缩转为高浓度、低风量的有机废气，然后再进行燃烧处理，降低了废气燃烧净化的运行费用。废气吸附浓缩＋燃烧处理工艺流程如图3-17所示。

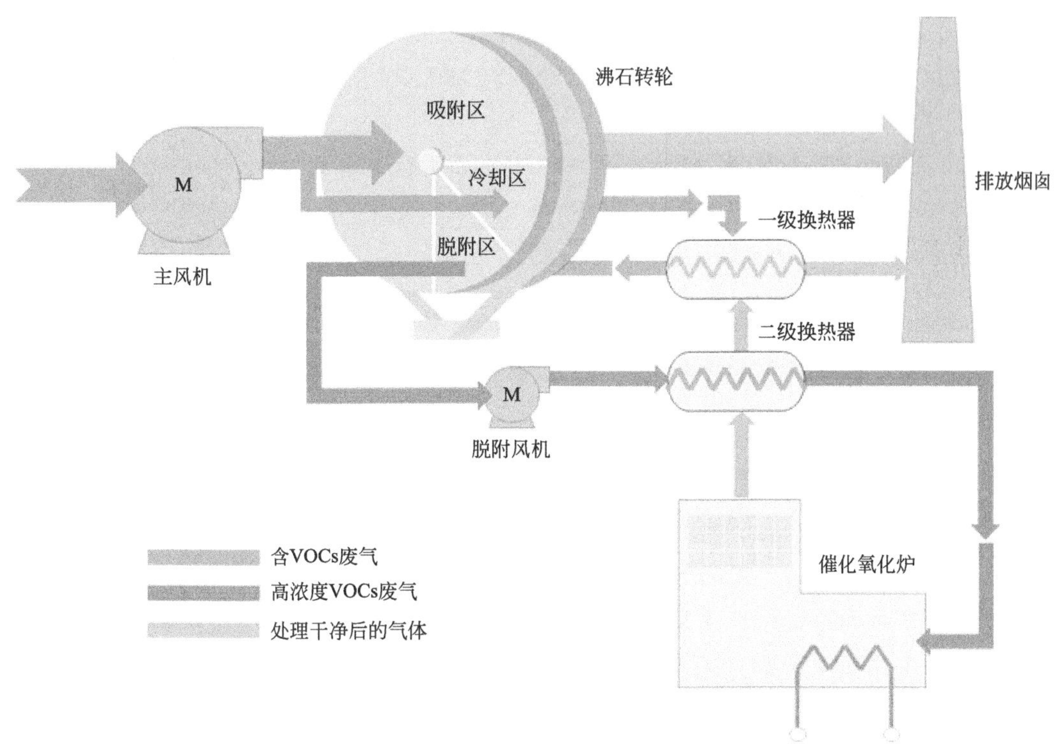

图3-17 废气吸附浓缩＋燃烧处理工艺流程

以 RCO 技术为例，有机废气经蓄热体加热后，在催化剂的作用下燃烧，使有机废气氧化分解为 CO_2 和 H_2O。反应后的高温气体经过蓄热体贮存热量用于预热后续的有机废气后直接排放，或者直接返回生产环节进一步利用热能。每个蓄热室依次经历蓄热—放热—清扫等程序，连续工作。设备运行温度在 300℃左右，阻力 ≤5000Pa，空速 10000～40000h^{-1}。VOCs 净化效率≥97%，热回用率≥90%，催化剂使用寿命>24000h。

与直燃焚烧技术相比，催化剂降低燃烧温度，蓄热体提高热回用率，节约了能源消耗。

(8) 低温等离子体技术、光催化氧化技术

人造革与合成革生产的 DMF 废水回收单元、综合废水处理单元会产生恶臭气体，主要气体种类包括氨、三甲胺、硫化氢、甲硫醇、甲硫醚、二硫化碳等。利用高能 UV 光束可裂解恶臭气体中细菌的分子键，破坏细菌的 DNA，再通过氧化反应，可达到脱臭及杀灭细菌的目的。

在选择使用低温等离子体、光催化氧化技术时，应注意以下要求。

① 仅适用于处理低浓度有机废气或恶臭气体；治理效率要求更高时，应采用多种技术的组合工艺。对于含油雾、颗粒物的废气，应配置高效过滤等预处理设备。

② 根据废气污染物组分确定最大可能的化学键键能。使用低温等离子体技术的，需给出处理装置设计的电压、频率、电场强度、稳定电离能等参数，同时出具所用电气元件的出厂防爆合格证；使用光催化氧化技术的，需给出所用催化剂种类、催化剂负载量等参数，并出具所用电气元件的防爆合格证与灯管发射 185nm 波段的占比情况检验证书。

③ 应尽量延长废气在装置中的反应停留时间，并配备臭氧催化分解单元。

3.2.3 固体废物减量化和处理处置技术

人造革与合成革生产过程中产生的一般工业固体废物主要有废包装、废离型纸、产品边角料等，危险废物主要有废树脂、精馏釜残渣，废气处理过程还会产生废吸附剂、废催化剂等。

3.2.3.1 离型纸维护技术

离型纸是一种特殊的防粘纸，其涂层一般具有凹凸状的花纹结构。它在人造革与合成革工业中被大量使用，能把压印在其上的花纹复制到人造革与合成革上。

离型纸的种类按用途可分为聚氯乙烯用和聚氨酯用两大类；离型纸按剥离膜表面的光亮程度分为高光、光亮、半光、半消光、消光、超消光六个等级。离型纸可以是平光的，也可以是轧纹的，轧纹模仿的对象有牛皮、羊皮、鹿皮、猪皮等各种动物皮。按产地分有美国纸、英国纸、意大利纸及日本纸。按离型纸加工制造方法分则有涂敷法离型纸、转移膜法离型纸和电子硬化法离型纸。按使用温度则分为高温纸和低温纸，高温纸

最高能耐受200～230℃，低温纸最高耐受130～140℃。按离型纸表面树脂材料划分是常用的方法，可分为硅树脂离型纸、PP（聚丙烯）树脂（部分添加PE）离型纸和电子硬化树脂离型纸三类。

离型纸是一种易耗品，正确使用与维护可延长其使用寿命，降低加工成本。在使用时必须注意以下几点。

① 工作环境。空气中的灰尘颗粒、树脂凝结块、挡板渗漏、背辊粘料等情况会造成离型纸的划线与划伤，镜面纸尤其明显。因此干法车间卫生条件要求较高，应减少降尘。离型纸使用时应防止硬质颗粒及粗糙的辊筒对纸面的损伤。

② 静电消除。正常使用情况下，静电是影响离型纸使用的主要因素，静电电荷积累会击伤离型层，产生点状、放射状、条状损伤。消除静电影响的方法：安装消除静电装置，如静电消除器、静电刷、铜扫把、抗静电绕带；添加助剥离剂，如甲基硅油；加强温度控制，尤其在秋冬季节，可定时洒水或安装加湿器；控制剥离速度和角度，剥离时尽量有依托，降低剥离负荷。

③ 生产温度控制。温度与湿度的变化会造成离型纸的平整度变化，从近几年离型纸厂商接到的市场投诉情况来看，因为温度控制不当引起的问题占非常大的比例。影响温度控制的因素有：导热油加热系统温度控制不当，加热不均匀，容易造成局部温度过高；生产线出风口分布不合理；烘箱停留时间过长。

离型纸正面是剥离树脂，背面是纸基，由于两面材料不同，遇热和冷却时收缩率不同，易产生卷曲，严重时会影响纸的正常运行。要及时调节设备对离型纸的牵引力，降低烘箱温度，同时注意涂层剂和离型纸的配伍性。生产过程中尽量避免停车，防止离型纸长时间受热导致表面涂布的热塑性树脂变形，影响花纹和光泽。

3.2.3.2 废边角料焚烧技术

合成革行业产生的一般固体废物主要为废边角料，经过筛选后，不能综合利用的固体废物通常进行焚烧处理。如浙江台州临港热电利用现有燃煤锅炉处理合成革边角料，在对合成革废料焚烧处置的同时，还回收了热值，取得了较好的环境效益、经济效益。考虑到二噁英污染问题，PVC人造革等含氯废料不宜进行焚烧处理。

废边角料进厂后需要对合成革废料进行成型加工，然后采用皮带输送机接入输煤系统。

除铁：除去合成革废料中含有的金属铁、氧化铁与含铁矿物质等有害成分。

破碎：对固体尺寸和形状进行控制。

成型：利用成型设备将破碎后的合成革废料挤压成一定形状的柱状条，柱状条30mm×30mm×60mm。

合成革一般工业固体废物处理流程如图3-18所示。

图3-18 合成革一般工业固体废物处理流程

3.2.3.3 危险废物处置技术

废树脂、精馏釜残渣是合成革行业常见的危险废物，目前通常通过焚烧法进行处置。精馏残液也称釜残，是一种黑色黏稠状半固体物质，其构成为 DMF、聚氨酯树脂、木粉、布毛等有机物，以及轻质 $CaCO_3$ 粉状填料等无机物及水分。按国家危险废物名录来分，属危险废物。目前，釜残的处置方法主要有填埋、焚烧和掺入煤中燃烧。填埋方法因采用水泥稳定化工艺处理，固化后的产品体积将大幅增大，因此这种方法已经逐渐不被人们所接受。焚烧方法是目前应用较多的一种处理方法，在合成革产业比较集中的温州、丽水、福鼎等地已经建立了专门的精馏釜残渣处置中心。通过焚烧使釜残的量减少且消除了其中的有毒有害有机物，是一种较好的方法，但它的缺点是釜残进入焚烧炉后，需要柴油助燃，且需要加水稀释使其变成流动态后才能喷入焚烧炉，这无疑增加了处理的成本。掺入煤中燃烧方法有一个不能忽视的缺点，即无机盐在高温燃烧过程中会析出积聚在锅炉壁上，将会对锅炉造成危害。

根据 DMF 精馏残渣具有挥发分含量高、固定碳含量高、经济回收效益高（DMF 含量高）等特性，采用 DMF 精馏残渣干化蒸馏技术、DMF 粗成品精馏技术和干化残渣干馏技术成套系统工艺实现 DMF 精馏残渣的资源化利用。

DMF 精馏残渣干化蒸馏（以下简称干化）技术利用高温蒸汽加热 DMF 精馏残渣，使残渣中的 DMF 在负压条件下挥发出来，并经冷凝后获得 40%～67%纯度的 DMF 粗成品，其工艺流程如图 3-19 所示。干化蒸馏技术主体设备采用真空耙式干燥机，其真空度可达－0.095MPa。DMF 粗成品精馏技术将 40%～67%纯度的 DMF 粗成品经过两级精馏塔提纯，分离出 DMF 粗产品内的水，生产纯度达到 98%的 DMF 溶剂产品。干化残渣干馏技术将干化后的精馏残渣经过干馏装置干馏，使残渣内的挥发物进一步气

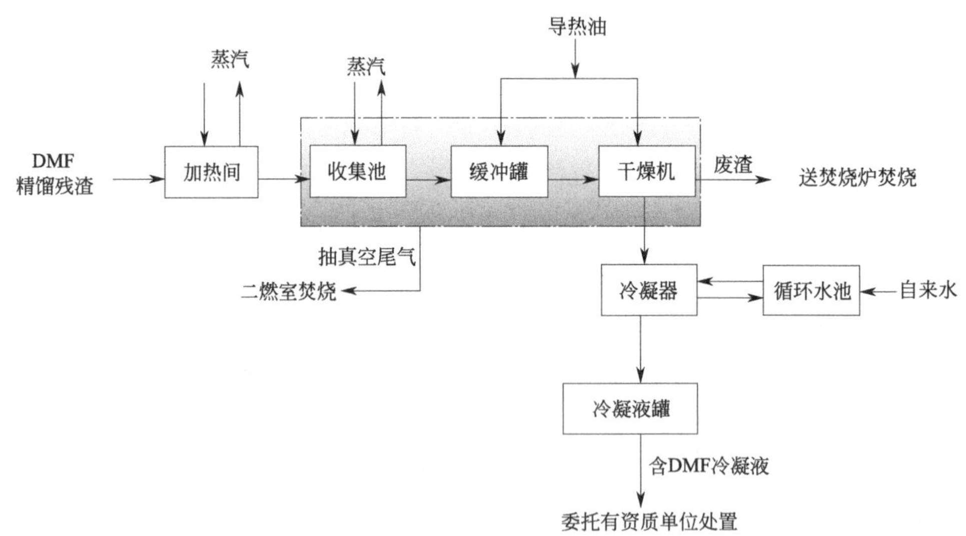

图 3-19 DMF 精馏残渣干化蒸馏工艺流程

化，作为燃料气与补充的天然气一同进入燃烧室作为干馏炉燃料使用，残渣内的有机物炭化，最后生成生物炭。

3.2.4 人造革与合成革行业污染治理中的二次污染治理技术

在DMF回收过程中，浓度为20%～30%的DMF废液经过滤、沉降、原液预热，一级及二级减压浓缩脱水、精馏、脱酸、脱胺的五塔三效工艺，可回收得到纯度>99%的DMF。在此过程中产生的塔顶水、釜残液和二甲胺废气是常见的二次污染问题。

3.2.4.1 脱胺塔塔顶水治理技术

脱胺塔的功能为脱除水中的二甲胺，脱胺塔塔底再沸器采用导热油加热，脱胺塔在常压状态下工作，塔顶温度为100℃。一级脱水塔、二级脱水塔塔顶水中二甲胺浓度较低，送入脱胺塔中段；精馏塔的塔顶水中二甲胺浓度较高，送入脱胺塔上段，喷淋而下，脱胺塔中装有丝网填料，塔顶水中的二甲胺被脱胺塔中上升的蒸汽带走。脱胺塔塔顶蒸汽经塔顶冷凝器冷却后进入塔顶水罐，塔顶水罐的水一部分回流至脱胺塔，一部分可用于中和水解酸化池中的水。

3.2.4.2 二甲胺废气治理技术

由于DMF加热分解为甲酸和二甲胺，其中二甲胺为恶臭气体，会对周边环境和人体健康造成困扰。根据现有多级精馏技术的应用情况，DMF回收过程中必须考虑副反应，当加热超过90℃时DMF又会热分解生成一氧化碳和二甲胺，加热超过150℃时副产的甲酸也会热分解成一氧化碳和水。甲酸最终会在精馏塔塔底（>160℃）分解成CO_2和H_2O，因此自始至终需要考虑的污染成分是水、二甲胺、一氧化碳等。

(1) 化学吸收法

可以直接用10%稀硫酸溶液喷淋冷却脱胺塔蒸汽，得到二甲胺硫酸盐溶液，经蒸发浓缩后可得到纯度约为99%的二甲胺硫酸盐，作为副产品外售。

(2) 低温等离子体+催化氧化法

低温等离子体放电是指在非均匀电场中，用较高的电场强度使气体产生“电子雪崩”，出现大量的自由电子，这些电子在电场力的作用下做加速运动并获得能量。当这些电子具有的能量与C—H，C═C或C—C键的键能相同或相近时，就可以打破这些化学键，从而破坏有机物的结构。电晕放电可以产生以臭氧为代表的具有强氧化能力的物质，可以氧化有机物。等离子体法处理效果好，设备维护方便，适合于处理低浓度的恶臭气体及其他有机污染物。

催化氧化法主要是利用催化剂（如TiO_2）的光催化性，氧化吸附在催化剂表面的恶臭气体，最终产生CO_2和H_2O。其利用光照射催化剂，使催化剂的电子从价带跃迁到空的导带，而在价带留下带正电的空穴（h^+）。光致空穴具有很强的氧化性，可夺取半导体颗粒表面吸附的有机物或溶剂中的电子，使原本不吸收光而无法被光子直接氧化的物质通过光催化剂被活化氧化。光致电子还具有很强的还原性，可使半导体表面的电子受体被还原。光催化设备简单、能耗低，操作方便。

还可以采用低温等离子体和紫外线催化氧化法等协同技术，充分利用这两种技术的优点。充分利用放电过程产生的高能电子及活性物质对 VOCs 进行降解，使复杂大分子污染物转变为简单小分子安全物质，接着放电过程产生的高能电子及活性物质也能在光催化反应的过程中进一步氧化降解 VOCs，最终生成 CO_2 和 H_2O，达到完全降解，为工业 VOCs 高效、低能耗治理的发展提供技术支持。协同技术充分结合并发挥了这两项传统技术的叠加效益，即充分利用了低温等离子体设备成本及运行成本低、操作性好和节能减耗的优势，又通过改变传统光催化氧化过程，提高光催化剂的使用寿命和降解能力，最终扬长避短，发挥了创新技术的巨大潜力。

从福建华夏合成革有限公司二甲胺废气治理的治理案例来看，工程处理风量 $10000m^3/h$，二甲胺废气浓度 $200\sim300mg/m^3$。经过处理后，在连续运行过程中，二甲胺降解率可以达到 90%以上，臭气浓度达到≤2000（无量纲），最终满足环保要求。

如图 3-20 所示为臭气处理工艺流程。

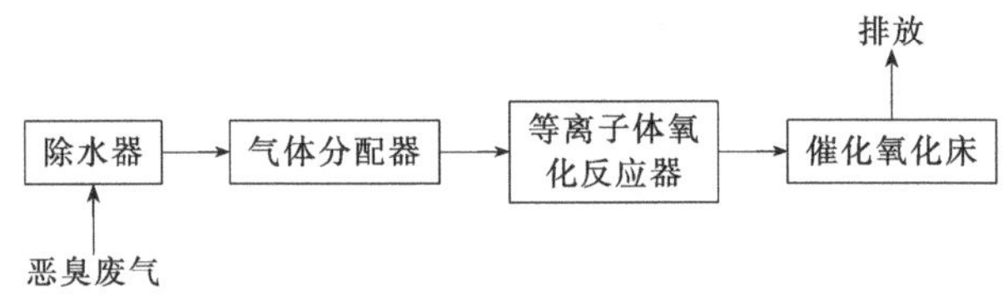

图 3-20　臭气处理工艺流程

参考文献

[1] 严雪峰，江敏，胡苗苗．聚氨酯合成革绿色清洁化生产发展趋势分析［J］．化工设计通讯，2021，47（02）：148-149.

[2] 林瑾．DMF 精馏残渣综合利用项目环境影响评价工程分析要点浅析［J］．化学工程与装备，2018（07）：305-308.

[3] 冯见艳，王学川，张哲，等．聚氨酯合成革绿色清洁化生产发展趋势分析与探讨［J］．皮革科学与工程，2018，28（01）：25-29，45.

[4] 陈新，杨明华，沈秋仙．水性聚氨酯合成革表面处理剂研究进展［J］．广州化工，2015，43（16）：11-12，56.

[5] 吴志坚，穆文华，陈朱虹，等．合成革废水处理工程实例［J］．工业水处理，2016，36（09）：99-102.

[6] 强涛涛．合成革化学品［M］．北京：中国轻工业出版社，2016.

[7] 马兴元，冯见艳，张韬琳．合成革化学与工艺学［M］．北京：中国轻工业出版社，2015.

[8] 徐琦，钟蕾，戴晴．聚氨酯人工皮革剥离测试中胶粘剂的选择［J］．中国纤检，2013（16）：70-71.

[9] 王兴，张美云，李金宝．合成革用离型纸纸张特性及其应用［J］．黑龙江造纸，2012，40（02）：21-23.

第4章 人造革与合成革工业园区建设

4.1 人造革与合成革工业园区概况

20 世纪 50 年代的发达国家诞生了第一批工业园区。随着以信息技术为主导的第三次科学技术革命，工业园区得到了快速的发展，目前已经成为众多发达国家及发展中国家用来发展现代化工业、高新技术产业最重要的载体。联合国环境规划署（UNEP）认为，工业园区是在一大片的土地上聚集若干工业企业的区域。它具有如下特征：开发的面积较大；大面积的土地上有多个建筑物、工厂以及各种公共设施和娱乐场所；对常驻公司、土地利用率和建筑物类型实行限制；详细的区域规划对园区环境规定了执行标准和限制条件；为履行合同和协议、控制和适应公司进入园区、制定园内长期发展政策与计划等提供必要的管理条件。在我国，国家或区域的政府根据自身经济发展的内在要求，通过行政手段划出一块区域，聚集各种生产要素，在一定空间范围内进行科学整合，提高工业化的集约强度，突出产业特色，优化功能布局，使之成为适应市场竞争和产业升级的现代化产业分工协作生产区，即工业园区。

工业园区作为生产要素集聚和技术创新的重要平台，在推动城镇化工业化发展以及提升资源配置效率方面发挥了至关重要的作用。自 1979 年我国设立第一个工业区——蛇口工业区以来，我国工业园区已历经 40 余年的发展，工业园区已成为我国经济发展的强大引擎和对外开放的重要载体。截至 2018 年年底全国共有国家级和省级工业园区 2500 余家，贡献了全国一半以上的工业产值。其中仅 219 家国家级经济技术开发区地区生产总值达到 10.2 万亿元，占全国的 11.3%。

人造革与合成革工业园区是产业发展的重要载体和平台，是指在一定区域内由人造革与合成革企业和上下游企业构成，依当地市场特色、资源优势建立起来的特色产业集群。2018 年全国人造革与合成革产量为 299.50 万吨，其中福建省和浙江省产量分别为

86.89 万吨和 66.84 万吨，占比为 29.01%和 22.32%。两个省的产量占全国的 1/2 以上。目前，在福建省的福鼎、南平，浙江省的温州、丽水、临海，广东省的高明，河北省的白沟，安徽省的萧县，江苏省的江阴等地区，均形成了人造革与合成革特色产业基地和工业园区，其中以福鼎合成革工业园区的规模最大。江阴、高明、白沟以 PVC 产品为主，其余工业园区以生产 PU 产品为主。各园区发挥了综合竞争优势，产业集聚的同时使得经济成本大幅降低，经济规模效益显著，表现出一定的抗风险能力。但是人造革与合成革工业园区成为经济发展聚集区的同时，也成为能源消耗、污染物排放的集中区，而且很多园区还存在许多不适应，如企业生产的同质化、重复化、低端化，园区功能定位的不明确和产业布局的不合理、配套不平衡等，都使得工业园区与“专、精、深、特”的发展要求有一些距离。

2015 年 5 月 8 日，国务院正式印发《中国制造 2025》，明确提出全面推行绿色制造。2016 年 9 月 14 日，工信部发布了《绿色制造工程实施指南（2016—2020 年)》，计划到 2020 年创建百家绿色工业园区、千家绿色示范工厂，推广万种绿色产品。2016 年 9 月 20 日，工信部发布《工业和信息化部办公厅关于开展绿色制造体系建设的通知》（工信厅节函〔2016〕586 号)，要求到 2020 年，绿色制造体系初步建立，绿色制造相关标准体系和评价体系基本建成。2017 年 2 月 22 日，工信部发布《工信部关于请推荐第一批绿色制造体系建设示范名单的通知》，要求各地区组织工厂、园区等，对符合文件要求的企业，进行相关绿色资质的申报工作。人造革与合成革工业园区正向着建设绿色园区的方向发展。

国际上关于绿色园区的工作主要集中在建设和规划方面，美国硅谷、日本筑波科技城等国外高新产业园区，德国布莱梅物流园区、日本和平岛物流园区等物流园区，为各国园区发展提供参考。我国制定并发布了《国家生态工业示范园区标准》（HJ 274—2015）《低碳园区发展指南》（ISC 2012)、《工业和信息化部办公厅关于开展绿色制造体系建设的通知》（工信厅节函〔2016〕586 号）等，并通过国家低碳工业园区试点、园区循环化改造、国家生态工业示范园区、国家新型工业化产业示范基地等专项工作的推动，建立了一批低碳、循环、生态示范园区。浙江省丽水合成革工业园区就获得了“中国合成革循环经济先进示范基地”“中国水性生态合成革产业基地”的称号。

绿色工业园区，是突出绿色理念和要求的生产企业和基础设施集聚的平台，是指工业企业绿色制造、园区智慧管理、环境宜业宜居的工业集聚区，综合反映了能效提升、污染减排、循环利用、产业链耦合等绿色管理要求，侧重于园区内工厂之间的统筹管理和协同链接，是绿色发展理念在工业领域的直接展现。推动园区绿色化，在园区规划、空间布局、产业链设计、能源利用、资源利用、基础设施、生态环境、运行管理等方面贯彻资源节约和环境友好理念，从而构建具备布局集聚化、结构绿色化、链接生态化等特色的绿色园区。

4.2 人造革与合成革工业园区基础设施及能源资源利用

4.2.1 人造革与合成革工业园区基础设施

在工业园区内，各类工业产业与企业提供了就业岗位，人流的聚集也带动了第三产业的发展和壮大。对于我国当代的工业发展趋势来说，已经逐步呈现出将工业企业相应的建设融入工业园区的一种发展态势，也就是让工人们的居住区域和工作区域相应地结合到一起，而企业为工人提供居住娱乐场所，并相应地进行经济流动，从而让企业可以不仅发展工业经济，同时还可以涉及周边的其他行业来创造更多的经济效益。这种发展态势作为一种新型的工业经济发展战略被我国大多数的工业企业广泛应用。并且，工业园区的建设可以有效地降低基础设施成本投入，刺激周边环境经济流通，而且相应地具有一定的产业聚集效应。

工业园区内部有专门的工业设施区域、生活区域、娱乐区域等，即整个区域就是一个较为完整的社会生活经济产业链，其内部也存有一定的市政基础设施。市政基础设施作为保证工业园区生产与生活等多项经济活动与社会活动开展的重要设施，在为人们生产以及生活提供便利的同时，对推动工业园区建设发展以及地区社会经济进步都有着重要的作用和影响。同时，基础设施的完善建设不仅为工业园区提供充分的硬件支持，也对减少工业园区环境问题有着一定的积极作用。

目前，我国的人造革与合成革产业大多以工业园区集聚发展为主。园区内人造革与合成革生产企业大量聚集，同时还包括上游树脂企业、基布企业，下游合成革后处理企业、合成革制品企业等。发展良好的工业园区在建设初期，就必须有明确的发展规划，其市政基础设施的规划要考虑园区内企业的不确定性、独立性、差异性、动态性等，也要考虑一定的前瞻性。不仅要重视工业产业链的建设，也要重视其他附属产业链的建设。总之，加强工业园区基础建设和项目建设，对于增强园区的承载能力和提升园区的竞争能力作用重大。

4.2.1.1 交通

人造革与合成革工业园区集中分布于浙江、福建、广东等地，很多园区都具有港口、公路、铁路等便利的交通运输条件，便于园区能源、原辅材料和产品的运输。规模最大的福鼎合成革工业园区，位于福鼎市东南沿海的沙埕港西岸，北离温州机场100km，西距太姥山高速公路互通口15km，距温福铁路太姥山火车站仅10km，水陆交通便利。集聚规模较大的丽水合成革工业园区，金丽温高速贯穿全区，离温州、义乌机场都在“2h高速圈”内，高铁到温州仅用30min，到杭州仅用1.5h，到上海仅用2.5h，且目前正在建设的丽水机场项目选址就在工业开发区内。

工业园区内部道路网也对园区功能的高效发挥有着重要的作用。工业园区与传统城市的商业区域或居住区不同，是一个生产与生活结合的综合区域，园区道路交通应合理顺畅，才能正确引导工业园区的用地布局，以项目促开发，以开发促发展。工业园区道路交通主要为人流和货物流服务，出行目的、出行方式相对单一，但道路的规划和建设要把握好整体定位和布局，充分考虑各种不同功能的主干道、次干道、支路、广场以及附属交通设施所组成的交通运输网的系统性，避免道路层次单一，人为集中交通，做到路网有主次，功能有分类。园区道路设计应以合理的工业园区用地功能组织为前提，同时遵循园区产业和自然环境的特点，重视环境设计，既满足工业园区交通的需要，又形成良好的园区面貌，达到有利于生产、方便运输的目的。

4.2.1.2 能源资源供给

人造革与合成革工业园区对于能源和水资源的消耗量较大，为保障园区企业正常的运行，园区要充分考虑水、电、气等能源资源供给基础设施的承载力，做好工业园区的市政基础设施规划。以给排水工程规划为例，由于工业产业与企业的集中分布，导致对给排水需求量较大。因此，在实际规划设计中，对供水管网设计需要以专用供水管线进行分布铺设，在工业用水与生活用水供水管线独立设计基础上，减少其之间的相互影响；此外，对工业园区污水排放管线设计，也需要结合综合污水处理有关理论，通过专用工业废水管网设计与生活污水管网设计方式，实现工业园区的污水处理，以减少企业污水处理的成本，形成相对独立的市政基础设施系统，这与城市市政基础设施规划存在一定的区别。此外，对工业园区的电力规划要注意从供热以及燃气规划等系统上综合考虑，确保园区能源供应具有经济性的同时能够满足园区生产与发展的需求。

福鼎龙安合成革工业项目集中区的供水水源总库容可达 $4.33\times10^6m^3$，日可给水 $2\times10^4m^3$，且园区日供电能力为 55000kW，LNG 管道已覆盖全区，建有日处理能力 15000t 以上的合成革综合污水处理厂。浙江丽水合成革工业园区则建设了规模为日处理 1.0×10^6t（分期建设，一期 50000t/d，二期 50000t/d）的污水处理厂，不仅担负着合成革园区的排水任务，还担负着丽水市区建成区 55km 38 万人口的公共排水任务。

4.2.1.3 信息化

在信息化飞速发展的今天，工业园区对外沟通的渠道不仅仅是交通运输，更重要的是信息的传输。从某些方面看，高效的通信、及时迅速的信息传导，往往对园区内生产企业和管理部门的工作效率和办事决策起着关键性的作用，因此工业园区的电信、信息化建设等也是基础建设中非常重要的一个环节。人造革与合成革工业园区大多建设在小城市的郊区、乡镇区域，“要想富先修路”的口号现在已变为“要修信息的高速公路”。园区内的通信光纤、长途光缆、广播电视等线路铺设，必须在园区建设初期就进行合理规划，以保证园区生产生活运行时，电话、传真、卫星电话、广播电视、互联网等现代通信方式和信息获取方式能通畅高效。尤其是近几年宽带网络的建设被置于首位，高速的宽带网络成为许多国家和地区追逐的目标。2017 年

11月28日国家发改委办公厅印发《关于组织实施2018年新一代信息基础设施建设工程的通知》，指出：加快推进“宽带中国”战略实施，有效支撑网络强国、数字中国建设和数字经济发展。其中重点工程包括“百兆乡村”示范及配套支撑工程、5G规模组网建设及应用示范工程等。

4.2.1.4 灾害防护

人造革与合成革工业园区在江浙、福建、广东等沿海地区分布较多，且多位于城市的山区地带，地理环境复杂，易遭受台风、洪水、泥石流等自然灾害。工业园区的产业集中发展运行，也导致了工业园区致灾因子加强，园区发生灾害的同时，对毗邻的园区内企业和周边环境都会造成一定的影响。因此，对于工业园区的灾害防护必须加强重视，提高紧迫感。

以福鼎合成革工业园区为例，福建省海岛资源综合调查研究报告中总结出海岸带面临的自然灾害主要是地震、气象灾害（包括台风、暴雨、大风、干旱和寒潮)、海岸侵蚀、海岸风沙和赤潮，以及工程诱发的灾害。其中地震发生频率较低，但破坏力大，主要致灾方式为建筑倒塌和市政、交通设施毁坏；台风暴雨每年都有发生，洪水冲毁建筑、淹没街区，引发次生灾害泥石流等，应积极应对；地面沉降虽为缓发型灾害，却不容忽视，不均匀沉降能够破坏市政设施，标高损失又易引发城区内涝和河流泄洪能力降低，加剧风暴潮。福鼎合成革工业园区防洪标准按二十年一遇的洪水位设防，排涝标准按十年一遇的涝水不漫溢的城市排涝标准设防。在福鼎龙安工业项目集中区的东侧建设排洪沟，将山洪引出排入河道，避免山洪进入项目区。在福鼎文渡工业项目区内则从东片的和尚山至南侧码头建高标准的防洪堤，防洪标准为二十年一遇。同时，在地质灾害防护方面，贯彻执行“预防为主，避让与治理相结合”的原则，强化地质环境监督管理，建立了完善的地质灾害群测群防和监测预报预警系统。按照地震烈度六度设防区，建成广场、公共绿地、停车场等作为震时主要疏散场地。给排水、通信、电力等生命线系统以及消防、医疗等重要设施，按7度设防，并制定应急方案，以保证地震时能正常运行或很快修复。保护地质环境，尽最大可能减少地质灾害损失，保证经济、社会和环境的可持续发展。

总之，工业园区对灾害时常要有忧患意识和防范意识。工业园区必须一直加强夯实防灾减灾的基础实力。标准化厂房很牢固，应具备抵抗自然灾害的能力，规划长远，设计超前。全面关注并提升全园区企业防灾减灾的知识储备，一方面要加大自然灾害的破坏力宣传，相关部门要提前做好预案与准备，防患于未然；另一方面，要做好防灾减灾演练及自救知识讲座等，最好普及到全体职工。提升园区救灾队伍的快速组织、调动能力，做好各方面的协调与组织，最高效地与时间赛跑，真正做到有备无患，将自然灾害造成的损失降至最低。

4.2.1.5 消防

工业园区的建设极大地推动了城镇地区经济的发展，也正因如此，园区的发展往往只注重项目的引进，缺乏对园区消防安全规划的同步考虑和消防基础设施的投入，导致工业园区的消防工作存在缺少必要的消防安全措施、未建立消防管理机制、工业园区内人员缺乏必要的消防安全意识、消防安全工作执行不彻底等问题。

（1）编制消防安全建设的规划

制订消防安全规划是消防安全工作实施的前提，是消防安全工作的第一步，也是至关重要的一项工作。消防安全规划的内容涵盖消防安全设备的安装位置确定、消防安全点建设、消防安全逃生路线规划、消防通信线路规划、消防水源获取规划、消防安全宣传制度制定等。这些消防安全规划内容都是十分必要的且具有极大的现实意义，但在实际的工业园区建设规划、建设过程中以及建设完成投入使用后消防安全建设都没有得到很好的完善。现实情况往往是只进行工业园区的整体建设规划而忽略消防安全建设规划或者消防安全规划虽然制订但并未得到执行或草草应付，造成了消防安全设施缺失、没有引入消防水源、缺乏消防宣传等一系列问题，都是消防安全中存在的隐患，一旦爆发，后果不可想象。消防安全措施如果在建设规划之初不一同纳入工业园区的建设规划，以后加以完善也存在着很大困难，因此在工业园区建设规划之初就充分考虑消防安全规划问题是十分必要的。

（2）强化工业园区内人员消防安全意识

入驻企业单位缺乏防火安全知识，安全生产意识淡薄，造成大量火灾隐患，也加大了之后整改的难度。特别是大多数工业园区内人员未经过消防安全集体培训，这就造成了园区内人员虽然知道消防安全的重要性，但并没有掌握预防和消除消防问题的有效措施。具体表现在员工没能掌握和熟练运用消防安全知识，对消防安全问题的预防不关心，不服从消防安全管理，不会使用消防栓、灭火器等常见消防设施，对消防安全通道的出口和具体路线不了解，堵塞消防安全通道和出口，随意占用消防安全车道等。此外，不仅普通员工缺乏消防安全意识，更有一部分消防安全管理人员的消防安全意识也不高，存在未建立完善的消防安全机制、平时消防安全问题疏于监管等问题，给消防安全管理工作带来了很大的困难。

（3）重视消防安全监管工作

园区企业均是当地政府以优惠政策引进的，往往先建设后办理相关行政许可，大部分企业甚至在投产以后仍未申报消防行政许可，存在大量火灾隐患，加上相关部门在园区企业的审批过程中也是贯彻“突出工业、突破工业”的思想，未严格将消防设施纳入园区建设同步规划、同步实施，许多企业往往是先“上马”后申报补办消防审批手续，造成了防火间距、建筑内消防设施设置不合理等许多“先天性”隐患。且企业很多是一签约就开始动工，厂房、仓库建设存在边改图边施工现象，监管单位消防审核比较粗糙，把关不严。同时，由于工业园区的地理位置一般比较偏僻，通常距离城市较为遥远，城市内的消防安全系统无法及时高效地解决工业园区内的消防安全问题，所以在工业园区建设规划之初的一般设想是在工业园区内下设消防问题监管机构负责日常消防安全问题的监管工作。但是由于对消防安全监管工作的不重视，许多工业园区未下设消防安全监管机构或消防安全监管机构与安全部门以及生产安全监管等安全监管部门放在同一个体系内。这样两种做法都存在着消防安全监管人员数量少，只能进行日常消防安全监督，无法完成普及消防安全知识、组织消防安全演练、对员工进行消防安全培训等全体消防安全工作。

4.2.1.6 现代服务业

工业园区商业服务配套基础设施是工业区产业升级的基本条件，工业园区商业服务配套基础设施建设的状况如何决定着其产业发育的水平以及产业升级的进程。如何把一个传统意义上的工业园区发展成为一个新型工业化、产业升级、特色突出的具有国际竞争力的现代工业园区越来越成为管理部门重视的问题，一些政府把工业区产业配套设施作为一个不可或缺的工作领域来探讨。现代工业区商业服务配套基础设施涉及为工业区人们日常工作、学习、生活提供各种服务所有的行使商业经营服务的硬软设施，包括文化体育、医疗卫生、金融邮电、生活服务、市政公用和要素物流等多种功能形态，根据工业区居民对商业服务配套的需求和信赖程度，可将其划分为生活配套必需型、休闲娱乐享受型、普通服务便利型和产业拓展增值型。

根据经济的区域发展和产业配套需要，工业区商业服务配套基础设施的建设可以有 4 种时序选择形式：a. 商业服务配套基础设施建设超前于工业区产业企业生产活动；b. 商业服务配套基础设施建设与工业区产业企业生产同步发展；c. 商业服务配套基础设施建设滞后于工业区产业企业生产发展；d. 商业服务配套基础设施建设与工业区产业生产活动交错发展。这种时序选择要求结合现行工业区的经济水平、区域状况、人民生活要求及其具体实施等各种因素的影响，划分功能业态，进行科学规划，具体区分对待，实现协调发展，根据区域发展和产业配套理论及其实践的相关经验值估算。同时，可以将工业区商业服务配套基础设施分为市级商业服务中心、区域商业服务中心、社区商业服务中心、小区便民服务中心和商业街等多层次。

商业服务在工业园区处于弱势地位，商业服务基础设施配套建设一般投资回收期较长，服务消费市场的培育发展过程也长，基础设施配套建设企业承受压力大，这就需要政府大力扶持。要确定工业园区工业生产与商业服务基础设施配套建设融合发展的战略，明确园区工业和商业服务两大产业发展的战略目标、战略重点与战略部署，以实现工业园区的工业生产与商业服务共同互助发展。特别是对商业服务配套基础设施建设在土地使用、财政、税收、物价、工商行政管理、质量监督、技术监督等方面出台相应的支持措施，扶持服务业企业的发展，重视工业园区的工业生产设施建设与商业服务基础设施建设的互动发展规划，做到“放水养鱼”，逐渐从以工业生产为中心向以服务为重心的具有综合功能的方向转变，促进工业园区的居民生活、现代物流、市场营销、管理咨询、电子商务、信息技术等商业服务的基础设施的快速发展。

4.2.2 人造革与合成革工业园区能源资源利用

工业园区作为生产要素集聚和技术创新的重要平台，在推动城镇化工业化发展以及提升资源配置效率方面发挥了至关重要的作用。而工业园区随着数量和规模的不断扩大，也成为了能源和资源高消耗的主要集聚区。在工业园区加快发展的过程中，一些工业园区仍然面临着较大的能源资源及环境排放压力，影响到园区的可持续发展。"十四五"期间，随着新发展理念的深入贯彻和供给侧结构性改革的持续推进，园区能源、资源生产消费将面临诸多挑战。

人造革与合成革工业园区也是主要的能源和资源消耗集聚区。人造革与合成革生产工艺中需要消耗大量的热力，因此企业的能耗主要集中在产生热力的煤炭、天然气或电力消耗，主要消耗的资源有水（湿法生产）、树脂、DMF、醋酸甲酯、丙酮等。目前，人造革与合成革工业园区面临总能耗高、单位产值能耗大的问题，亟需在绿色发展理念引导下，着眼于优化能源结构、提高能源利用效率，积极鼓励企业开展节能技术研发和推广应用，加快推进集中供热和可再生能源的开发利用，不断提高工业园区非化石能源的利用比例，降低单位增加值能耗。同时，推进园区交通和建筑节能，注重生产过程资源节约，进一步推进工业园区的绿色发展转型。

4.2.2.1 优化能源结构

根据国家 2018 年能源局统计数据粗略推算，我国工业园区新能源消费占总能源消费的比重不足 5%，新能源消费提升空间巨大。园区应加快可再生能源、清洁能源和常规能源融合发展，发挥多能互补和协同供应，实现资源优化配置与绿色供给。工业园区应加快太阳能、空气能等可再生能源的开发应用，重点推广应用太阳能发电技术，引导企业推广屋顶发电，利用企业厂房屋顶建设太阳能光伏电站，建成分布式并网光伏发电项目。依托空气源热泵的生产，在工业园区推广应用空气源热泵，提高园区非化石能源的使用比例。研究建立直供系统，以解决非常规能源并入电网困难的问题，充分利用非化石能源。按照节能高效的要求，引导园区内所有企业同步进行电力设施升压改造。着重推进园区使用天然气等清洁能源替代煤炭。积极推广分布式供能技术，促进可再生能源的就地转化和消纳。推动可再生能源与常规能源的融合，建立可再生能源与传统能源协同互补、梯级利用的供能体系，实现资源优化配置与高效供给。

4.2.2.2 加快推进集中供热

工业园区热电联产和供热管网的改造工程，可拆除合成革企业的小型燃煤锅炉，推进园区的集中供热水平。根据能源梯级利用的原则，充分利用不同温度热值的热量，工业园区逐步推进不同层级的梯级能量利用，提高能源利用水平。根据人造革与合成革工业园区内不同行业、企业、产品和工艺的热量需求，制订和规划好热量梯级利用的流程，做好热量梯级利用的管道衔接。热电厂生产的热量和蒸汽，首先供应给合成革企业及其他热量要求较高的企业使用，形成内部蒸汽热量使用，还可以进行蒸汽内部梯级使用，纺织、服装和设备制造等其他对热量要求不高的企业也通过热电厂供热。工业企业热量和蒸汽使用完的余热可以供生活和农业等领域对热值要求不高的用户使用。以合成革产业改造为重点，推进余热余压的综合利用，可推进革基布企业蒸汽余压发电替代传统减压阀项目、合成革生产线高温废气热量回收综合利用项目等，构建起余热余压的循环利用链。

4.2.2.3 大力推行清洁生产

企业应通过加强和改善经营管理水平、采用适合自身特点的清洁生产技术，减少生产过程的物质损耗，促进企业内部的物质循环和能量高效利用，提高资源利用效率，减少环境污染。加快推进合成革“油改水”“油改无溶剂”的进程，革新产品体系，改进工艺和设备，加强管理，规范操作，实现资源的节约。加快产业技术改造和技术创新投入。企业应加强技能培训，进行科学管理，构建企业信息化体系，改善生产环境，以构建企业内部良性运转机制。对于新建企业和项目，加强准入制度建设和环保评估考核系统建设，严格限制和禁止工艺落后、能耗高、污染严重的小企业发展，严格控制高资源消耗的工业项目，主要考核是否有效降低了煤、油、电等资源消耗，是否减少了水资源的需求，是否改善了固体废物的排放等。促进园区合成革企业的清洁生产水平，加快转型升级步伐。

4.2.2.4 鼓励节能技术的研发和推广应用

开展电机节能技术研究与试点。鼓励企业应用节能技术和设备，对电机、风机等高能耗设备进行节能改造，选用变频电机，科学布置风机，提高能源利用效率。大力推进合同能源管理，对合成革企业耗能环节进行技术改造，腾出用能空间。推进革基布、合成革企业定型生产线真空压榨高效脱水工艺改造项目，采用机械脱水方法，减少后续烘干的热量消耗。鼓励环保装备制造企业采用节能装备，继续深入推进普通电机改成变频电机，减少制造生产过程中的能源消耗，支持企业制造高效节能产品和设备。鼓励工业园区利用企业“三废”发电或充当燃料。工业园区内各企业生产过程中产生的不可再回收利用的可燃废弃物可以通过热电厂焚烧处置，进行热值回收。鼓励企业开展能量的梯级利用，通过能量逐级利用，向工业区和居住社区供热、供电，从而达到节约能源、改善环境、提高供热质量的作用，同时节约成本，提高经济效益。

4.2.2.5 建设能耗在线监测系统

能耗在线监测系统是基于云计算、物联网技术的工业数据监测系统，由两个部分组成：一是线上部分云平台系统，是系统的核心部分；二是企业现场的数据采集系统。数据采集系统采集现场数据，上传至云平台，云平台上运行各种应用，实现不同的功能，包括面向政府、企业、服务商及其他大数据应用。用户可通过网站、APP等多种客户端访问系统。根据用户需求的不同，平台设定不同的权限，用户仅能对授权对象应用授权的功能。

工业园区应建设重点用能单位能耗在线监测系统，通过在用能单位用能各环节安装智能采集设备获取能耗数据，通过无线通信网络上传至云服务平台，进行大数据分析与挖掘，及时准确地掌握用能单位能耗情况，为节能监察工作提供数据支撑，为开展能效对标提供科学依据，对增强节能监察的针对性和主动性具有重要意义。

基于“能源＋互联网”智慧用能的方式，园区应通过对重点用能单位的节能设备、主要工艺设备、主要能耗设备的能耗和工况进行全面监测、诊断和分析，然后采用设备节能、工艺优化节能、管理策略优化节能等多种手段相结合的方式节能。能耗在线监测系统可以提供适应用户生产线工艺工况差异化特点的系统节能产品、节能策略方案、节能管理与服务平台，可为重点用能单位经济用能、合理用能提供产品、技术、策略、方法和信息支持，使企业整个生产线实现节能5%～30%。

4.2.2.6 推动园区交通和建筑节能

工业园区应建设集约高效、智慧便捷的绿色交通体系。推广使用节能交通工具，优先发展园区公共交通，加大新能源和清洁能源在公共交通中的应用。开展新能源汽车及加气站、充电站等配套设施的建设发展规划，做好充电设施预留接口与停车场区域总体布局；鼓励园区内部物流车、私家车使用电动汽车、液化天然气汽车（LNG汽车）、油电混合动力等节能车辆；有港口的园区大力推动岸电布局，推广靠港船舶使用岸电和装卸机械“油改电”；推广节能型路灯，提高园区照明系统节能水平；完善智能交通体系，全面开展电子站牌建设、无线视频监控，及时更新园区道路基础数据和电子地图，推动智能化交通管理（交通控制、交通引导、交通监控等）和智能化交通服务（停车服务、综合枢纽换乘、动态导航等）。

工业园区应推动园区建筑节能，建设绿色节能、智慧宜居的特色建筑集群。2017年我国建筑总能耗为9.47亿吨标准煤，约占全国能源消费总量的21.11%。据中国建筑节能协会《中国建筑能耗研究报告（2019）》预测，我国建筑部门总能耗将在2042年达峰。建筑能耗一直是能源消费的重要组成部分，加快推动园区建筑节能是优化园区能耗指标的有效途径。一方面对既有建筑实行建筑能源审计，加快建筑节能改造，根据实际建筑负荷特性，充分利用园区本地工业余热、清洁能源，积极使用水源热泵、地源热泵、储能等技术，提升建筑能效；另一方面对新建建筑在土地出让、规划设计等环节严格把关，明确其绿色建筑星级及能耗标准要求，从源头上推进建筑节能。同时打造一批“绿色工厂”“绿色园区”等示范项目，推动绿色建筑发展。

4.2.2.7 强化生产过程资源循环利用

传统工业园区多为“大量生产、大量消费、大量废弃”的粗放型发展模式，欧美传统工业园区的转型升级，多以废物资源化和安全处置为重点，以促成企业间互相回收利用废弃物，大幅提高资源回收利用率。如丹麦的卡伦堡工业园，园区发电厂、炼油厂等重要企业自发互相使用废弃物或副产品作为生产原料，建立工业横生和代谢生态链关系，在减少成本形成客观经济效益的同时，实现了园区的零污染和低排放。美国的切塔努嘎生态工业园利用原有老企业的工业废物，环保改造废旧钢铁铸造生产车间为太阳能污水处理车间，临近车间建设利用循环废水的肥皂厂，紧临肥皂厂又建设以肥皂厂副产物作为原料的企业，形成了企业之间能量和物料的上下游利用和循环，最终实现了园区的废弃物“零排放”。

人造革与合成革生产废水中 DMF 精馏回收，可提高 DMF 回收利用率，而塔顶水经脱胺处理后回用于生产车间，也充分体现了在生产过程中提高资源利用效率、节约资源的思路。

4.3 人造革与合成革工业园区“三废”及环境管理

4.3.1 人造革与合成革工业园区废水管理

4.3.1.1 园区污水集中处理厂

在人造革与合成革生产过程中，基布含浸、涂覆凝固、水洗等工序使用了较多的有机化合物，排放的废水中含有二甲基甲酰胺（DMF）、二甲胺、丁酮等高浓度有机物。合成革生产废水一般有如下来源。

① 洗塔废水。间歇式排放，含大量 SS、氨氮以及 COD_{Cr}。

② 塔顶水。含有较高浓度的 DMF、二甲胺。

③ 水鞣废水、洗槽水、车间冲洗水、洗桶水等。主要含有革基布毛屑和 DMF、甲苯、丁酮、聚乙烯醇（PVA）、聚氨酯、助剂等有机污染物。

④ 涂装废水。非常难处理，非连续排放。

工业园区一般都建设有集中污水处理厂，排入污水处理厂的污水包括工业园区内合成革生产废水和生活污水。集中污水处理厂把各个企业排出的合成革废水进行集中处理，因而该工程的污水处理不能简单套用单个合成革企业的废水处理方法，应特别对待。

进入园区集中污水处理厂的废水一般有以下特点。

（1）进水工业废水占比大，难生物降解

园区的集中污水处理厂来水主要是工业区的废水，生活污水比例小，而合成革废水中的有机物大多是闭合结构的芳香族化合物和长链结构的碳水化合物（即糖类），生化性差，其 BOD_5/COD_{Cr} 值一般小于 0.2。而好氧系统中的微生物是有选择性和适应性的，一般采用厌氧预处理工艺，以降低难降解物质对好氧生物处理的影响。同时，采用厌氧生物处理工艺是合理和必要的，这样可以最大限度地去除高浓度有机物，为后续处理工艺创造良好的水质条件，并有效地降低工程总造价和运行费用。

（2）进水水量大，且变化大

园区集中污水处理厂接纳在园大量合成革企业的外排废水，日常进水水量较大。

再加上很多园区由于污水分支管网不完善，雨污分流不彻底，造成雨天大量雨水进入污水管网，大雨天或持续雨天进入污水厂的瞬时流量超过设计进水量，对系统冲击很大，尤其是对生物处理系统造成严重冲击。同时，集中污水处理厂以工业废水为主，季节性强，春节期间由于企业放假，污水量少，而平时受到企业间歇生产、间歇排放洗塔水等影响，也使得水量、水质波动较大，从而影响污水处理系统正常运行和出水达标排放。

（3）氨氮、总氮、DMF 含量高

从合成革生产废水的来源可以看出，进入集中污水处理厂的废水中含有一定量的氨氮，同时含有 DMF、二甲胺等物质，而这些物质都含有有机胺基团。在废水处理过程中，有机胺基团被分解转化为无机氨氮，若脱氮工艺不是很理想，往往会出现废水处理前氨氮含量低、废水处理后氨氮浓度反而高的情况。

结合以上的污水水质特点，合成革园区的集中污水处理主要考虑以下一些关键点以确定合理的治理工艺路线：

① 进水中含有较多固体杂质，在污水进入处理系统前需对杂质进行有效的清除，否则会影响水泵、曝气器、管道系统的正常运行。

② 合成革废水可生化性较差，其 BOD_5/COD_{Cr} 值一般小于 0.2，因此废水进入好氧池前一般采用厌氧预处理，经厌氧菌生物降解将废水中的高分子有机物转变成低分子有机物，以提高可生化性，为后续处理工艺创造良好的水质条件。

③ 好氧生化处理工艺是整个污水处理流程的核心工艺，不仅决定整个工程的处理效果，而且直接决定工程总投资和运行费用的高低。

下面介绍两个合成革工业园区的集中污水处理厂的处理工艺。

1）案例 1：龙安工业园区

福鼎市龙安工业园区合成革生产基地，占地面积 1400 亩（1 亩＝666.7m^2），已引进落户 30 多家合成革及其相关生产企业。龙安合成革污水处理厂建于该园区东北角，主要处理园区内各企业的外排废水（包括生活污水、生产废水）和处理厂厂区内的生活污水、生产废水，设计进、出水水质表见表 4-1。

表 4-1 设计进、出水水质

项目	COD_{Cr}/(mg/L)	BOD_5/(mg/L)	SS/(mg/L)	氨氮/(mg/L)	pH 值
进水	3000	600	200	200	6～9
出水	≤80	≤20	≤40	≤8	6～9

① 污水处理工艺。合成革废水的 COD_{Cr} 浓度高，且可生化性差，因此必须先提高污水的可生化性，并有效去除有机物。厌氧滤池生物固体浓度高，有机负荷高，耐冲击负荷能力强，启动时间较短，无需回流污泥，运行管理方便，运行稳定性较好，因此厌氧生物处理工艺采用厌氧滤池。

因污水中含有大量的氨氮，而近年来国家相关标准对出水氨氮指标愈加严格，故好氧生物处理工艺主要考虑脱氮。氧化沟因占地面积较大，而该工程规划用地较少，故不适合该工程。一期工程采用了 CASS 工艺，实践表明 CASS 工艺脱氮效率难以稳定达标，故二期工程不再选用 CASS 工艺。A/O 法工艺历年来被大量使用，工艺最成熟，且已经积累了大量的工程经验和运行管理经验，具有良好的脱氮效果，因此好氧生物处理工艺采用 A/O 工艺。

② 污泥处理工艺。该工程采用污泥浓缩＋污泥脱水的工艺对污水处理过程中产生的污泥进行浓缩、脱水处理，然后外运处置。

该工程设计采用两级厌氧滤池＋两级 A/O 工艺＋辐流式沉淀＋混凝沉淀工艺作为主体工艺，具体污水处理工艺流程见图 4-1。

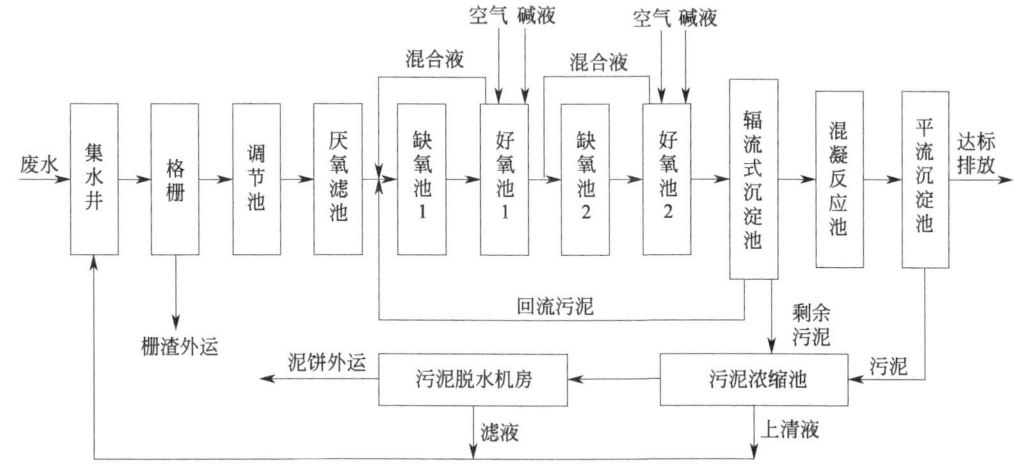

图 4-1　龙安工业园污水处理工艺流程

工业区合成革废水及生活污水经收集管网自流入集水井中，通过格栅截留污水中较大的悬浮物后，由泵送入调节池均衡进水水质及水量。再通过污水提升泵提升至厌氧滤池进行厌氧分解反应，降解部分 COD_{Cr}，并将 DMF 等有机污染物转化为小分子有机污染物，提高 BOD_5/COD_{Cr} 值且降低污水的毒性。采用两级厌氧滤池，可降低污水冲击负荷。然后进入缺氧池继续进行有机污染物降解，而后自流入好氧池，利用池内活性污泥的生物凝聚、吸附和氧化作用，分解去除污水中的有机污染物，将氨氮氧化为亚硝酸盐、硝酸盐，并以混合液回流的形式回流至缺氧池进行反硝化反应，以达到脱氮效果。因进水同时含有高浓度的有机物和氨氮，故采用二级生物脱氮工艺才能达到同时降解有机物和去除氨氮的目的。辐流式沉淀池出水在混凝反应池中经过混凝絮凝反应，通过平流沉淀池固液分离进一步去除有机物。沉淀后的清液自流入标准排放池排放。

污泥则通过泵抽到污泥浓缩池，进行浓缩，再用螺杆泵抽到污泥脱水机房进行脱水，最后外运处置。污泥浓缩池上清液、污泥压滤液流回集水井，重新进行处理。

2）案例 2：丽水工业园

丽水市水阁污水处理厂位于丽水市经济开发区水阁工业区龙庆路 481 号，总占地面积约 173.7 亩。按城镇污水处理厂设计，设计总规模 $1.0\times10^5 m^3/d$，分二期实施。一期工程规模为 $5.0\times10^4 m^3/d$，于 2010 年建成并投入试运行。服务范围包括丽水市经济开发区水阁工业区、七百秧南片、四都片区和联城花街片区。丽水市水阁污水处理厂设计进、出水水质见表 4-2。

表 4-2　丽水市水阁污水处理厂设计进、出水水质

项目	pH 值	COD_{Cr} /(mg/L)	BOD_5 /(mg/L)	SS /(mg/L)	氨氮 /(mg/L)	TN /(mg/L)	TP /(mg/L)
一期工程设计进水水质	6～9	450	160	300	25	35	5
提升改造项目设计进水水质	6～9	500	180	300	45	70	8
设计出水水质(一级 A 标准)	6～9	50	10	10	5	15	0.5

一期工程后水阁污水厂进水中 80%～90%为工业废水，其中又以合成革企业废水量占比最大。合成革企业排放废水成分比较复杂，往往含有大量难降解或不可降解 COD，无法通过生物处理过程得到有效去除。因此，控制最终出水 COD_{Cr}稳定达标的关键是采取物化、高级氧化或吸附等手段，去除污水中难降解或不可降解 COD。

水阁污水处理厂为确保最终出水稳定达标，在提升改造项目中采取“强化二级生物处理＋三级深度处理”的组合工艺。将现状水解池、改良型 SBR 池改造为 3 座一二级 A/O 复合生物膜生物池；现状加药间内增加加药设备；新建 1 座三级 A/O 生物池、1 座生物池配水井、1 座二沉池配水井、2 座 Φ42m 辐流式二沉池、1 座回流及剩余污泥泵房、1 座加砂高速沉淀池及 1 座加药及配电间；新建 1 套全流程生物除臭系统；工程涉及的厂区设施、管线调整及改造。

① 污水处理工艺：采用“细格栅及沉砂池＋调节池＋初沉池＋三级 A/O 复合生物膜生物池（一二级 A/O 复合生物膜生物池＋三级 A/O 生物池)＋二沉池＋加砂高速沉淀池＋D 型滤池＋次氯酸钠消毒”的三级处理工艺。

② 污泥处理工艺：采用“污泥匀质池＋浓缩脱水一体机”处理工艺。

③ 臭气处理工艺：采用“全过程生物除臭”处理工艺。

丽水工业园污水处理工艺流程如图 4-2 所示。

4.3.1.2　园区 DMF 废水集中精馏

合成革企业的 DMF 废水通常是由企业设立精馏塔，回收 DMF 后，塔顶水作为废水排放。2016 年 12 月，陕鼓集团与丽水经济技术开发区签订 EPC 合同，承揽了丽水经济开发区合成革 DMF 高浓度废水集中回收处置项目，首创了国内合成革含 DMF 高浓度废水集中处理新工艺，采用合成革低温热泵精馏工艺包为核心技术，为丽水市水阁工业园区用户量身定制了“一体化＋产业基金”的分布式能源系统解决方案。该项目的主要原料就是含 20% DMF 的合成革废水，通过脱水塔、精馏塔两塔工艺，对进入的原

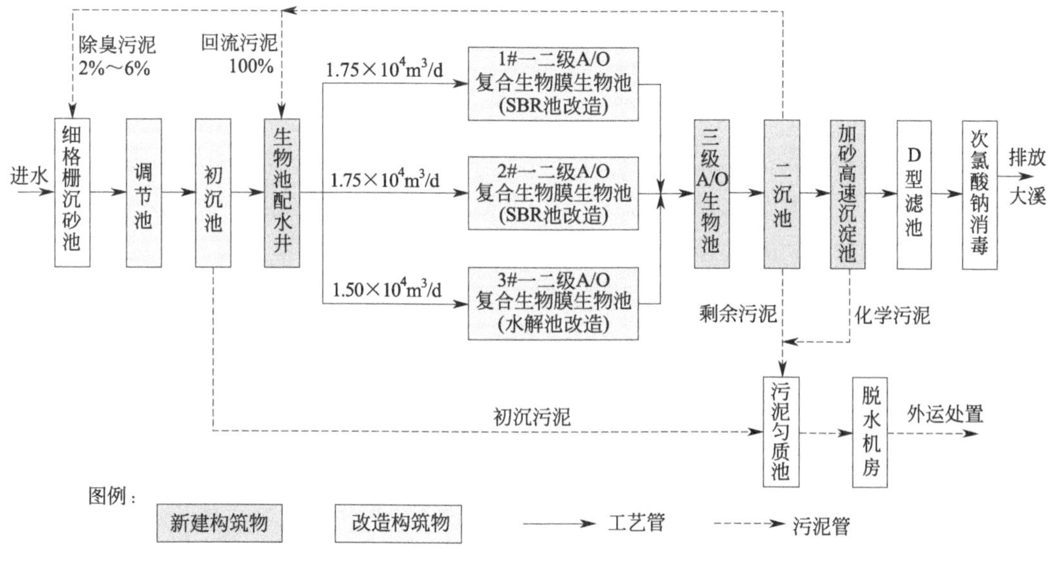

图 4-2　丽水工业园污水处理工艺流程

水进行初步脱水处理，不合格水将在脱水塔内进行进一步脱有机物处理，以达到达标排放；同时，通过精馏塔可使 DMF 产品、残余水、重组分同时分离，分别进入不同的单元进行收集处理，每年可回收 DMF 38.8 万吨。2018 年 10 月，一期建设项目已成功调试产出纯度高达 99.59%的 DMF 产品，同时原水排放指标氨氮、总氮、COD 等远低于排放标准。此外，该装置的能源系统利用陕鼓集团专业化＋一体化的能源互联岛思路方案和自主开发的 MVR 水蒸气压缩机，将不可利用的低品热升级成可利用的高品热，实现了热能的循环利用，大大降低了装置对热源的需求。目前，丽水合成革工业园区进行了 DMF 废水集中精馏项目，将各合成革企业的含 DMF 废水统一收集后进行集中精馏，区域二甲胺恶臭问题得到了一定改善。

4.3.2　人造革与合成革工业园区废气管理

由于大气污染物的特性，人造革与合成革生产的废气主要在企业范围内进行治理。在园区层面上，主要关注集中污水处理厂的臭气治理和园区 VOCs 区域监管。

丽水工业区水阁污水厂除臭采用“全过程生物除臭工艺”，由微生物培养系统和除臭污泥投加系统构成。微生物培养系统由微生物培养箱和配套供气管路组成，配套供气管路通过生物池上供气管为培养箱供气。除臭污泥投加系统包括除臭污泥回流泵和除臭污泥回流管道，在回流及剩余污泥泵房内设置除臭污泥回流泵，将含有除臭污泥微生物的活性污泥回流至进水前端。除臭污泥投加量为生物池进水量的 2%～6%。

2015 年国务院办公厅印发的《国务院办公厅关于印发生态环境监测网络建设方案的通知》提出建设主要目标，即到 2020 年全国生态环境监测网络基本实现环境质量、重点污染源、生态状况监测全覆盖，各级各类监测数据系统互联共享，监测预报预警、信息化能力和保障水平明显提升，监测与监管协同联动，初步建成陆海统筹、天地一体、上下协同、信息共享的生态环境监测网络，使生态环境监测能力与生态文明建设要求相适应。

虽然目前国内的人造革与合成革工业园区还未建立工业园区的网络化监控系统，未实现在园区层面上监测和监管全区的大气污染物排放情况，但这必将成为今后环境监测发展的方向。区域网格化监控系统采用单元网格管理法的方式，按照“网定格、格定责、责定人”的理念，建立“横向到边、纵向到底”的区域网格化监控平台，应用、整合多项智慧环保技术，在全面掌握、分析污染源排放、气象因素的基础上基于高斯算法模型进行开发。实时统计各厂区、监测点的监测设备数据，并根据各监测点的排放情况及其气象条件，来分析与推测区域内整体的排放情况。实现对 VOCs 排放区域整体监控、污染物扩散趋势推算、排放源解析等功能，同时结合物联网、智能采集系统、地理信息系统、动态图表系统等先进技术，整合、共享、开发，建立全面化、精细化、信息化、智能化的区域在线监测平台，实现对控制污染源无组织排放、减少大气污染等综合管理，为制订节能减排方案提供可靠的数据信息和科学的辅助管理决策。

4.3.3 人造革与合成革工业园区固体废物管理

人造革与合成革工业园区产生的一般工业固体废物为燃煤灰渣、磨皮粉尘、边角料、废离型纸、编织袋及纸箱等包装材料；危险废物为污水处理站污泥、中间废水过滤渣、精馏塔釜残液、各种溶剂、浆料等废包装材料或沾染物等。园区应根据“减量化、资源化、无害化”原则，要求各企业对固体废物进行分类收集，规范处置，按危险废物暂存有关要求设置专用周转仓库。

合成革工业园区中大部分企业会对产生的一般工业固体废物进行回收利用，如燃煤炉渣收集外售给砖瓦厂作为制砖原料；边角料、废离型纸收集出售作为再生原料加以综合利用；包装材料可以返回上游原材料供应商或出售废品进行综合利用。而园区内产生的生活垃圾则统一由当地的环卫部门清运后集中运往生活垃圾焚烧处理厂。

目前，园区对危险废物的管理和处理都得到了高度重视。规范各企业按照危险废物的管理要求进行暂存和转运，并交由有资质的第三方处理单位进行处理。有条件的园区则建设危险废物集中处理中心，减少企业长距离运输危险废物的成本和降低对环境的潜在风险。

例如，龙安工业园在紧邻合成革危险废物污染源的地块建设了集中处置中心，采用“回转窑炉＋二燃室＋余热锅炉＋干法脱酸＋湿式洗涤”的工艺路线处理危险废物。其中回转窑焚烧炉是生态环境部推荐的炉型，回转窑焚烧炉炉体为采用耐火砖或水冷壁炉墙的圆柱形滚筒。它通过炉体整体转动，使垃圾均匀混合并沿倾斜角度向倾斜端翻腾状态移动。其独特的结构使固体废物完成干燥、挥发分析出、着火直至燃尽，并在二燃室内实现完全焚烧。回转窑焚烧炉对焚烧物变化适应性强，对于含较高水分的特种垃圾也能燃烧。二燃室能保证烟气在1100℃下停留时间达3s，可有效抑制二噁英的生成。余热锅炉将焚烧产生的热能回用于危险废物的预处理；干法脱酸+湿式洗涤的先进尾气治理工艺，能保证项目排放烟气优于危险废物焚烧相关污染控制指标。

丽水工业园也建造了固体废物集中处置中心——“静脉产业园”，提高了园区固体废物的处置和综合利用水平。精馏釜残平均热值大于4000kcal/kg，可采用无害化焚烧工艺处理。焚烧产生大量热量，既可以转化成蒸汽用于甲苯、丁酮的资源化回收系统，也可以为生活及其他生产用热供热。由于残渣中还有30%～40%的DMF，也可以通过干燥处理后将其中的DMF回收。此外，合成革污水站污泥送至污泥焚烧厂进行焚烧处置。“静脉产业园”中的浙江鸿鑫环保科技有限公司建成的日处理100t含水率80%的污泥干化焚烧工程项目，将污水污泥的处理处置纳入全过程的管理范围，很大程度上缓解了日益增加的污泥量与有限处理能力之间的矛盾。浙江人立环保有限公司在现有危险废物处理能力基础上新增年处置15000t工业危险废物的设备，主要为园区合成革企业产生的精馏釜残等危险工业废物提供专业化处理。民康医疗废物处置中心在原有基础上，建设可燃性危险废物处置设施，可将合成革行业、制药行业、化工行业、家具行业产生的工艺性废物，以及五金机械行业、有色金属冶炼行业等产生的废机油、乳化剂等危险废物进行焚烧处置，实现减量化、无害化，同时也满足全市医疗行业发展的需要，可提高医疗废物的处置能力。

在建设危险废物集中处置中心的时候，要注意进行社会环境、自然环境、场地环境、工程地质/水文地质、气候、应急救援等因素的综合分析，建立的危险废物处置中心既要紧邻危险废物产生源，避免长途运输风险，也要与最近居民区保持一定的安全距离，选址要位于下风向，远离水源等自然保护区域，且最好选在山凹地，与周边环境可形成较好的隔离。建设内容主要包括收集运输系统、危险废物暂存库、焚烧车间、完全填埋场、废水处理站及其他公用用房、辅助设施等。

综上，人造革与合成革工业园区主要应从以下几个方面实施工业固体废物的综合利用和无害化处置：

① 做好源头削减，减少废物产生量。促进企业加强生产工艺控制和管理，积极采用成熟适用的清洁生产技术，应用清洁能源，加强环境管理，推行生态设计，提高生产过程的资源利用效率，减少废物的产生。采取集中供热，提高锅炉热效率，降低燃煤灰渣产生量；采用高品质离型纸，加强离型纸存放管理，注意接头平整，做好清理检查，提高重复利用次数；实现科学配料，规范操作，提高合成革成品率，减少废料和边角料的产生量。

② 强化中间环节，实现废物高效循环利用。对一般工业固体废物进行分类收集、利用，着力发展配套综合利用途径，实现固体废物的高效、高值利用。引导园区企业与建材生产企业签订粉煤灰综合利用协议；废离型纸交由生产厂家回收利用；合成革边角料进行分类利用，用于生产手套、围裙等小型产品。

③ 实现废物本地化最终处置。针对危险废物远距离运输的问题，规划设立本地危

险废物处置中心，对区内危险废物进行集中本地化处置。

如图 4-3 所示为人造革与合成革企业固体废物管控思路。

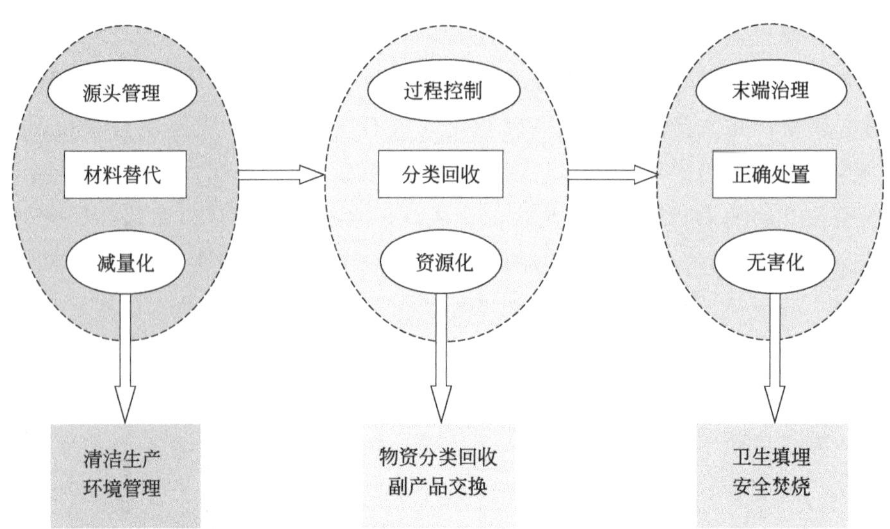

图 4-3 人造革与合成革企业固体废物管控思路

4.3.4 人造革与合成革工业园区的环境管理

工业园区的快速发展，给环境保护提出了新的要求。如何把开发建设与环境保护统一起来，合理开发资源，切实保护好生态环境，达到经济发展与环境保护双赢，这是一个新的课题。很多工业园区在环境管理方面存在以下问题。

① 部分园区规划环评滞后。大多数工业园区均已开展或正在开展规划环评工作。但是，由于大多数园区未编制总体规划，相关规划主要有控制性详细规划和产业发展规划，园区规划存在多头管理现象，控制性详细规划往往仅需所在区县人民政府审批，产业发展规划由所在区县、市经信委组织评审通过即可，导致部分工业园区规划环评滞后于规划编制。在建设项目环评审批出现障碍时，工业园区管委会才会委托相关评价机构补充工业园区规划环评工作，致使评价结论和调整建议不能充分融入规划，提出的工业企业合理布局、污染物集中治理和科学有效的环境管理方案难以得到贯彻落实，严重限制了规划环评应该起到的作用和效果。

② 园区环境管理能力不强。人造革与合成革工业园区属于较传统的制造业园区，普遍集聚的时间较长，且大多数企业的环境管理水平较低，大多工业园区没有设置专门的安全环保管理机构，也没有制定环境管理制度，且未配备专职环境管理人员来全面负责园区环境保护、入园企业环保报建及环保监管等工作，缺乏统一有效的管理机制。大部分工业园区由于未设置环境管理机构，招商引资过程中没有进行环保条件前置，导致部分引进项目由于对生态环境破坏较大，后期项目环评不能通过，浪费了大量时间和精

力，或者企业引进后才发现其污染较大，再要关停或搬迁经济成本较高，存在较大困难。

③ 环保基础设施建设较慢。各工业园区在推进平场、道路、供水供电等基础设施方面普遍很积极，但是对于集中污水处理厂、工业固体废物处置场等环保基础设施建设重视不够，存在污水没有集中处理且外部管网不通的现象，这在一定程度上制约了工业园区自身的发展，也对周边环境造成了较大污染。

④ 生态工业园区起步较晚。生态工业园区是依据循环经济理念、工业生态学原理和清洁生产要求而建设的一种新型工业园区。山西、江西、江苏、四川、山东、内蒙古等省、自治区均出台了关于开展省级生态工业园区创建工作的通知或制定了省级生态工业园区管理办法，提出了省级生态工业园区的申报、建设、验收、命名和管理要求。目前，人造革与合成革行业的大部分工业园区各产业之间没有形成紧密相连的关系，没有形成共生企业群，即便有合作紧密的企业伙伴，结合点也只是产品产出的配送，而没有在废弃物与原材料之间形成转化链。

“污染治理、环境风险防范和环境管理”不仅仅是企业需要高度关注的事情，园区的管理部门也需要加强意识，以绿色发展推动工业园区的建设，提高环境管理的技术水平。

(1) 提高绿色发展环境管理思想认知

坚持绿色发展是大势所趋、潮流所向。绿色发展，就是要发展环境友好型产业，降低能耗和物耗，保护和修复生态环境，发展循环经济和低碳技术，使经济社会发展与自然和谐相处。绿色发展的理念是经济社会发展到一定阶段的必然选择。绿色经济或绿色发展的内涵并非一成不变的，但其核心目的是突破资源环境承载力的制约，谋求经济增长与资源环境消耗的和谐统一，实现发展与环保的双赢。工业园区绿色发展是推动经济转型的必然要求。坚持绿色发展，就是要推动形成绿色生产方式，努力构建科技含量高、资源消耗低、环境污染少的产业结构，形成经济社会发展新的增长点。

(2) 科学制订园区建设发展总体规划

科学制订总体规划并通过制度形式稳固下来，是推进工业园区持续健康发展的重要前提。规划编制要根据工业园区特点和生态环境要求，深入分析园区建设的基础和模式，设定科学合理的目标指标及重点项目，采用翔实可靠的数据支撑，提出具有可操作性的实施方案。建设规划要与区域改造和产业结构调整相结合，将本地区的经济发展、环境保护、资源节约、循环利用和生态产业链的发展等纳入工业园区建设规划，对物质、能量、信息的循环和科学利用进行全面评估，使工业园区建立在科学合理的基础之上。同时，认真分析和科学论证自身的比较优势和生产要素配套支撑能力，合理布局，科学定位，形成具有地方特色的工业园区和产业集群。

(3) 创新构建适应园区建设和发展的制度体系

① 要建立健全有利于园区发展的长效机制，对园区建设的总体方针、管理体制、工作运行方式和招商引资办法等，既要有长远规划又要有近期安排。对不适应生态保

护、不符合园区发展要求的制度规定和程序环节，要进行修改、补充和完善。

② 建立和完善环境质量监测与评估体系，对生态敏感区、工业集中区和重点污染源要实施自动智能监测，有效提高环保预警和环境灾害事故的应急处理能力。

③ 利用经济手段，形成有利于园区发展的激励机制。健全和完善环境资源有偿使用机制，建立环境价格体系，形成有利于节水、节电、节气、节能等提高能效的价格激励机制。

（4）创新工作方式，加强人才培养

要以改革创新的精神和敢为人先的勇气，打破阻碍园区发展的体制机制性障碍，在工作实践活动中不断推进方式方法创新。建设园区综合管理平台，为入驻园区的企业提供安全、高效、智能的高品质服务，协助园区扩大品牌影响，并帮助园区企业实现快速成长和发展。通过平台项目的建设，提高园区能源信息监测和节能减排管理水平。建立公共资源交易服务中心，开展用能交易、排污权交易等内容，改变按行政化配置资源、要素使用“终身制”的做法。积极开展工业园区建立并运行环境管理体系和能源管理体系。创优人才引进环境，创新人才引进方式，加强人才引进，充实园区环境管理人才队伍，加强园区绿色发展建设工作的规划指导。

参考文献

[1] 王璇，史同建．我国产业园区的类型、特点及管理模式分析［J］．商界论坛，2012（18）：177-178.

[2] 孙志凰．工业园区能源规划的思考和建议［J］．电力设备管理，2020（12）：22.

[3] 赵若楠，等．中国工业园区绿色发展政策对比分析及对策研究［J］．环境科学研究，2020，33（2）：511-518.

[4] 丁旻炜，等．产业园区清洁生产水平评价指标体系构建研究［J］．环境监控与预警，2020，12（3）：57-62.

[5] 经济与管理期刊编辑部．推动园区治理现代化与高质量发展——2019（第四届）京津冀开发区协同创新发展论坛专家发言摘编［J］．经济与管理，2020，34（2）：7-14.

[6] 徐峰，等．中国工业园区生态化发展决策优化方法研究［J］．中国环境管理，2019（4）：52-57.

[7] 刘旭东．基于粉煤灰、煤矸石高效利用的低碳园区评估体系研究［J］．环境生态学，2019，1（3）：31-56.

[8] 侯雪，等．中国制造2025背景下产业园区的分类与发展模式［J］．开发研究，2019（6）：56-60.

[9] 杜真，等．我国工业园区生态化轨迹及政策变迁［J］．中国环境管理，2019（4）：107-112.

[10] 颜培霞．我国低碳产业园区的研究进展与未来展望［J］．生态经济，2019，35（5）：26-87.

[11] 吴雪莲，等．国内外低碳产业园区发展模式研究［J］．工业安全与环保，2018（5）：91-94.

[12] 张琼．市场化主导下生态产业园区柔性规划实践研究［J］．环境科学与管理，2018，43（5）：25-27.

[13] 侯小菲．传统工业园区低碳转型路径研究［J］．未来与发展，2017（7）：10-13.

[14] 闫二旺，等．中外生态工业园区管理模式的比较研究［J］．经济研究参考，2015（52）：80-87.

[15] 成贝贝，等．低碳工业园区规划方法和评价指标体系研究［J］．生态经济，2013（5）：126-128.

[16] 谭娜，等．上海创意产业园区绩效评价指标体系构建与实证分析［J］．技术经济，2011，30（2）：42-46.

[17] Susur E，et al. A strategic niche management perspective on transitions to eco-industrial park development：A systematic review of case studies［J］. Resources，Conservation & Recycling. 2019（140）：338-359.

[18] LeBlanc R，et al. Potential for eco-industrial park development in Moncton，New Brunswick（Canada）：A

comparative analysis [J] . Sustainability, 2016, 8 (5): 472.

[19] Kim H. Building an eco-industrial park as a public project in South Korea. The stakeholders' understanding of and involvement in the project [J] . Sustain. Dev. 2007, 15 (6): 357-369.

[20] Hou D, et al. Evaluation and analysis on the green development of China's industrial parks using the long-tail effect model [J] . Journal of Environmental Management. 2019 (248): 1-9.

[21] 胡春梅．工业园区市政基础设施规划探究 [J] ．建材与装饰，2018 (9): 76-77.

[22] 李建壁．工业园区市政基础设施规划方案研究 [J] ．城市建设理论研究：电子版，2019 (15): 16-17.

[23] 张生春，秦燕北．进一步推进我国工业园区绿色发展转型 [J] ．中国发展观察，2021: 80-82.

[24] 苏美萍，杨祖沐，陈小叶．合成革工业园区污水处理工程工艺设计 [J] ．中国环保产业，2013 (8): 33-35.

[25] 王尧．重庆市工业园区环境管理发展现状、存在问题及对策 [J] ．中国科技信息，2012 (9): 176.

[26] 刘洋．以绿色发展理念引领县域工业园区建设 [J] ．城市建设理论研究：电子版，2017 (17): 46-47.

第5章

人造革与合成革行业绿色制造

5.1 人造革与合成革行业绿色制造体系建设背景

5.1.1 我国绿色制造体系建设背景及需求

2015年5月，《中国制造2025》(国发〔2015〕28号）国家行动纲领由国务院印发，部署全面推进实施制造强国战略。提出我国制造业的强国之路可分“三步走”：2025年迈入制造强国行列，2035年整体达世界制造强国中等水平，2045年综合实力迈入世界制造强国前列。该行动纲领确定了创新驱动、质量为先、绿色发展、结构优化的基本方针，提出坚持把可持续发展作为建设制造强国的重要着力点，加强节能环保技术、工艺、装备推广应用，全面推行清洁生产。发展循环经济，提高资源回收利用效率，构建绿色制造体系，走生态文明的发展道路。

《中国制造2025》的战略任务和重点第（五）部分，提出了全面推行绿色制造的概念，要求加大先进节能环保技术、工艺和装备的研发力度，加快制造业绿色改造升级；积极推行低碳化、循环化和集约化，提高制造业资源利用效率；强化产品全生命周期绿色管理，努力构建高效、清洁、低碳、循环的绿色制造体系。第（五）部分专栏4中，提出了绿色制造工程，要求组织实施传统制造业能效提升、清洁生产、节水治污、循环利用等专项技术改造。开展重大节能环保、资源综合利用、再制造、低碳技术产业化示范。实施重点区域、流域、行业清洁生产水平提升计划，扎实推进大气、水、土壤污染源头防治专项。制定绿色产品、绿色工厂、绿色园区、绿色企业标准体系，开展绿色评价。到2020年，建成千家绿色示范工厂和百家绿色示范园区，部分重化工行业能源资源消耗出现拐点，重点行业主要污染物排放强度下降20%。到2025年，制造业绿色发展和主要产品单耗达到世界先进水平，绿色制造体系基本建立。

2016年3月，《中华人民共和国国民经济和社会发展第十三个五年规划纲要》明确了创新、协调、绿色、开放和共享的发展理念，提出了实施制造强国战略，促进我国制造业朝高端、智能、绿色、服务方向发展，全面提升工业基础能力，加快发展新型制造业，实施绿色制造工程，推进产品全生命周期绿色管理，构建绿色制造体系。推动制造业由生产型向生产服务型转变，引导制造企业延伸服务链条、促进服务增值。推进制造业集聚区改造提升，建设一批新型工业化产业示范基地，培育若干先进制造业中心。

2016 年 6 月，为落实《中华人民共和国国民经济和社会发展第十三个五年规划纲要》和《中国制造 2025》战略部署，加快推进生态文明建设，促进工业绿色发展，工业和信息化部印发了《工业绿色发展规划（2016—2020 年）》（工信部规〔2016〕225 号），对我国工业绿色发展提出了总体要求、发展目标和主要任务。

2016 年 8 月，质检总局、国家标准委、工信部联合印发《装备制造业标准化和质量提升规划》的通知（后简称“规划”）。规划紧贴《中国制造 2025》的需求，以提高制造业发展质量和效益为中心，以实施工业基础、智能制造、绿色制造等标准化和质量提升工程为抓手，深化标准化工作改革，坚持标准与产业发展相结合、标准与质量提升相结合、国家标准与行业标准相结合、国内标准与国际标准相结合，不断优化和完善装备制造业标准体系，加强质量宏观管理，完善质量治理体系，提高标准的技术水平和国际化水平，提升我国制造业质量竞争能力，加快培育以技术、标准、品牌、质量、服务为核心的经济发展新优势，支撑构建产业新体系，推动我国从制造大国向制造强国、质量强国转变。

2016 年 9 月，工业和信息化部、国家标准委组织颁布了《绿色制造标准体系建设指南》（工信部联节〔2016〕304 号），该指南分析了国内外绿色制造政策规划要求、产业发展需求和标准化工作基础，将标准化理论与绿色制造目标相结合，提出了绿色制造标准体系框架，梳理了各行业绿色制造重点领域和重点标准，为成套成体系地推进绿色制造标准化工作奠定了基础。该指南从绿色制造标准体系的总体要求、基本原则、模型构建、框架体系等进行概述，并从绿色产品、绿色工厂、绿色企业、绿色园区和绿色供应链等方面对国内外绿色制造标准化现状进行了阐述，对我国绿色制造标准体系建设的具体内容、相关包装措施等也进行了说明。

为了更好地将《工业绿色发展规划（2016—2020 年）》提出的绿色制造目标落地实施，工业和信息化部颁布了《绿色制造工程实施指南（2016—2020 年）》。对我国绿色制造的第一步给出了详细规划。实施指南对绿色发展的背景、绿色制造的基本原则、主要目标和重点任务进行了明确，为我国绿色制造工程的实施提供了政策基础。

2021 年 3 月，十三届全国人大四次会议表决通过了关于国民经济和社会发展第十四个五年规划和 2035 年远景目标纲要，在 2035 年的目标中提出了广泛形成绿色生产生活方式，碳排放达峰后稳中有降；“十四五”时期经济社会发展的主要目标中，提出了生态文明建设实现新进步，生产生活方式绿色转型效果显著。《中华人民共和国国民经济和社会发展第十四个五年规划和 2035 年远景目标纲要》的第三篇为加快发展现代产业体系　巩固壮大实体经济根基，提出了深入实施制造强国战略，推动制造业优化升级，深入实施智能制造和绿色制造工程，发展服务型制造新模式，推动制造业高端化、智能化。扩大轻工、纺织等优质产品供给，完善绿色制造体系。深入实施增强制造业核心竞争力和技术改造专项，鼓励企业使用先进适用技术、加强设备更新和新产品规模化应用。建设智能制造示范工厂，完善智能制造标准体系。深入实施质量提升行动，推动制造业产品“增品种、提品质、创品牌”。

2021年4月，工业和信息化部发布了《“十四五”智能制造发展规划（征求意见稿）》，对“十四五”时期我国智能制造的主要任务进行了说明，包括加快系统创新，增强融合发展新动能；深化推广应用，开展智能示范工厂建设；大力发展智能制造装备等相关措施。

5.1.2 我国绿色制造体系建设框架及工作思路

5.1.2.1 我国绿色制造体系建设的重点任务

（1）传统制造业的绿色化改造

对于传统制造业，要实施生产过程清洁化改造，从源头消减污染物的产生；实施能源利用高效低碳化改造，应用先进节能低碳技术装备，提高能源利用效率，扩大新能源应用比例；实现水资源利用高效化改造，以控制工业用水总量，提高用水效率，保护水环境，利用水系统平衡优化整体解决方案等节水技术，对高耗水行业进行改造，并推广应用非常规水资源；实施基础制造工艺绿色化改造，加快应用清洁铸造、锻压、焊接、表面处理、切削等加工工艺，推动传统基础制造工艺绿色化、智能化。

（2）资源循环利用绿色发展示范应用

强化工业资源综合利用，重点针对冶炼渣及尘泥、化工废渣、尾矿、煤电固体废物等难利用工业固体废物，进行工业资源综合利用升级；推荐循环生产方式，促进企业、园区、行业间链接共生、原料互供、资源共享，拓展不同产业的固体废物协同、能源转换、废弃物再生资源化等功能，进行产业绿色协同链接。

（3）绿色制造技术创新及产业化示范应用

围绕制约节能产业发展的重大关键技术和装备，在节煤、节电、余热回收利用、高效储能、智能控制等领域加大研发和示范；在大气、水、土壤等污染防治领域，加大多污染协同处置、环境污染防治专用材料和药剂、环境监测计量专用仪器仪表、环境应急等先进环保技术装备研发，提升重大环保技术装备技术水平；提升工业资源综合利用技术水平，推广产业化应用，开发资源综合利用适用技术装备。

（4）绿色制造体系构建

以企业为主体，以标准为引领，以绿色产品、绿色工厂、绿色工业园区、绿色供应链为重点，以绿色制造服务平台为支撑，推行绿色管理和认证，加强示范引导，全面推进绿色制造体系建设。

5.1.2.2 我国绿色制造体系建设的框架思路

绿色发展可分为绿色生产方式、绿色生活方式、环境容量和质量的提升等几个方面，绿色生产方式又包括了绿色工业生产方式和绿色农业生产方式，我国当前阶段的绿色制造体系建设主要以工业的绿色制造体系建设为基础。

（1）绿色制造标准体系

《绿色制造标准体系建设指南》（工信部联节〔2016〕304号）的出台，是建立健全绿色标准体系的具体实施指南，其中明确了绿色制造标准体系由综合基础、绿色产品、绿色工厂、绿色企业、绿色园区、绿色供应链和绿色评价与服务七部分构成。

综合基础是绿色制造实施的基础和保障，产品是绿色制造的成果输出，工厂是绿色制造的实施主体和最小单元，企业是绿色制造的顶层设计主体，绿色供应链是绿色制造各环节的链接，园区是绿色制造的综合体，服务与评价是绿色制造的持续性改进手段，这七个部分组成了绿色制造标准体系的整体。七个组成部分中，每个单独的部分又有其具体的体系框架，并且针对重点领域提出了标准建设要求和建议。

（2）绿色产品研发

应按照产品全生命周期绿色管理的理念，结合绿色产品相关标准，研发能源消耗低、生态环境影响小、可再生利用率高的生态设计产品。

（3）绿色工厂创建

按照用地集约化、生产洁净化、废物资源化、能源低碳化的原则，结合各行业特点，进行绿色工厂的创建。生产过程方面，需进行制造流程的优化，使用绿色低碳技术改造和建设厂房，集约利用厂区，选择适用的清洁生产工艺技术和高效末端处理设备，营造良好的职业卫生环境。污染物处理方面，实行清污分流，进行废水、固体废物的回收利用和无害化处置。能源利用过程，需要尽可能地利用可再生能源、提高能源的回收利用比例，建立能源管控中心，进行能源精细化管控等。

（4）绿色园区创建

推进绿色工业园区创建示范，深化国家低碳工业园区试点，以企业集聚、产业生态化链接和服务平台建设为重点，推行园区综合能源资源一体化解决方案，深化园区循环化改造，实现园区能源梯级利用、水资源循环利用、废物交换利用、土地节约集约利用，提升园区资源能源利用效率，优化园区空间布局。

（5）绿色供应链建立

以汽车、电子电器、通信、大型成套装备等行业龙头企业为依托，以绿色供应标准和生产者责任延伸制度为支撑，加快建立以资源节约、环境友好为导向的采购、生产、营销、回收及物流体系。积极应用物联网、大数据和云计算等信息技术，建立绿色供应链管理体系。完善采购、供应商、物流等绿色供应链规范，开展绿色供应链建设。

（6）绿色制造服务平台建立

建立产品全生命周期基础数据库及重点行业绿色制造生产过程物质流和能量流数据库，加大信息公开力度。建立绿色制造评价机制，制定分行业、分领域绿色评价指标和评估方法。建设绿色制造技术专利池，推动知识产权保护和共享。创新服务模式，建设绿色制造创新中心和绿色制造产业联盟，积极开展第三方服务机构绿色制造咨询、认定、培训等服务，提供绿色制造整体解决方案，推进合同能源管理和环保服务。

5.1.3 人造革与合成革行业绿色制造体系建设工作进展

绿色制造，其本质是具有环境意识的制造或考虑环境的制造，是一种综合考虑人们的需求、环境影响、资源效率和企业效益的现代化制造模式。在国家绿色发展的号召下，人造革与合成革行业绿色制造体系的建设也取得了不少成果，在绿色标准制定、绿色工厂及绿色园区创建、绿色供应链建设等诸多方面进行了成功探索。

2016 年，我国成为世界上最大的合成革生产国，是出口大国，同时也是传统合成革生产的污染大国。为引领合成革产业链生产和管理的升级和变革，共享合成革产业链可持续发展理念、技术、设备及工艺创新成果，中国塑料加工工业协会人造革委员会、ZDHC 集团及人造革、合成革、基布、树脂、助剂等企业经过充分研讨和准备，共同发起成立了"中国合成革绿色供应链产业创新战略联盟"，走合成革产业绿色制造之路。

人造革与合成革行业作为我国的传统制造业，为了适应当前的节能环保政策要求，开展了生产过程清洁化改造，从源头消减污染物的产生，从生产的全过程整体进行绿色制造提升改造。

当前，我国人造革与合成革企业积极进行绿色生产，从产品生态设计、绿色生产物料、绿色生产过程、绿色存储、绿色物流等多个方面对生产过程进行可持续改进。在原料使用方面，注重水性和无溶剂型合成革生产工艺的开发和水性生产原料的研究；在生产过程中注重能源利用高效低碳化改造，应用能效等级更高的生产设备，提高能源利用效率；注重对生产过程中的蒸汽余热、余压进行有效回收利用；注重增加光伏发电、太阳能、地热能等其他能源利用措施；注重水资源利用高效化改造，以控制工业用水总量，提高用水效率，提高生产用水的串联使用比例，提高中水利用比例；注重生产工艺绿色化、智能化改造，加强生产过程的自动化、智能化水平以及生产过程中的污染物收集和处理效率的提高。

2016 年 9 月，《工业和信息化部办公厅关于开展绿色制造体系建设的通知》(工信厅节函〔2016〕586 号)，提出 2020 年，绿色制造体系初步建立，绿色制造相关标准体系和评价体系基本建成。

从 2016 年开始，工业和信息化部牵头制定并发布了《人造革与合成革工业　绿色园区评价要求》(QB/T 5597—2021)、《人造革与合成革工业　绿色工厂评价要求》(QB/T 5598—2021）等行业标准，中国轻工业联合会发布了《绿色设计产品评价技术规范　水性和无溶剂人造革与合成革》（T/CNLIC 0002—2019）等团体标准，作为支撑工信部《绿色制造工程实施指南（2016—2020 年）》构建绿色标准体系的一部分，是人造革与合成革行业绿色制造标准体系的重要支撑。另外，工业和信息化部还发布了《家具用水性聚氨酯合成革》(QB/T 5350—2018)、《聚氨酯合成革绿色工艺技术要求》(QB/T 5042—2017)、《聚氨酯合成革　节能技术要求》(QB/T 5041—2017)、《服装用水性聚氨酯合成革技术条件》(QB/T 4911—2016)、《水性聚氨酯超细纤维合成革》(QB/T 4909—2016)、《人造革与合成革用水性聚氨酯表面处理剂》(QB/T 4907—2016）等人造革与合成革工业原料、产品或生产工艺技术有关的绿色标准，作为前文中三个绿色制造体系标准的补充。

2017 年 2 月，《工信部关于请推荐第一批绿色制造体系建设示范名单的通知》开启了绿色制造体系建设序幕。截至 2020 年，全国获得绿色工厂称号的企业共计 2121 家，其中作为人造革与合成革行业领头企业的安徽安利材料科技股份有限公司、浙江禾欣新材料有限公司、广东远华新材料股份有限公司、广东天安新材料股份有限公司等已经通过了工业和信息化部的评审，获得了绿色工厂称号。浙江禾欣控股有限公司还获得了绿色供应链企业称号。安徽安利材料科技股份有限公司、浙江禾欣新材料有限公司等获得了工业产品绿色设计示范企业称号。行业内绿色制造体系建设开展稳步推进，多数企业都追随领头企业的步伐，积极从绿色原料、绿色生产过程、绿色产品设计、绿色仓储物流等多个方面进行绿色制造系统推进，行业绿色制造建设工作已初见成效。

5.2 人造革与合成革行业绿色制造体系主要内容

5.2.1 人造革与合成革行业绿色工厂

绿色制造是解决资源和环境问题的重要手段，是实现产业转型升级的重要任务，是行业实现绿色发展的有效途径，同时也是企业主动承担社会责任的必然选择。工厂是制造业的生产单元，是绿色制造的实施主体，属于绿色制造体系的核心支撑单元。《中国制造 2025》将“全面推动绿色制造”作为九大战略重点和任务之一，明确提出要“建设绿色工厂，实现厂房集约化、原料无害化、生产洁净化、废物资源化、能源低碳化”。绿色工厂的内涵可以理解为：基于制造业生命周期管理的思想，以实现用地集约化、原料无害化、生产洁净化、废物资源化、能源低碳化为目标，满足基础设施、管理体系、能源与资源投入、产品、环境排放和环境绩效综合评价要求的工厂。

从国际角度来看，绿色工厂的研究可以追溯到汽车产业生态学的研究上来。其中，美国汽车三大巨头公司及美国国家环境保护署均明确要求，将减少废气产生、降低燃油消耗、节约使用成本、满足产品安全等要求作为汽车绿色设计研究的目标；日本的本田汽车和丰田汽车公司，目前已经将绿色制造纳入其精益生产、循环经济等管理体系项目中来。ISO 组织通过多年对世界各国环境管理的研究，于 1996 年推出第一版 ISO 14001EMS 体系标准，向各国政府及组织提供一套基于管理统一、要求一致的 EMS 体系，并对产品的国际标准开展严格、规范的审核认证。国际标准化组织期望通过利用环境管理工具，实现体系标准化的工作，帮助并规范企业和社会团体等组织自愿开展环境管理活动，促进他们环境绩效的达成和提升，支持全球可持续发展的研究和环境保护工作。

2015 年以来，我国绿色工厂领域的相关政策不断丰富细化，形成了从宏观到微观、从战略规划到具体实施的政策体系。宏观层面，《中华人民共和国国民经济和社会发展第十三个五年规划纲要》将“绿色”列入五大发展理念，提出要“实施绿色制造工程，推进产品全生命周期绿色管理，构建绿色制造体系”；工业和信息化部出台《工业绿色发展规划（2016—2020年）》《绿色制造工程实施指南（2016—2020年）》，提出我国绿色制造领域的规划和实施方案，分别将“绿色制造体系创建工程”和“绿色制造体系构建试点”列入工业绿色发展的主要任务，明确“按照用地集约化、生产洁净化、废物资源化、能源低碳化原则，结合行业特点，分类创建绿色工厂”的工作思路，及“到2020年，创建1000家绿色示范工厂”的工作要求。微观层面，按照国家绿色制造领域的战略布局，工业和信息化部办公厅于2016年下半年发布《关于开展绿色制造体系建设的通知》，明确绿色工厂为绿色制造体系的主要内容之一，以及全面创建绿色工厂的原则、要求、内容和评价方式，全面启动我国各地区、各行业绿色工厂的创建。2017～2020年，工业和信息化部先后发布了五批关于推荐绿色制造体系示范名单的通知，在各行业遴选出2121家国家级绿色工厂。与之相应的，工业和信息化部联合财政部、国家开发银行等，积极利用工业转型升级资金、绿色信贷等相关政策扶持绿色工厂的全面创建工作。在中央的统一部署下，各地区结合自身特点，制定了相应的“十三五”工业绿色发展规划和绿色制造体系建设方案，以推动在地区和行业全面开展绿色工厂创建，并使其积极利用地方财政给予的支持。

如何建设绿色工厂，需要为企业提供科学的方向和目标，因此对绿色工厂进行评价有助于在行业内树立标杆，正确地引导和规范企业实施绿色工厂建设的各项改造工作。2018年12月，《绿色工厂评价通则》(GB/T 36132—2018）正式实施，建立了绿色工厂系统评价指标体系，提出了绿色工厂评价通用要求。

人造革与合成革行业也对绿色工厂的建设和评价给予了高度重视，结合通用的评价要求，行业内部积极开展绿色工厂评价工作，也积极开展了通用标准的适用性研究，为建立符合人造革与合成革行业的绿色工厂评价标准打下了良好的行业基础。根据工业和信息化部办公厅《关于印发2019年第一批行业标准制修订和外文版项目计划的通知》(工信厅科函〔2019〕126号)，中国轻工业联合会于2019年9月启动了“人造革与合成革工业绿色工厂评价要求”的标准制定工作。《人造革与合成革工业　绿色工厂评价要求》(QB/T 5598—2021）于2021年7月正式实施。

《人造革与合成革工业　绿色工厂评价要求》(以下简称《绿色工厂评价要求》)在编制过程中主要体现了以下原则。

① 协调性原则。与人造革与合成革相关领域法律、法规和规章、国家与行业标准等的兼容和协调一致，有利于标准的执行。

② 规范性原则。所述内容具有规范性、科学性、合理性和可行性，涉及的指标力求实用和可操作，尽量选取人造革与合成革行业和环境保护部门常用的指标，便于企业和第三方评价人员的理解和掌握。

③ 激励性原则。为加快推进人造革与合成革行业的绿色制造，激励人造革与合成

革工业企业向“厂房集约化、原料无害化、生产洁净化、废物资源化、能源低碳化”方向发展。

④ 创新性原则。按照已有的国家及地方相关标准要求，充分结合人造革与合成革行业的特点，在评价要求体系中能创新地反映行业绿色工厂建设的领先水平。

《绿色工厂评价要求》规定了人造革与合成革工业绿色工厂评价的基本原则、指标体系及要求、评价程序等，适用于人造革与合成革生产型企业的绿色工厂评价。与《绿色工厂评价通则》(GB/T 36132—2018）中规定的内容保持一致，包括基本要求、基础设施、管理体系、能源与资源投入、产品、环境排放和绩效，人造革与合成革行业在进行绿色工厂评价时，应从以上七个方面进行综合评价。人造革与合成革工业绿色工厂评价体系框架如图 5-1 所示。

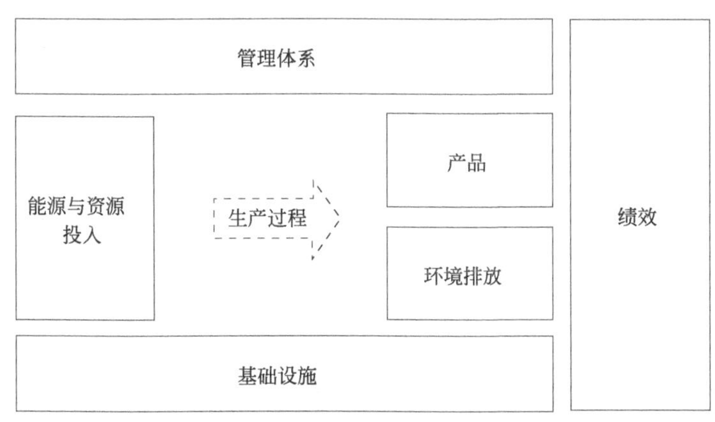

图 5-1 人造革与合成革工业绿色工厂评价体系框架

5.2.1.1 绿色工厂评价指标

《绿色工厂评价要求》的指标包括定性指标和定量指标，定性指标主要侧重于应满足的法律法规、节能环保、工艺技术、相关标准等方面要求；定量指标主要侧重于能够反映工厂层面的绿色特性指标。《绿色工厂评价要求》的指标参照《绿色工厂评价通则》(GB/T 36132—2018）给出，并结合人造革与合成革行业特点，增加了在绿色工厂创建过程中应满足的部分具有行业特色的指标。人造革与合成革行业绿色工厂评价指标的一级指标包括基本要求、基础设施、管理体系、能源与资源投入、产品、环境排放和绩效七类，每类一级指标又由若干个二级指标组成。指标分为必选指标和可选指标，其中必选指标为要求工厂应达到的基础性要求，必选指标不达标的不能评价为绿色工厂；可选指标为希望工厂努力达到的提高性要求，可选指标具有一定的先进性。

七类指标简介如下。

(1）基本要求

基本要求具体包括合规性要求、管理职责要求，全部为必选指标，且为一票否决指标。合规性要求从符合法律法规、产业政策、依法排污、无事故证明、企业信用等方面对工厂进行了规定；管理职责要求从最高管理者领导作用和承诺、职责和权限分配、管理组织机构、中长期规划、教育与培训等方面进行了规定。

（2）基础设施

基础设施要求具体包括建筑设施、生产线设施、通用设备设施、计量设施和照明五方面的评价指标。以《绿色工厂评价通则》(GB/T 36132—2018）中规定的内容为基础，生产线设施指标增加了反映人造革与合成革生产工艺和设备的特色指标及管理内容，更好地衔接了《挥发性有机物无组织排放控制标准》(GB 37822—2019）及国家目前对大气污染防治的最新要求，确保工厂内无国家或地方淘汰限制类生产工艺及装置，人造革与合成革的生产过程符合国家对挥发性有机物的排放管控要求，提升绿色化生产水平。

（3）管理体系

管理体系指标具体包括环境管理体系、能源管理体系、质量管理体系、职业健康安全管理体系和社会责任等，必选指标为工厂应建立、实施并保持满足上述四种管理体系，可选指标为工厂通过上述四种管理体系的第三方机构认证并有效运行，以及工厂每年发布社会责任报告。

（4）能源与资源投入

能源与资源投入指标具体包括能源投入、资源投入和采购三个指标。能源投入、资源投入和采购的具体要求均以《绿色工厂评价通则》(GB/T 36132—2018）中的内容为基础。资源投入指标中，结合人造革与合成革行业特点，必选指标为采取必要措施减少原材料，尤其是有害物质的使用，评估有害物质及化学品减量使用或替代的可能性，单位产品新鲜取水量满足《人造革与合成革工业　节水技术要求》(QB/T 5595—2021）节水指标二级以上水平；可选指标为使用回收材料、可回收材料替代原生材料、不可回收材料，单位产品新鲜取水量满足《人造革与合成革工业　节水技术要求》(QB/T 5595—2021）节水指标一级以上水平。

（5）产品

产品指标删除了《绿色工厂评价通则》(GB/T 36132—2018）中对人造革与合成革行业不适用的节能和可回收利用率指标。保留了生态设计、有害物质使用、减碳的相关要求。针对生态设计产品、绿色产品要求，引用《产品生态设计通则》(GB/T 24256—2009)、《生态设计产品评价通则》(GB/T 32161—2015）和《绿色设计产品评价技术规范　水性和无溶剂人造革与合成革》(T/CNLIC 0002—2019)、《环境标志产品技术要求　皮革和合成革》(HJ 507—2009）中规定，产品应符合上述要求。可选指标为碳足迹核算或核查及改进计划、结果公布等，以促进企业进一步从产品全生命周期角度出发，减少污染物排放。

（6）环境排放

环境排放指标在《绿色工厂评价通则》(GB/T 36132—2018）规定的大气污染物（含恶臭污染物)、水体污染物、固体废物、噪声和温室气体排放等指标的基础之上，增加了污染物排放管理要求，其目的是加强企业污染物排放的台账管理，确保相关部门开展相关监管工作时有据可循。大气污染物指标中厂区内挥发性有机物无组织废气排放浓度符合《挥发性有机物无组织排放控制标准》(GB 37822—2019) 及地方标准要求为必选指标，突出了对人造革与合成革行业挥发性有机废气的收集与治理过程的有效管控，与当下大气污染物排放管理方向保持一致。

(7) 绩效

绩效指标从用地集约化、原料无害化、生产洁净化、废物资源化和能源低碳化五个方面提出了具体的指标要求，主要内容与《绿色工厂评价通则》(GB/T 36132—2018)相一致。人造革与合成革行业的生产原料无害化主要体现为绿色环保原材料的使用比例。绿色环保原材料包括水性树脂、高固分树脂、无溶剂树脂、水性色浆、水性胶黏剂、环保型增塑剂、稳定剂等助剂，可替代原有挥发性大及有毒有害原材料。绿色环保原材料的使用率分为两级指标值，必选指标基本值为40%，可选指标先进值为50%。对比《合成革行业清洁生产评价指标体系》中的相关要求，生产洁净化指标包括了单位产品废水产生量、单位产品主要污染物(化学需氧量、氨氮、挥发性有机污染物) 产生量。绿色工厂评价的必选要求为清洁生产二级基准值，即国内领先水平；可选要求为清洁生产一级基准值，即国际领先水平，以进一步引导企业开展生产技术和污染治理工艺的改造升级。废物资源化指标主要包括了对含二甲基甲酰胺危险废物的无害化利用或处置，以及其他类工业固体废物的综合处置，该项为必选指标。此外，对照《人造革与合成革工业　节水技术要求》(QB/T 5595—2021) 节水指标对于水重复利用率的要求，绿色工厂评价的必选要求为节水指标二级基准值，即国内领先水平；可选要求为节水指标一级基准值，即国际领先水平。另外，二甲基甲酰胺精馏系统回收利用率达到98%及以上为必选指标，二甲基甲酰胺全厂回收利用率达到90%及以上为可选指标。能源低碳化指标选取了单位产品综合能耗。对照《合成革单位产品能源消耗限额》(GB 36887—2018) 中的相关要求，绿色工厂评价的必选要求为3级水平，可选要求为2级水平。

5.2.1.2 绿色工厂评价程序

人造革与合成革行业绿色工厂评价程序包括企业自评价和第三方评价，第三方评价又可细分为评价准备、预评价、评价和编写第三方评价报告等程序。

评价准备包括评价项目组组建、搜集绿色工厂自评价报告及支持材料。为了更好地开展工作，项目组成员应当熟悉人造革与合成革生产工艺流程和绿色工厂评价指标体系，知悉相关评价所需数据资料的采集和分析，能够对采集数据结果的可靠性和准确性进行专业判断。

预评价则需根据工厂自评价报告及支持材料开展绿色工厂基本要求资格评价，确认基本要求是否符合，确定绿色工厂评价方案。

评价则是对工厂按照基本要求、基础设施、管理体系、能源与资源投入、产品、环境排放和绩效七个方面进行评价。人造革与合成革工业绿色工厂评价指标的计分标准满分为 100 分，得分在 85 分以上（含 85 分）的企业达到绿色工厂评价要求。

5.2.1.3 绿色工厂评价报告编写要求

自评价报告包括但不限于以下内容：

① 工厂名称、地址、行业、法定代表人、简介等基本信息，发展现状、工业产业和生产经营情况；

② 工厂在绿色发展方面开展的重点工作及取得的成绩，下一步拟开展的重点工作等；

③ 工厂的建筑、设备设施、工艺路线、主要耗能设备、计量设备、照明配置情况，以及相关标准执行情况；

④ 工厂各项管理体系建设情况；

⑤ 工厂能源投入、资源投入、采购、回收利用等方面的现状，以及目前正实施的节约能源与资源项目；

⑥ 工厂的产品质量、产品收率、生态设计等情况；

⑦ 工厂主要污染物处理设备配置及运行情况，大气污染物、水体污染物、固体废物、噪声、温室气体的排放及管理等现状；

⑧ 对申报工厂是否符合绿色工厂要求进行自评价，说明各评价指标值及是否符合评价要求情况；

⑨ 其他支持证明材料。

自评价报告参考以下内容：

① 工厂基本情况；

② 绿色工厂创建情况；

③ 下一步工作；

④ 绿色工厂创建自评表；

⑤ 相关证明材料。

第三方评价报告包括但不限于以下内容：

① 绿色工厂评价的目的、范围及准则；

② 绿色工厂评价过程，主要包括评价组织安排、文件评审情况、现场评估情况、核查报告编写及内部技术复核情况；

③ 对申报工厂的基础设施、管理体系、能源与资源投入、产品、环境排放、绩效等方面进行描述，并对工厂自评报告中的相关内容进行核实；

④ 核实数据真实性、计算范围及计算方法，检查相关计量设备和有关标准的执行等情况；

⑤ 对企业自评所出现的问题情况进行描述；

⑥ 对申报工厂是否符合绿色工厂要求进行评价，说明各评价指标值及是否符合评价要求情况，描述主要创建做法及工作亮点等；

⑦ 对持续创建绿色工厂的下一步工作提出建议；

⑧ 评价支持材料。

第三方评价报告参考以下内容：

① 概述；

② 评价过程和方法；

③ 绿色工厂评价；

④ 评价结论；

⑤ 建议；

⑥ 证明材料索引。

5.2.2 人造革与合成革行业绿色园区

工业园区成为经济发展聚集区的同时，也成为能源消耗、污染物排放的集中区，也容易引发土地利用效率偏低、企业同质化竞争严重、配套不平衡、区域集聚效应差等问题。自 20 世纪 70 年代以来，"生态工业园区"的概念被提出后，世界各国在生态工业园区管理概念上进行了诸多探索与研究，形成了各具特色的管理模式。美国在 20 世纪 90 年代发展了"双组织管理模式"，近年来随着现代通信技术、互联网工具的使用，以及循环经济电子商务平台的构建，兴起了"互联网＋循环经济"的管理模式。由于成员国众多，文化、语言、经济环境等方面的差异，欧盟的生态工业园区形式多样，主要有以丹麦的卡伦堡共生体系为代表的自发型生态工业园区和以英国、法国、荷兰、芬兰等为代表的规划型生态工业园区。日本的生态工业园区建设则形成了以国家和地方政府共同管理，企业、行政部门、研究机构积极参与的产学官一体化的园区运作、管理模式。

目前，我国国家及市级相关标准有《国家生态工业示范园区标准》(HJ 274—2015)、《绿色生态示范区规划设计评价标准》(DB11/T 1552—2018)，但生态工业园区的出发点和落脚点在于尽力减少污染物的产生和排放，属于环境保护和治理范畴，产业的系统性较差，且评价指标值为门槛值，不具有引领作用。北京市出台了《工业开发区循环化技术规范》(DB11/T 1650—2019)，但该标准主要目的是提高园区资源利用效率，且未给出各指标基准值，仅供各园区编制循环化改造方案时参考使用。

"十三五"期间，国家在不同产业中大力推行绿色体系的建设，将"高效、清洁、低碳、循环"的绿色理念深入到行业的发展中去。工业园区作为产业经济发展的主要载体，已经成为经济转型和跨越发展的主要抓手，承担着资源配置从粗放型发展向集约型发展过渡、环境建设从相对注重硬环境向更加注重软环境转变等重要任务。国际上关于绿色园区的工作主要集中在建设和规划方面，美国硅谷、日本筑波科技城等国外高新产业园区，德国布莱梅物流园区、日本和平岛物流园区等物流园区，为各国园区的发展提供了参考。我国制定并发布了《国家生态工业示范园区标准》(HJ 274—2015)、《低碳园区发展指南》(ISC 2012)、《工业和信息化部办公厅关于开展绿色制造体系建设的通知》(工信厅节函〔2016〕586 号）等，并通过国家低碳工业园区试点、园区循环化改造、国家生态工业示范园区、国家新型工业化产业示范基地等专项工作的推动，建立了一批低碳、循环、生态示范园区。

绿色园区是突出绿色理念和要求的生产企业和基础设施集聚的平台，侧重于园区内工厂之间的统筹管理和协同链接。推动园区绿色化，要在园区规划、空间布局、产业链设计、能源利用、资源利用、基础设施、生态环境、运行管理等方面贯彻资源节约和环境友好理念，从而实现具备布局集聚化、结构绿色化、链接生态化等特色的绿色园区。

我国的人造革与合成革工业的地域分布主要集中在长江三角洲和珠江三角洲及沿海大中城市，规模以上企业主要集中在浙江、福建、江苏、广东等 17 个省市，这些地区人造革企业产量占了全国的近 80%。而人造革与合成革工业园区是产业发展的重要载体和平台。各园区发挥了综合竞争优势，表现出一定的抗风险能力，但是目前很多园区还存在许多不适应，企业生产的同质化、重复化、低端化，园区功能定位的不明确和产业布局的不合理，都使得工业园区与“专、精、深、特”的发展要求还有一些距离。

2016 年 9 月，工信部发布了《工业和信息化部办公厅关于开展绿色制造体系建设的通知》(工信厅节函〔2016〕586 号)，要求到 2020 年，绿色制造体系初步建立，绿色制造相关标准体系和评价体系基本建成，在重点行业建立绿色园区标准。为加快推动绿色制造体系建设，率先打造一批绿色制造先进典型，发挥行业示范带动作用，中国轻工业联合会经研究制定了《人造革与合成革工业绿色园区评价通则》等 8 项中国轻工业联合会团体标准的编制计划（中轻联综合〔2017〕395 号）。团体标准《人造革与合成革工业绿色园区评价通则》(T/CNLIC 0001—2019）于 2019 年 8 月正式实施。在团体标准的基础上，中国轻工业联合会根据工业和信息化部办公厅《关于印发 2019 年第四批行业标准制修订和外文版项目计划的通知》(工信厅科函〔2019〕276 号)，于 2019 年 9 月启动了“人造革与合成革工业绿色园区评价要求”的行业标准制定工作。《人造革与合成革工业　绿色园区评价要求》(QB/T 5597—2021）于 2021 年 7 月正式实施。

《人造革与合成革工业　绿色园区评价要求》(以下简称《绿色园区评价要求》)在编制过程中主要体现了以下原则。

① 引导性原则。为加快推进人造革与合成革行业的绿色制造，引导人造革与合成革工业园区向布局集聚化、结构绿色化、链接生态化方向发展，构建高效、清洁、低碳、循环的绿色制造体系。

② 协调性原则。评价通则的制定要与国家、行业和地方已有的标准化工作基础相协调，与已有的标准体系配套衔接。

③ 系统性原则。系统考虑园区从规划、建设、管理、运行等全生命周期，系统考虑投入、产出等各个维度，系统考虑土地、能源、资源、基础设施、配套工程、服务平台、上下游产业链等各个环节。

④ 创新性原则。按照已有的国家及地方的相关标准要求，充分结合人造革与合成革行业的特点，在评价体系中能创新地反映行业的领先水平。

《绿色园区评价要求》规定了人造革与合成革工业绿色园区的评价要求和评价方法

等，适用于人造革与合成革行业各类国家级、省市级开发区、产业基地、城镇工业地块的建设和管理，可作为人造革与合成革工业绿色园区的评价依据，建设规划编制、建设成效评估的技术依据，也可作为其他相关工业绿色园区建设咨询活动的参考依据。

5.2.2.1 绿色园区评价指标

《绿色园区评价要求》按照国家“绿色园区评价要求”（工信厅节函〔2016〕586号），结合了人造革与合成革行业的特点，突出了园区的绿色理念和要求，将评价要求分为基本要求和指标要求，其中指标要求又分为土地利用指标、能源利用指标、资源利用指标、环境保护指标、园区管理与基础设施指标、产业绿色指标、重点工程及体系建设指标七大类，并针对这七大类指标分别确定了定量的或定性的具体指标。

（1）基本要求

按照国家评定绿色园区的总体要求，绿色园区评价的基本条件为：

① 园区应符合国家及地方产业发展政策；

② 应完成国家或地方下达的节能减排指标，近三年内无重大环保安全责任事故；

③ 环境质量应达到国家或地方规定的环境功能区环境质量标准，绿色园区内企业污染物达标排放，各类重点污染物排放总量均不超过国家或地方的总量控制要求；

④ 园区产业应符合国家、地方的规划要求，纳入产业结构调整的企业按计划进度完成调整；

⑤ 园区重点企业100%实施清洁生产审核，重点企业是指《中华人民共和国清洁生产促进法》(2012 主席令　第54号）中规定的应当实施强制性清洁生产审核的企业（评审期当年及之前公布的重点企业清洁生产审核名单中的企业）；

⑥ 园区应建立专门履行绿色发展工作职责的专门机构，建立相应统计管理制度，并配备2名以上专职人员负责推进工作；

⑦ 园区企业不应采用聚氯乙烯普通人造革生产线等国家列入淘汰目录的落后生产技术、工艺和设备，不应生产国家列入淘汰目录的产品。

（2）指标要求

推动园区绿色化，要在园区规划、空间布局、产业链设计、能源利用、资源利用、基础设施、生态环境、运行管理等方面贯彻资源节约和环境友好理念，要求园区基础设施完善，土地节约集约化利用，加强基础设施共建共享、余热余压废热资源的回收利用和水资源循环利用，促进园区内企业废物资源交换利用，补全完善园区内产业的绿色链条，推进园区信息、技术服务平台建设，推动园区内企业开发绿色产品、主导产业创建绿色工厂，推动龙头企业建设绿色供应链等。因此，绿色园区的评价指标分为土地利用指标、能源利用指标、资源利用指标、环境保护指标、园区管理与基础设施指标、产业绿色指标、重点工程及体系建设指标七大类，并在土地利用指标下设立土地利用1项一级指标，在能源利用指标下设立能源消耗、能源综合利用2项一级指标，在资源利用指标下设立资源消耗和资源综合利用2项一级指标，在环境保护指标下设立污染物排放和生态环境 2 项一级指标，在园区管理与基础设施指标下设立园区管理和基础设施 2 项一级指标，在产业绿色指标下设立产业绿色一级指标，在重点工程及体系建设指标下设立重点工程建设和重点体系建设 2 项一级指标，在各个一级指标下分别设立二级指标。共计 7 大类、12 项一级指标、41 项（其中第 28、29 项为二选一）二级指标。

5.2.2.2 绿色园区评价方法

（1）指标数据来源

数据采集以统计部门、环保部门的数据为准，统计部门、环保部门未进行统计的采用现场调研数据。

（2）指标数据统计范围和周期

未做特殊说明，数据统计范围为园区内所有企业，数据统计周期为上一年度。

（3）分值的计算

考虑到不同园区的差距，以及对重点指标项的鼓励，每个二级指标的指标分值设立了上限值和下限值。符合指标基准值要求的项目按上限值打分，不符合基准值要求的项目打分最低分值为下限值。其中，单位工业增加值 COD 排放量（千克/万元）、单位工业增加值碳排放量（吨/万元）、绿色人造革与合成革生产线的投放比例、合成革生产企业达到二级（含）以上清洁生产水平比例 4 项指标为重点指标，给予最大上浮 50%的分值奖励。

（4）评价判定

园区全部符合基本要求，且指标要求综合分值大于等于 80 分以上为工业绿色园区。

5.2.3 人造革与合成革行业绿色供应链

5.2.3.1 绿色供应链的概念和建设意义

绿色供应链的概念最早由美国密歇根州立大学的制造研究协会在 1996 年进行的一项“环境负责制造（ERM）”的研究中首次提出，又称环境意识供应链（Environmentally Conscious Supply Chain，ECSC）或环境供应链（Environmentally Supply Chain，ESC），是一种在整个供应链中综合考虑环境影响和资源效率的现代管理模式，它以绿色制造理论和供应链管理技术为基础，涉及供应商、生产厂、销售商和用户，其目的是使得产品从物料获取、加工、包装、仓储、运输、使用到报废处理的整个过程中对环境的影响（副作用）最小，资源效率最高。

《工业和信息化部办公厅关于开展绿色制造体系建设的通知》(工信厅节函〔2016〕586 号）文件中，提出了我国绿色供应链建设中要求的绿色供应链概念。通知中指出，绿色供应链是绿色制造理论与供应链管理技术结合的产物，侧重于供应链节点上企业的协调与协作。打造绿色供应链，企业要建立以资源节约、环境友好为导向的采购、生产、营销、回收及物流体系，推动上下游企业共同提升资源利用效率，改善环境绩效，达到资源利用高效化、环境影响最小化，链上企业绿色化的目标。在汽车、电子电器、通信、机械、大型成套装备等行业选择一批代表性强、行业影响力大、经营实力雄厚、管理水平高的龙头企业，按照产品全生命周期理念，加强供应链上下游企业间的协调与协作，发挥核心龙头企业的引领带动作用，确立企业可持续的绿色供应链管理战略，实施绿色伙伴式供应商管理，优先纳入绿色工厂为合格供应商和采购绿色产品，强化绿色生产，建设绿色回收体系，搭建供应链绿色信息管理平台，带动上下游企业实现绿色发展。

推行绿色供应链管理的目的是发挥供应链上核心企业的主体作用，一方面做好自身的节能减排和环境保护工作，不断扩大对社会的有效供给；另一方面引领带动供应链上下游企业持续提高资源与能源利用效率，改善环境绩效，实现绿色发展。绿色供应链管理范围：按照产品生命周期要求，对设计、采购、生产、物流、回收等业务流程进行管理，其中涉及供应商、制造企业、物流商、销售商、最终用户以及回收、拆解等企业的协作。

绿色供应链建设企业，除了需要具备基本的法人资格、行业影响力、完善的管理体系等基本条件外，还需拥有数量众多的供应商，且在供应商中有很强的影响力，与上下游供应商建立良好的合作关系，可以影响整个供应链条内的绿色发展。

企业绿色供应链建设的关键问题主要包括了确立可持续的绿色供应链管理战略、实施绿色供应商管理、强化绿色生产、建设绿色回收体系、搭建绿色信息回收监测披露平台几个方面。绿色供应链建设企业需要将绿色供应链管理战略纳入公司发展规划，制订相应的绿色供应链管理目标，并设置专门的管理机构；实现绿色供应商管理，应建立绿色采购制度和相应的供应商认证体系，对自身供应商进行有效的定期审核和绩效评估，并进行定期培训，对供应商进行分级动态管理；产品回收方面，企业要着力提高产品和包装的回收利用率，并建立良好的回收管理体系，促进上下游整体产品的回收利用水平提高；进行绿色供应链管理平台建设，并自觉进行绿色供应链相关信息的披露。

2014 年，商务部、环境保护部以及工业和信息化部共同发布了《企业绿色采购指南（试行）》，该指南可作为企业进行绿色采购的指导性文件。2017 年，为贯彻落实《工业绿色发展规划（2016—2020 年）》《绿色制造工程实施指南（2016—2020 年）》，加快构建绿色制造体系，推动绿色供应链发展，工业和信息化部制定了《绿色制造　企业绿色供应链管理　导则》(GB/T 33635—2017)，用以指导企业的绿色供应链体系建设工作。2019 年，工业和信息化部又发布了《机械行业绿色供应链管理企业评价指标体系》《汽车行业绿色供应链管理企业评价指标体系》和《电子电器行业绿色供应链管理企业评价指标体系》等针对行业的评价标准，用以指导相关行业绿色供应链创建。

5.2.3.2　企业绿色供应链管理建设主要内容

人造革与合成革生产企业绿色供应链管理可参照《绿色制造　制造企业绿色供应链管理　导则》(GB/T 33635—2017) 以及工业和信息化部发布的《供应链管理评价要求》

的相关要求进行。GB/T 33635—2017 制定了制造企业绿色供应链管理的目的、范围、总体要求以及产品生命周期绿色供应链的策划、实施与控制要求，目的是引导制造企业建立绿色供应链管理体系，指导制造企业对产品生命周期全过程和供应链各个环节进行有效策划、组织和控制，改善供应链系统，降低有害物质使用量，提高资源利用率，降低环境影响以及人体健康危害。该标准采用过程管理方法，将产品的绿色属性当作产品的质量特征进行管理，实施时可将标准要求和企业的供应链、质量、环境、职业健康安全以及企业信息化管理体系协调整合，建立符合绿色制造要求的供应链管理体系。

制造企业绿色供应链建设基本流程如图 5-2 所示。

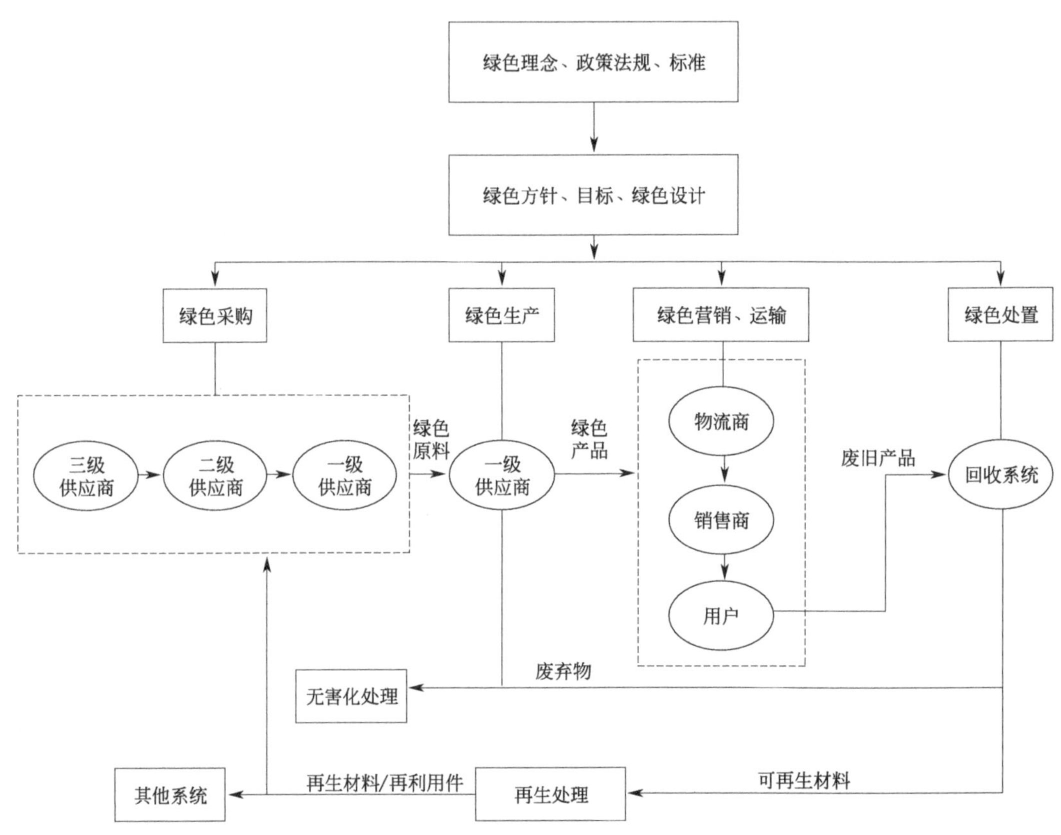

图 5-2　制造企业绿色供应链建设基本流程

(1)《绿色制造　制造企业绿色供应链管理　导则》(GB/T 33635—2017)

《绿色制造　制造企业绿色供应链管理　导则》(GB/T 33635—2017) 的实施范围有以下几个方面：

① 涵盖制造企业从产品设计、材料选用、采购、加工、运输、贮存、包装、使用、回收利用直至最终处置生命周期过程。

② 包括有关的供应商、制造企业、物流商、销售商、最终用户以及回收、拆解、再利用、废弃物处置等企业。

③ 包括企业产品，以及产品生产、包装中使用的材料和物质（如构成产品的主要材料、包装物、工艺辅料等，以下合称产品/物料）的绿色属性。

④ 包括产品/物料的正向物流和信息流，还包括产品/物料的逆向物流和信息流。

《绿色制造　制造企业绿色供应链管理　导则》(GB/T 33635—2017) 的实施内容包括以下几个方面：

① 将绿色可持续发展理念融入企业生产经营活动，将产品生命周期的环境、健康安全、节能降耗、资源循环利用等因素纳入供应链管理系统，建立健全绿色供应链管理体系。

② 充分考虑法律、法规、标准和利益相关方的要求。

③ 制定绿色供应链管理方针和可量化、可测量（或可评价）的管理目标。

④ 建立有效的组织机构和提供必要的人力、财力、设备、信息及知识等资源或对现有机构及资源进行整合，以满足绿色供应链管理需要。

⑤ 实施绿色设计，分析产品及其生命周期和供应链各个环节的绿色属性，制订优化和改进目标、措施，对产品/物料环境属性进行识别、分类。

⑥ 建立企业绿色采购流程，制订供应链协同改进措施。

⑦ 对员工进行绿色供应链管理意识、知识和能力培训，及时将有关信息传达给供应链各相关方，使绿色供应链管理要求得到员工和相关方的理解和支持。

⑧ 建立产品生命周期各相关过程管理程序和标准。

⑨ 建立产品绿色回收及再生利用机制和渠道。

⑩ 建立信息化管理平台，对企业及其供应商绿色供应链相关信息进行管理。

另外，该标准还从系统策划，管理方案和目标，绿色规划，绿色供应链管理要求、标准和管理文件，环境信息，产品/物料绿色属性识别和确认，绿色设计、采购、生产过程、回收利用、无害化处理等的绿色控制，以及相关文件、信息、应急准备和响应等方面，对企业的绿色供应链管理提出指导。

(2) 绿色供应链管理评价要求

工业和信息化部在发布绿色制造体系建设的通知的过程中，发布了有关绿色供应链建设的评价要求，其中的基本要求包括：

① 拥有独立法人资格；

② 具有较强的行业影响力；

③ 具有较完善的能源资源、环境管理体系，各项管理制度健全、符合国家和地方的法律法规及标准规范要求，近三年无重大安全和环境污染事故；

④ 拥有数量众多的供应商，在供应商中有很强的影响力，与上下游供应商建立良好的合作关系；

⑤ 有完善的供应商管理体系，建立健全供应商认证、选择、审核、绩效管理和退出机制；

⑥ 有健全的财务管理制度，销售盈利能力处于行业领先水平；

⑦ 对实施绿色供应链管理有明确的工作目标、思路、计划和措施。

企业绿色供应链管理的关键环节主要包括：确立可持续的绿色供应链管理战略、实施绿色供应商管理、强化绿色生产、建设绿色回收体系、搭建绿色信息收集监测披露平台。

企业绿色供应链管理评价由第三方组织实施，第三方根据绿色供应链管理的关键环节，按照评价标准对企业进行实地调查，查阅相关文件、报表、数据等，确保评价结果客观准确。

绿色供应链管理指标体系包括绿色供应链管理战略目标、绿色供应商管理指标、绿色生产指标、绿色回收指标、绿色信息平台建设指标、绿色信息披露指标 6 个方面，具体指标体系见表 5-1。

表 5-1 企业绿色供应链管理评价指标体系

序号	一级指标	二级指标	要求类型	单位	最高分值/分
1	绿色供应链管理 X1	纳入公司发展规划 X11	定性	—	8
2		制订绿色供应链管理目标 X12	定性	—	6
3		设置专门的管理机构 X13	定性	—	6
4	实施绿色供应商管理 X2	绿色采购标准制度完善 X21	定性	—	4
5		供应商认证体系完善 X22	定性	—	3
6		对供应商进行定期审核 X23	定性	—	3
7		供应商绩效评估制度健全 X24	定性	—	3
8		定期对供应商进行培训 X25	定性	—	3
9		低风险供应商占比 X26	定量	%	4
10	绿色生产 X3	节能减排环保合规 X31	定性	—	10
11		符合有害物质限制使用管理办法 X32	定性	—	10
12	绿色回收 X4	产品回收率 X41	定量	%	5
13		包装回收率 X42	定量	%	5
14		回收体系完善(含自建、与第三方联合回收)X43	定性	—	5
15		指导下游企业回收拆解 X44	定性	—	5
16	绿色信息平台建设 X5	绿色供应链管理平台信息完善 X51	定性	—	10
17	绿色信息披露 X6	披露企业节能减碳信息 X61	定性	—	2.5
18		披露高、中风险供应商审核率及低风险供应商占比 X62	定性	—	2.5
19		披露供应商节能减排信息 X63	定性	—	2.5
20		发布企业社会责任报告(含绿色采购信息)X64	定性	—	2.5

评价的最终得分为各项指标加权后的总分，经评价绿色供应链管理指数（即各项指

标总分数）大于 80（含 80）分的企业，认定为“卓越绿色供应链管理企业”，优先享受国家各项支持政策。

（3）绿色供应链管理报告编制基本要求

自评价报告包括但不限于以下内容：

① 绿色供应链管理顶层设计，包括绿色供应链管理发展规划、管理目标、管理机构及职责；

② 绿色供应链管理相关成果；

③ 企业实施绿色供应商管理的情况，包括相关的采购制度、供应商审核制度、供应商培训和技术支持、供应商评价等内容；

④ 绿色生产，具体包括产品评价、企业的生产过程节能减排情况、企业生产过程环境管理等状况；

⑤ 绿色仓储和物流；

⑥ 绿色回收；

⑦ 绿色平台建设和绿色信息披露；

⑧ 对申报企业是否符合绿色供应链要求进行自评价，说明各评价指标值及是否符合评价要求情况；

⑨ 其他支持证明材料。

自评价报告参考以下内容：

① 企业绿色供应链管理体系建设情况简述；

② 绿色供应链管理企业自评结果；

③ 与本次申报相关的证明材料。

第三方评价报告包括但不限于以下内容：

① 绿色供应链评价的目的、依据及企业基本情况；

② 绿色供应链评价过程，主要包括评价组织安排、文件评审情况、现场评估情况、数据收集及可靠性评估、核查报告编写及结论；

③ 对申报绿色供应链企业的绿色供应链管理顶层设计、相关成果、供应商管理制度、绿色生产相关情况、绿色仓储物流、绿色回收、绿色供应链平台建设和信息披露等方面进行描述，并对自评报告中的相关内容进行核实；

④ 核实数据真实性、计算范围及计算方法，检查相关计量设备和有关标准的执行等情况；

⑤ 对企业自评所出现的问题情况进行描述；

⑥ 对申报企业是否符合绿色供应链要求进行评价，说明各评价指标值及是否符合评价要求情况，描述主要创建做法及工作亮点等；

⑦ 对持续创建绿色供应链的下一步工作提出建议；

⑧ 评价支持材料。

第三方评价报告参考以下内容：

① 概述；

② 评价过程；

③ 评价内容；

④ 评价结论；

⑤ 建议；

⑥ 证明材料。

5.2.3.3 人造革与合成革企业绿色供应链建设情况

人造革与合成革生产企业中，浙江禾欣控股有限公司获得了国家第四批绿色供应链管理企业称号。浙江禾欣控股有限公司是一家集生产经营 PU 合成革、超细纤维合成革、合成革基布、PU 树脂、色料、表处剂、化工机械等为一体的产业链配套完备的企业，其进行绿色供应链管理企业建设具有独特的优势。浙江禾欣在自身绿色供应链管理企业建设过程中，较早地制定了绿色采购相关制度，选择了符合绿色供应链管理要求的供应商。其注重生产过程的绿色化，对于合成革生产过程中的原料存储和整个生产过程进行了有效的密封和废气收集，最终减少了有机废气的排放量。注重绿色仓储和绿色物流体系的建设，例如立体化智能化仓库的建立，树脂可回收包装罐的设计制作和使用，运输罐车的开发和使用，禾欣科技有限公司的物料直接通过贮罐和管网输送给集团内部的下游公司等。关于对产品和包装物的回收，合成革生产过程中产生的边角合成革材料外售作为其他企业的生产原料；生产过程中的离型纸重复使用 20 次以上，然后收集后外售；树脂产品销售过程中，随产品销售的 DMF 与销售合同一起签订 DMF 回收协议，对下游客户的 DMF 进行回收，回收量要达到销售量的一定比例，做到生产者责任的更好执行。禾欣控股作为一个集团公司，其下属子公司间构成了一个小型的合成革生产供应链，按照《浙江禾欣控股有限公司绿色供应链管理战略规划》，各子公司从绿色供应链相关的各个方面进行计划和实施，建成了集团内部的绿色供应链条，另外作为发起成员单位建立了纺织供应链绿色制造产业创新联盟、中国合成革绿色供应链产业创新战略联盟，以打造更为深入和广阔的绿色供应链。浙江禾欣的绿色供应链管理建设，为其他人造革与合成革企业提供了一份优秀的参考范本。

5.2.4 人造革与合成革行业绿色产品

5.2.4.1 绿色产品概念及建设背景

绿色产品是以绿色制造实现供给侧结构性改革的最终体现，侧重于产品全生命周期的绿色化。积极开展绿色设计示范试点，按照全生命周期的理念，在产品设计开发阶段系统考虑原材料选用、生产、销售、使用、回收、处理等各个环节对资源环境造成的影响，实现产品对能源资源消耗最低化、生态环境影响最小化、可再生率最大化。选择量大面广、与消费者紧密相关、条件成熟的产品，应用产品轻量化、模块化、集成化、智能化等绿色设计共性技术，采用高性能、轻量化、绿色环保的新材料，开发具有无害化、节能、环保、高可靠性、长寿命和易回收等特性的绿色产品。

2016 年，国务院办公厅印发《关于建立统一的绿色产品标准、认证、标识体系的意见》（以下简称《意见》），就“建立统一的绿色产品体系”做出部署。《意见》指出，要以供给侧结构性改革为战略基点，坚持统筹兼顾、市场导向、继承创新、共建共享、开放合作的基本原则，充分发挥标准与认证的战略性、基础性、引领性作用，创新生态文明体制机制，增加绿色产品有效供给，引导绿色生产和绿色消费，全面提升绿色发展质量和效益，增强社会公众的获得感。到 2020 年，初步建立系统科学、开放融合、指标先进、权威统一的绿色产品标准、认证与标识体系，实现一类产品、一个标准、一个清单、一次认证、一个标识的体系整合目标。

《意见》明确了七个方面的重点任务：一是统一绿色产品内涵和评价方法，基于全生命周期理念，科学确定绿色产品评价关键阶段、关键指标，建立相应评价方法与指标体系；二是构建统一的绿色产品标准、认证与标识体系，发挥行业主管部门职能作用，建立符合中国国情的绿色产品标准、认证、标识体系；三是实施统一的绿色产品评价标准清单和认证目录，依据标准清单中的标准实施绿色产品认证，避免重复评价；四是创新绿色产品评价标准供给机制，优先选取与消费者吃、穿、住、用、行密切相关的产品，研究制定绿色产品评价标准；五是健全绿色产品认证有效性评估与监督机制，推进绿色产品信用体系建设，运用大数据技术完善绿色产品监管方式，建立指标量化评估机制，公开接受市场检验和社会监督；六是加强技术机构能力和信息平台建设，培育一批绿色产品专业服务机构，建立统一的绿色产品信息平台；七是推动国际合作和互认，积极应对国外绿色壁垒。

《意见》提出了四项保障措施：一是加强部门联动配合，建立绿色产品标准、认证与标识部际协调机制，统筹协调相关政策措施；二是健全绿色产品体系配套政策，加强重要标准研制，建立标准推广和认证采信机制，推行绿色产品领跑者计划和政府绿色采购制度；三是营造绿色产品发展环境，降低制度性交易成本，各有关部门、地方各级政府应结合实际促进绿色产品标准实施、认证结果使用与效果评价，推动绿色产品发展；四是加强绿色产品宣传推广，传播绿色发展理念，引导绿色生活方式。

5.2.4.2 国家绿色产品相关标准

绿色产品的通用评价方法依据《生态设计产品评价通则》(GB/T 32161—2015)执行。

（1）评价原则

① 生命周期评价与指标评价相结合的原则，即依据生命周期评价方法，考虑工业产品的整个生命周期，从产品设计、原材料获取、产品生产、产品使用、废弃后回收处理等阶段，深入分析各阶段的资源消耗、生态环境、人体健康影响因素，选取不同阶段的、可评价的指标构成评价指标体系。不同类型的产品应建立不同的生态设计评价指标体系，作为评估筛选生态设计产品的准入条件，在满足评价指标要求的基础上，采用生

命周期评价方法，开展生命周期清单分析，进行生命周期影响评价，编制生命周期评价报告并作为评价生态设计产品的必要条件。

② 环境影响种类最优选取原则，即为降低生命周期评价的难度，根据产品特点，宜选取影响大、社会关注度高、国家法律或政策明确要求的环境影响种类，通常可在气候变化、臭氧层破坏、水体生态毒性、人体毒性-癌症影响、人体毒性-非癌症影响、可吸入颗粒物、电离辐射-人体健康影响、光化学臭氧生成潜势、酸化、富营养化-陆地、富营养化-水体、水资源消耗、矿物质和化石能源消耗、土地利用变化等种类中选取，选取的数量不宜过多。

（2）评价方法

该标准采用指标评价和生命周期评价相结合的方法。

工业产品应同时满足以下两个条件才可判定为生态设计产品：

① 满足基本要求和评价指标要求；

② 提供产品生命周期评价报告。

（3）评价流程

根据评价对象的特点，明确评价的范围；根据评价指标体系中的指标和生命周期评价方法，收集需要的数据，同时要对数据质量进行分析；对照基本要求和评价指标要求，对产品进行评价，符合基本要求和评价指标要求的产品，可判定该产品符合生态设计产品的评价要求；产品符合基本要求和评价指标要求的生产企业，还应提供该产品的生命周期评价报告。

生态设计产品评价流程见图 5-3。

（4）评价基本要求

生产企业应满足以下要求，包括但不限于以下内容：

① 产品生产企业的污染物排放状况，应要求其达到国家或地方污染物排放标准的要求，近三年无重大安全和环境污染事故；

② 清洁生产水平行业领先；

③ 产品质量、安全、卫生性能以及节能降耗和综合利用水平，应达到国家标准、行业标准的相关要求；

④ 宜采用国家鼓励的先进技术工艺，不得使用国家或有关部门发布的淘汰或禁止的技术、工艺装备及相关物质；

⑤ 生产企业的污染物总量控制应达到国家和地方污染物排放总量控制指标；

⑥ 生产企业的环境管理应按照 GB/T 24001、GB/T 23331、GB/T 19001 和 GB/T 45001 分别建立并运行环境管理体系、能源管理体系、质量管理体系和职业健康安全管理体系；

⑦ 生产企业应按照 GB 17167 配备能源计量器具，并根据环保法律法规和标准要求配备污染物检测和在线监控设备。

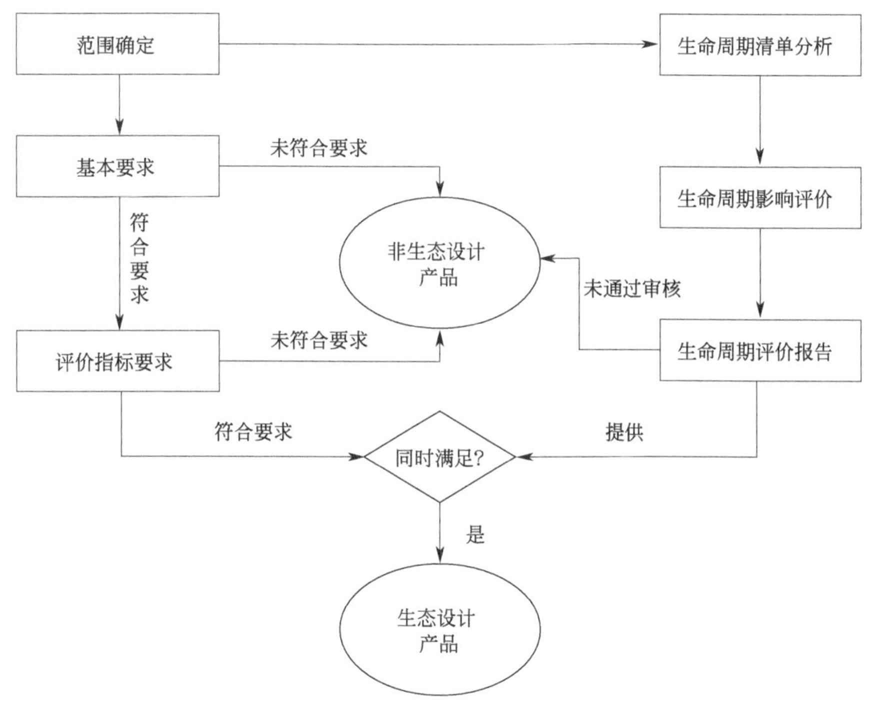

图 5-3 生态设计产品评价流程

(5) 评价指标要求

评价指标体系可由一级指标和二级指标组成。一级指标应包括资源属性指标、能源属性指标、环境属性指标和产品属性指标。二级指标应明确所属的生命周期阶段，即产品设计、原材料获取、产品生产、产品使用和废弃后回收处理等阶段。

(6) 评价指标选取

生态产品评价指标选取要点如表 5-2 所列。

表 5-2 生态产品评价指标选取要点

指标类型	选取重点	选取指标示例
资源属性指标	资源属性重点选取原材料(零部件)中有毒有害物质控制、再生料利用、便于回收的零部件标识、生产阶段包装物材料及回收利用、生产阶段水资源消耗等方面的指标	(1)含有有毒有害物质的原材料(零部件)使用方面,应提出禁止或限量使用有毒有害物质方面的指标; (2)再生料利用方面,应提出再生料使用比例等方面的指标; (3)便于回收的零部件标识,应要求标识出产品零部件的材料类别,以便于回收利用; (4)生产阶段包装物材料及回收利用方面,应提出包装物减量化要求、包装物材料要求、包装物标识标志等方面的指标; (5)生产阶段水资源消耗方面,应提出单位产品取水量、水的重复利用率等指标
能源属性指标	能源属性重点选取生产过程、使用过程中能源消耗方面的指标	(1)单位产品综合能耗; (2)终端用能产品能效; (3)余热余压回收利用率等指标

续表

指标类型	选取重点	选取指标示例
环境属性指标	环境属性重点选取生产过程中污染物排放、使用过程中有毒有害物质释放以及产品废弃后回收利用等方面的指标	(1)污染物排放方面，应提出严于国家污染物排放标准的要求； (2)产品废弃后回收利用方面，应提出产品废弃后回收利用率等指标
产品属性指标	产品属性重点选取现有产品标准中没有覆盖的产品设计、质量性能、安全性能以及产品说明等方面的指标，可以包括产品本身有毒有害物质质量分数控制方面的指标	不宜将原材料中有毒有害物质限量、回收利用、包装等方面的指标纳入其中

应根据产品和行业特点，以评价筛选生态设计产品为目的，经过一定规模的测试，并在广泛征询行业专家、生产厂商意见的基础上，科学、合理地确定指标基准值。在确定指标基准值时，以当前国内前 20%的该类产品可达到该基准值要求为取值原则。

(7) 生态设计产品报告编制基本要求

报告内容框架如下。

1) 基本信息

报告应提供报告信息、申请者信息、评估对象信息、采用的标准信息等基本信息。其中，报告信息包括报告编号、编制人员、审核人员、发布日期等。

2) 符合性评价

3) 生命周期评价

生命周期评价的主要内容包括评价对象及工具、生命周期清单分析、生命周期影响评价。

4) 生态设计改进方案

5) 评价报告主要结论

6) 附件

报告中应在附件中提供：产品样图或分解图；产品零部件及材料清单；产品工艺表(包括零件或工艺名称、工艺过程等)；各单元过程的数据收集表等。

5.2.4.3 人造革与合成革行业绿色产品建设情况

人造革与合成革行业绿色产品相关标准包括《绿色设计产品评价技术规范　水性和无溶剂人造革与合成革》(T/CNLIC 0002—2019) 等。人造革与合成革工业绿色产品主要从产品原料的水性改造、减少溶剂型原料的使用量或进行无溶剂人造革的生产等方面进行设计，主要从产品的能源属性、资源属性、环境属性和品质属性四类指标对产品的生态设计进行评价。

《绿色设计产品评价技术规范　水性和无溶剂人造革与合成革》(T/CNLIC 0002—2019) 规定了水性和无溶剂人造革与合成革绿色设计产品的术语定义、评价要求、产品生命周期和评价方法。评价的基本要求、指标分类、评价方法基本遵照《生态设计产品评价通则》(GB/T 32161—2015) 的总体框架结构，但此标准对二级指标的基准值和判定依据按照水性和无溶剂人造革与合成革产品本身的特点，进行了细化和落实。能源属性指标中对单位产品的综合能耗基准值给出要求，并给出相应的判定依据。资源属性指标中，分别对单位产品的取水量、水重复利用率、有毒有害物质含量限值及相应的判定依据参照《合成革行业清洁生产评价指标体系》中的相关内容做出规定。环境属性指标给出了单位产品废水产生量、单位产品化学需氧量产生量、单位产品挥发性有机物产生量等有关指标限量和判定依据。品质属性根据水性和无溶剂人造革与合成革产品的具体特点设置了如 pH 值、甲醛、可萃取重金属等有关指标限值和判定依据。

除去标准正文外，《绿色设计产品评价技术规范　水性和无溶剂人造革与合成革》(T/CNLIC 0002—2019) 还给出了 17 个附录，分别对标准中的指标计算、人造革与合成革产品的生命周期评价方法、各类属性内对应指标等给出了详细的介绍。

标准中的人造革与合成革产品的生命周期评价通过对人造革与合成革的原料保存、生产、运输、出售（生产、贮存、生产、运输、出售）到最终废弃处理的过程中对环境造成的影响进行分析，通过评价人造革与合成革产品全生命周期的环境影响大小，提出人造革与合成革绿色设计改进方案，从而大幅提升人造革与合成革的环境友好性。标准中规定了评价的功能单位、系统边界、数据取舍原则、生命清单分析、影响评价等多项内容。如图 5-4 所示为人造革与合成革产品生命周期系统边界。

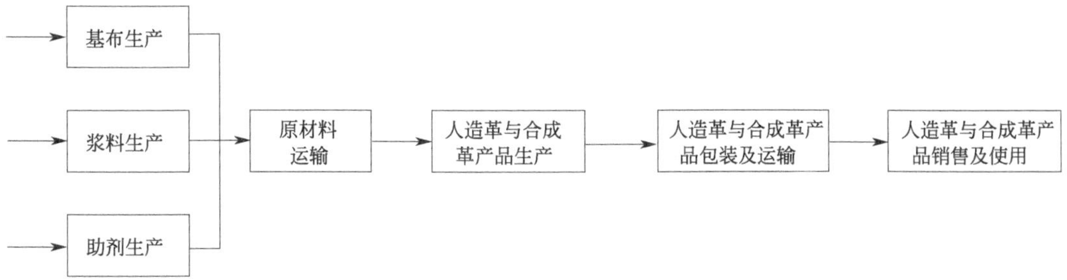

图 5-4　人造革与合成革产品生命周期系统边界

人造革与合成革产品全生命周期系统边界分为两个阶段：一是原辅材料与能源的开采、生产阶段；二是人造革与合成革产品的生产、销售阶段。LCA 的覆盖时间应在规定的期限内。

人造革与合成革企业响应国家绿色制造的相关要求，进行人造革与合成革绿色产品的研究和开发。2020 年，安徽安利材料科技股份有限公司水性无溶剂人造革与合成革产品入选工业和信息化部绿色产品名录，对行业绿色产品的设计和发展起到了引领作用。

5.2.4.4　绿色产品认证

产品认证是由可信任的第三方机构证实某一产品或服务符合特定标准或其他技术规范的活动。国际标准化组织（ISO）将产品认证定义为："是由第三方通过检验评定企业的质量管理体系和样品型式实验来确认企业的产品、过程或服务是否符合特定要求，是否具备持续稳定地生产符合标准要求产品的能力，并给予书面证明的程序。"我国目前在环保、节水、节能、可循环利用、低碳、有机等多个方面开展了产品认证。

产品认证分为强制性认证和自愿性认证。中国强制性产品认证，又名中国强制认证（China Compulsory Certification，CCC，也可简称为“3C”标志），是中华人民共和国实施的国家标准，是中华人民共和国国家质量监督检验检疫总局（AQSIQ）及中国国家认证认可监督管理委员会（CNCA）根据2001年12月3日公布的《强制性产品认证管理规定》(国家质量监督检验检疫总局令　第5号）制定的，由CNCA执行，于2002年5月1日起实施。CNCA根据国务院授权新成立的国家认监委的工作职能，实施强制性的产品认证制度。这一制度要求产品认证必须按照ISO/IEC导则65认可评定，并应得到政府的授权。认监委对产品强制性认证，将启用新的统一的“中国认证”标志（CCC标志），实行内外一致的新的认证收费标准，进一步整顿和规范市场。

自愿性产品认证是对未列入国家认证目录内产品的认证，是企业的一种自愿行为。自愿性产品认证是服务经济发展、传递社会信任的重要形式。加快发展自愿性产品认证工作，是促进认证服务产业飞跃发展的有效选择，是提升认证工作整体服务能力的要求，是促进产品创新、产业升级、推动结构调整、绿色发展、引导消费、助力“中国制造2025”的重要举措。

水性和无溶剂人造革与合成革产品认证属于自愿性产品认证，北京中轻联认证中心有限公司依据团标T/CNLIC 0002—2019的具体要求开展水性和无溶剂人造革与合成革产品的认证工作，并发布了《水性和无溶剂人造革合成革品质认证实施规则》(GK83-A/0)，该实施规则包括了适用产品范围、认证模式及获证条件、认证的基本环节、认证实施的基本要求、认证证书及认证标识、认证的暂停恢复注销和撤销以及认证收费等有关细节，更加具体、规范地规定了水性和无溶剂人造革与合成革产品的产品认证流程。昆山阿基里斯新材料科技有限公司作为人造革与合成革的领军企业，其TEPRO-NYY水性和无溶剂人造革产品在2021年申请并获得了水性和无溶剂人造革合成革产品CLC品质认证，有效地推动了水性和无溶剂人造革产品的市场认可和有效发展。

如图5-5所示为水性和无溶剂人造革合成革产品认证证书和标致范例。

图5-5　水性和无溶剂人造革合成革产品认证证书和标致范例

参考文献

[1] 国务院．国务院关于印发《中国制造 2025》的通知（国发〔2015〕28 号）［OL］．2015-05-08. http：//www. gov. cn/zhengce/content/2015-05/19/content _ 9784. htm.

[2] 中国共产党中央委员会．中共中央关于制定国民经济和社会发展第十三个五年规划的建议［OL］．2015-11-03. http：//www. gov. cn/xinwen/2015-11/03/content _ 5004093. htm.

[3] 工业和信息化部．工业和信息化部关于印发工业绿色发展规划（2016—2020 年）的通知（工信部规〔2016〕225 号）［OL］．2016-07-18. https：//www. miit. gov. cn/jgsj/ghs/wjfb/art/2020/art _ ec914ef7739e4d478261cb2c4c5559bd. html.

[4] 质检总局，国家标准委，工业和信息化部．质检总局 国家标准委 工业和信息化部关于印发《装备制造业标准化和质量提升规划》的通知（国质检标联〔2016〕396 号）［OL］．2016-08-02. https：//www. miit. gov. cn/zwgk/zcwj/wjfb/zbgy/art/2020/art _ 3ff71fcf7352450fbf66a323a9de1213. html.

[5] 工业和信息化部，国家标准化管理委员会．工业和信息化部 国家标准化管理委员会关于印发《绿色制造标准体系建设指南》的通知（工信部联节〔2016〕304 号）［OL］．2016-09-15. https：//www. miit. gov. cn/zwgk/zcwj/wjfb/zh/art/2020/art _ 8fb62ac0cd5a41d7a21f3f196ba540ef. html.

[6] 工业和信息化部．绿色制造工程实施指南（2016—2020 年）［OL］．2016-09-14. https：//www. miit. gov. cn/jgsj/jns/lszz/art/2020/art _ 54723acbfcbd4b32a8086de4c329a297. html.

[7] 新华社．第十三届全国人民代表大会第四次会议关于国民经济和社会发展第十四个五年规划和 2035 年远景目标纲要的决议（2021 年 3 月 11 日第十三届全国人民代表大会第四次会议通过）［OL］．2021-03-11. http：//www. gov. cn/xinwen/2021-03/11/content _ 5592407. htm.

[8] 工业和信息化部．公开征求对《"十四五"智能制造发展规划》（征求意见稿）的意见［OL］．2021-04-14. https：//www. miit. gov. cn/jgsj/zbys/gzdt/art/2021/art _ 49b296704a2644eda034eafb5c85dba3. html.

[9] 工业和信息化部．工业和信息化部办公厅关于开展绿色制造体系建设的通知（工信厅节函〔2016〕586 号）［OL］．2016-09-20. https：//www. miit. gov. cn/jgsj/jns/lszz/art/2020/art _ 06aca467ed5e4e84b5df635f9b16e921. html.

[10] 工业和信息化部．关于印发《企业绿色采购指南（试行）》的通知［OL］．2014-12-19. https：//www. miit. gov. cn/jgsj/jns/gzdt/art/2020/art _ 3c88b24eb44a421a9ea099cd6abaa7df. html.

[11] 国务院办公厅．国务院办公厅印发《关于建立统一的绿色产品标准、认证、标识体系的意见》(国发办〔2016〕86 号)［OL］．2016-12-08. https：//www. miit. gov. cn/xwdt/szyw/art/2020/art _ 1d5d040c34464abd88af78b62d0911f9. html.

[12] 李胡升，杨檬，杨宇涛．关于我国绿色工厂创建工作的思考［J］．信息技术与标准化，2019（7）：36-39.

[13] 闫二旺，等．中外生态工业园区管理模式的比较研究［J］．经济研究参考，2015（52）：80-87.

人造革与合成革行业相关环境管理制度和政策标准

6.1 人造革与合成革行业相关环境管理制度

6.1.1 环境影响评价制度

6.1.1.1 环境影响评价

环境影响评价的概念，最早是在1964年加拿大召开的一次国际环境质量评价的学术会议上提出来的。

环境影响评价是指对拟议中的人类的重要决策和开发建设活动，可能对环境产生的物理性、化学性或生物性的作用及其造成的环境变化和对人类健康与福利的可能影响，进行系统的分析和评估，并提出减少这些影响的对策措施。

环境影响评价可明确开发建设者的环境责任及规定应采取的行动，可为建设项目的工程设计提出环保要求和建议，可为环境管理者提供建设项目实施有效管理的科学依据。

环境影响评价是正确认识经济、社会与环境协调发展的科学方法，是保护环境、实现“预防为主”方针、控制新污染的有效手段。环境影响评价具有判断、预测、选择和导向作用，对确定正确的经济发展方向和保护环境与生态等一系列政策决策、规划和重大行动决策都有十分重要的意义。

6.1.1.2 环境影响评价制度的发展历程

环境影响评价是分析预测人为活动造成环境质量变化的一种科学方法和技术手段。这种科学方法和技术手段被法律强制规定为指导人们开发活动的必需行为，就成为了环境影响评价制度。1969年，美国国会通过了《国家环境政策法》，1970年1月1日起正式实施，该政策法中第二节第二条的第三款规定，在对人类环境质量具有重大影响的每一生态建议或立法建议报告和其他重大联邦行动中，均应由负责官员提供一份包括下列各项内容的详细说明：第一项，拟议中的行动将会对环境产生的影响；第二项，如果建议付诸实施，不可避免地将会出现的任何不利于环境的影响；第三项，拟议中的行动的各种选择方案；第四项，地方上对人类环境的短期使用与维持长期生产能力之间的关系；第五项，拟议中的行动如付诸实施，将造成的无法改变和无法恢复的资源损失。

继美国建立环境影响评价制度后，瑞典（1970 年）、新西兰（1973 年）、加拿大（1973 年）、澳大利亚（1974 年）、马来西亚（1974 年）、德国（1976 年）、印度（1978 年）、菲律宾（1979 年）、印度尼西亚（1979 年）等国家先后建立了环境影响评价制度。与此同时，国际上也设立了许多有关环境影响评价的机构，召开了一系列有关环境影响评价的会议。1970 年，世界银行设立环境与健康事务办公室，对其每一个投资项目的环境影响做出审查和评价。1974 年联合国环境规划署与加拿大联合召开了第一次环境影响评价会议。1992 年联合国环境与发展大会在里约热内卢召开，会议通过的《里约环境与发展宣言》和《21 世纪议程》都写入了有关环境影响评价的内容。

我国的建设项目环境影响评价制度是在借鉴国外经验的基础上，结合中国实际情况逐步建立和发展起来的具有中国特色的环境保护制度。1973 年 8 月，以北京召开的第一次全国环境保护会议为标志，揭开了中国环境保护事业的序幕。会议通过的“全面规划、合理布局、综合利用、化害为利、依靠群众、大家动手、保护环境、造福人民”的环境保护工作方针，已初步孕育了环境影响评价的思想。1978 年 12 月 31 日，中发〔1978〕79 号文件批转的国务院环境保护领导小组《环境保护工作汇报要点》中，首先提出了环境影响评价的意向。1979 年 9 月，中国发布了第一部综合性的环境保护基本法——《中华人民共和国环境保护法》(试行)，第六条规定“一切企业、事业单位的选址、设计、建设和生产，都必须充分注意防止对环境的污染和破坏。在进行新建、改建和扩建工程时，必须提出对环境影响的报告书，经环境保护部门和其他有关部门审查批准后才能进行设计”，从此我国正式开展环境影响评价制度。

1981 年我国颁布了《基本建设项目环境保护管理办法》，对环境影响评价的适用范围、评价内容、工作程序等都做了较为明确的规定。1988 年 3 月国家环境保护局下发了关于《建设项目环境管理若干问题的意见》，1988 年 3 月颁布了《建设项目环境保护设计规定》，1989 年 5 月颁布了《建设项目环境影响评价收费标准的原则方法》，1989 年 9 月颁布了《建设项目环境影响评价证书管理办法》。这一系列规范性文件的颁布初步建立了环境影响评价制度的实施、管理体系。这一阶段颁布的《中华人民共和国海洋环境保护法》(1982 年)、《中华人民共和国水污染防治法》(1984 年) 和《中华人民共和国大气污染防治法》(1987 年)，都对相关内容的环境影响评价做了明确规定。

1998 年 11 月 29 日，国务院 253 号令发布实施《建设项目环境保护管理条例》，这是建设项目环境管理的第一个行政法规，环境影响评价作为该条例中的一章做了详细明确的规定。2002 年 10 月 28 日，第九届全国人大常委会通过了《中华人民共和国环境影响评价法》并于 2003 年 9 月 1 日起正式实施，以单行法形式确立了环评的法律地位。

2012 年开始，环评“未批先建”、环评机构“借证”“挂证”问题凸显；2015 年 2 月，中央巡视组向环境保护部党组反馈了巡视意见，着重指出被社会诟病的“红顶中介”问题，就此拉开了环评大刀阔斧改革的序幕。2017 年 7 月 16 日发布《国务院关于修改〈建设项目环境保护管理条例〉的决定》，对《建设项目环境保护管理条例》进行了修订。一是简化建设项目环境保护审批事项和流程。删去环境影响评价单位的资质管理、建设项目环境保护设施竣工验收审批规定；将环境影响登记表由审批制改为备案制，将环境影响报告书、报告表的报批时间由可行性研究阶段调整为开工建设前，环境影响评价审批与投资审批的关系由前置“串联”改为“并联”。取消行业主管部门预审等环境影响评价的前置审批程序，并将环境影响评价和工商登记脱钩。二是加强事中事后监管。规定建设项目必须严格依法进行环境影响评价，环境影响评价文件未经依法审批或者经审查未予批准的，不得开工建设；加大对未批先建、竣工验收中弄虚作假等行为的处罚力度；引入社会监督、建立信用惩戒机制，要求建设单位编制环境影响评价文件征求公众意见，并依法向社会公开竣工验收情况，环境保护部门要将有关环境违法信息记入社会诚信档案，及时向社会公开。三是减轻企业负担，进一步优化服务。明确审批、备案环境影响评价文件和进行相关的技术评估，均不得向企业收取任何费用，并要求环境保护部门推进政务电子化、信息化，开展环境影响评价文件网上审批、备案和信息公开。

2018 年 12 月 29 日第十三届全国人民代表大会常务委员会第七次会议对《中华人民共和国环境影响评价法》进行了修正。

6.1.1.3 环境影响评价的分类管理

1999 年 4 月国家环境保护总局首次颁发了《建设项目环境保护分类管理名录（试行）》(环发〔1999〕99 号，以下简称《试行版》)，具体规定了不同建设项目环境影响评价工作的等级分类，是一部指导性很强的部门规章。根据建设项目对环境的影响程度，对建设项目环境保护实行分类管理。

但由于是首次试行，项目的分类相对比较粗，附件中给出的建设项目名录仅给出编制环境影响书和登记表两个类别，对介于两者之间的建设项目规定编制环境影响表，因此该《试行版》的名录分类界限不是很清晰，操作性不强。《试行版》执行一年多后，国家环境保护总局根据执行情况及各部门反馈意见，于 2001 年 2 月发布了《建设项目环境保护分类管理名录（第一批）》(环发〔2001〕17 号，以下简称《2001 年版》，并对每次修订的分类名录统一简称《××年版》)，该版名录第一次全面给出了建设项目编制环境影响报告书、报告表和登记表三个分类名录，界限清晰，操作性也强。2008 年 8 月，环境保护部根据《中华人民共和国环境影响评价法》第十六条的规定，发布了《建设项目环境影响评价分类管理名录》（环境保护部令　第 2 号)，该版的分类名录将名称从《建设项目环境保护分类管理名录》变为《建设项目环境影响评价分类管理名录》。此后，随着我国环境保护工作的深入开展和环境影响评价制度的不断完善，《建设项目环境影响评价分类管理名录》又进行了多次修订。2020 年 11 月 30 日，生态环境部发布了《建设项目环境影响评价分类管理名录（2021 年版）》，《2021 年版》名录修订的思路主要包括：

① 聚焦重点，有收有放，对环境影响大的行业严格把关。根据优化营商环境和保障民生需要，对农副食品加工业、食品制造业、仓储业等行业开展简化。

② 科学合理，对照《国民经济行业分类》重新排序，明确环评类别，超过一半的行业小类可以对应。

③ 宜简则简，对环境影响单一、环境治理措施成熟、环境与社会风险可控项目做适当简化调整。

④ 制度衔接，衔接排污许可制度，对排污许可名录登记管理的建设项目，名录中不再填报环评登记表，减轻企业负担。

6.1.1.4 我国环境影响评价具体要求

《中华人民共和国环境影响评价法》(2018 年 12 月 29 日，第十三届全国人民代表大会常务委员会第七次会议第二次修正）中规定了建设项目环境影响评价的具体要求。

第十六条规定了不同类型的建设项目所应当编制的环境影响评价文件类型。

国家根据建设项目对环境的影响程度，对建设项目的环境影响评价实行分类管理。

建设单位应当按照下列规定组织编制环境影响报告书、环境影响报告表或者填报环境影响登记表（以下统称环境影响评价文件）：

① 可能造成重大环境影响的，应当编制环境影响报告书，对产生的环境影响进行全面评价；

② 可能造成轻度环境影响的，应当编制环境影响报告表，对产生的环境影响进行分析或者专项评价；

③ 对环境影响很小、不需要进行环境影响评价的，应当填报环境影响登记表。

建设项目的环境影响评价分类管理名录，由国务院生态环境主管部门制定并公布。

第十七条规定了建设项目的环境影响报告书的主要内容。

建设项目的环境影响报告书应当包括下列内容：

① 建设项目概况；

② 建设项目周围环境现状；

③ 建设项目对环境可能造成影响的分析、预测和评估；

④ 建设项目环境保护措施及其技术、经济论证；

⑤ 建设项目对环境影响的经济损益分析；

⑥ 对建设项目实施环境监测的建议；

⑦ 环境影响评价的结论。

环境影响报告表和环境影响登记表的内容和格式，由国务院生态环境主管部门制定。

第十九条规定了建设项目环境影响评价文件编制能力要求。

建设单位可以委托技术单位对其建设项目开展环境影响评价，编制建设项目环境影响报告书、环境影响报告表；建设单位具备环境影响评价技术能力的，可以自行对其建设项目开展环境影响评价，编制建设项目环境影响报告书、环境影响报告表。

编制建设项目环境影响报告书、环境影响报告表应当遵守国家有关环境影响评价标准、技术规范等规定。

国务院生态环境主管部门应当制定建设项目环境影响报告书、环境影响报告表编制的能力建设指南和监管办法。

接受委托为建设单位编制建设项目环境影响报告书、环境影响报告表的技术单位，不得与负责审批建设项目环境影响报告书、环境影响报告表的生态环境主管部门或者其他有关审批部门存在任何利益关系。

第二十二条规定了建设项目环境影响评价的审批和备案管理要求。

建设项目的环境影响报告书、报告表，由建设单位按照国务院的规定报有审批权的生态环境主管部门审批。

海洋工程建设项目的海洋环境影响报告书的审批，依照《中华人民共和国海洋环境保护法》的规定办理。

审批部门应当自收到环境影响报告书之日起六十日内，收到环境影响报告表之日起三十日内，分别做出审批决定并书面通知建设单位。

国家对环境影响登记表实行备案管理。

审核、审批建设项目环境影响报告书、报告表以及备案环境影响登记表，不得收取任何费用。

6.1.1.5 人造革与合成革行业环境影响评价关注重点

人造革与合成革行业在《国民经济行业分类》中属于塑料制品业（292），表 6-1 为 2018 年版和 2021 年版建设项目环境影响评价分类管理名录关于塑料制品业的分类管理要求。

表 6-1 2018 年版和 2021 年版名录关于塑料制品业的分类管理要求

名录版本	项目类别	报告书	报告表	登记表
2018 年版	塑料制品制造	人造革、发泡胶等涉及有毒原材料的；以再生塑料为原料的；有电镀或喷漆工艺且年用油性漆量（含稀释剂）10t 及以上的	其他	—
2021 年版	塑料制品业	以再生塑料为原料生产的；有电镀工艺的；年用溶剂型胶黏剂 10t 及以上的；年用溶剂型涂料（含稀释剂）10t 及以上的	其他（年用非溶剂型低 VOCs 含量涂料 10t 以下的除外）	—

人造革与合成革项目建设前应当积极做好环境影响评价，考虑多方面的因素，将项目对环境的影响降低到最小。

（1）选址分析

① 与园区规划、规划环评及其审查意见的符合性分析。重点分析园区规划是否已办理了规划环评手续，项目是否符合园区规划及规划环评、规划环评审查意见有关文件中规定的环境准入条件、产业定位、规划布局、产业链、总量控制、环境防护距离等方面的要求。

关注周边集中居住区、村庄等敏感目标及废气敏感性企业的分布，分析是否符合环境安全防护距离要求以及环境风险水平能否接受。

② 与园区公共配套基础设施的衔接性分析。分析与园区污水处理厂及管网管廊、天然气管网或集中供热工程等的建设运行是否配套衔接。

③ 与区域生态功能区划的符合性分析。分析项目是否与所在区域的生态功能区划有冲突，是否触及生态保护红线。

④ 与各环境要素的环境功能区划、环境容量的适应性分析。分析项目排放的各类污染物是否在所在区域内有环境容量，项目的建设是否会改变原有环境功能。

（2）产业政策分析

分析项目与《产业结构调整指导目录（2019 年本）》的符合性。2019 年 10 月 30 日修订发布的《产业结构调整指导目录（2019 年本）》中，“聚氯乙烯普通人造革生产线”列为限制类。

（3）产污环节分析

根据人造革与合成革的生产工艺流程，人造革与合成革生产废水主要有：干法聚氨酯合成革生产中废气喷淋回收装置所产生的含 DMF 废水；湿法聚氨酯合成革生产中在含浸、凝固、挤压、水洗等工序产生的含 DMF 废水；碱减量工艺废水；冷却塔排污水；设备、容器及地面清洗水；生活污水等。

聚氯乙烯人造革生产过程中产生的主要废气污染物为增塑剂废气和挥发性有机物（VOCs）废气。直接涂刮法的增塑剂和 VOCs 废气主要来源于塑化发泡工序；离型纸法产生的增塑剂和 VOCs 废气主要来源于凝胶塑化和塑化发泡工序；压延法产生的增塑剂和 VOCs 废气主要来源于密炼、开放炼塑、压延（擦胶或贴合）、发泡塑化等工序。

聚氨酯干法工艺和湿法工艺产生的废气污染物为以二甲基甲酰胺（DMF）为主的 VOCs 废气，主要来源于聚氨酯人造革干法工艺的涂刮、烘干工序，湿法工艺的预含浸、含浸、涂刮、烘干工序。

人造革与合成革后处理工艺的废气污染物主要为 VOCs，主要来源于涂饰、印刷等工序。

（4）环境风险防控与应急预案

环境风险防控重在选购先进和质量可靠的设备，加强日常巡查和日常的环境管理，建设完善的事故废水收纳、收集排放系统，制定完善的环境风险应急预案，并定期加强应急演练。

根据环境保护部颁发的《突发环境事件应急预案管理暂行办法》(环发〔2010〕113号)等有关规定，规范企业内部的事故应急预案，并按要求报主管环保部门备案。关注环境风险防范三级防控体系，提出突发环境事件应急预案管理要求，如试生产、开停车可能出现的事故环境风险及防范措施和管理要求；收集区域环境风险应急体系建设状况，积极有效地与区域环境风险应急体系进行联防联控。

(5) 公众参与

人造革与合成革项目生产过程会产生挥发性有机废气，当企业因污染防治措施不完善或未落实，导致污染物不正常排放时，废气可能影响周边村民的身体健康和生活质量，容易引发周边村民投诉和不满。因此，应尽可能地采取召开公众参与座谈会、听证会等各种形式征求公众的意见、建议，充分反映周边调查群众的真实想法和环境诉求。

6.1.2 试生产过程环境管理

《建设项目竣工环境保护验收管理办法》(国家环境保护总局令　第13号)于2002年2月1日起正式实施，其中对试生产的环境管理提出了要求：

① 建设项目试生产前，建设单位应向有审批权的环境保护行政主管部门提出试生产申请。

② 环境保护行政主管部门应自接到试生产申请之日起30日内，组织或委托下一级环境保护行政主管部门对申请试生产的建设项目环境保护设施及其他环境保护措施的落实情况进行现场检查，并做出审查决定。

对环境保护设施已建成及其他环境保护措施已按规定要求落实的，同意试生产申请；对环境保护设施或其他环境保护措施未按规定建成或落实的，不予同意，并说明理由。逾期未做出决定的，视为同意。

试生产申请经环境保护行政主管部门同意后，建设单位方可进行试生产。

③ 进行试生产的建设项目，建设单位应当自试生产之日起3个月内，向有审批权的环境保护行政主管部门申请该建设项目竣工环境保护验收。对试生产3个月确不具备环境保护验收条件的建设项目，建设单位应当在试生产的3个月内，向有审批权的环境保护行政主管部门提出该建设项目环境保护延期验收申请，说明延期验收的理由及拟进行验收的时间。经批准后建设单位方可继续进行试生产。试生产的期限最长不超过一年。核设施建设项目试生产的期限最长不超过二年。

同时对违反试生产环境管理要求的企业进行处罚：

① 试生产建设项目配套建设的环境保护设施未与主体工程同时投入试运行的，由有审批权的环境保护行政主管部门依照《建设项目环境保护管理条例》第二十六条的规定，责令限期改正；逾期不改正的，责令停止试生产，可以处5万元以下罚款。

② 违反本办法第十条规定，建设项目投入试生产超过3个月，建设单位未申请建设项目竣工环境保护验收或者延期验收的，由有审批权的环境保护行政主管部门依照《建设项目环境保护管理条例》第二十七条的规定责令限期办理环境保护验收手续；逾

期未办理的，责令停止试生产，可以处5万元以下罚款。

2015年10月11日国务院《关于第一批取消62项中央指定地方实施行政审批事项的决定》(国发〔2015〕57号）取消了省、市、县级环境保护行政主管部门实施的建设项目试生产审批事项。然而在试生产过程中，企业依然承担环境保护主体责任，在试生产过程中应该做好以下工作。

6.1.2.1 为开展竣工环保验收准备

建设项目主体工程竣工后，其配套建设的环境保护设施必须与主体工程同时投入生产或者运行。需要进行试生产或试运行的，其配套建设的环境保护设施必须与主体工程同时投入试生产或试运行。根据《关于实施建设项目竣工环境保护企业自行验收管理的指导意见》规定，建设项目主体工程竣工后、正式投产或运行前，企业应自行组织开展建设项目竣工环境保护验收，并编制建设项目竣工环境保护验收调查（监测）报告。

因此，在试生产过程中进行竣工环保验收是一项重要工作，主要关注的环保设施情况包括以下几方面：

① 环境影响报告书（表）及其批复文件规定的与建设项目有关的各项环境保护设施（包括为防治污染和保护环境所建成或配备的工程、设备、装置和监测手段）、各项生态保护设施。

② 环境影响报告书（表）及其批复文件和有关项目设计文件规定应采取的其他各项环境保护措施。

③ 与建设项目有关的各项环境保护设施、环境保护措施运行效果。

6.1.2.2 保障环保设施与主体设施匹配运行

（1）污染物达标排放监测结果

1）废水

废水监测结果按废水种类分别以监测数据列表表示，根据相关评价标准评价废水达标排放情况，若排放有超标现象应对超标原因进行分析。

2）废气

① 有组织排放。有组织排放监测结果按废气类别分别以监测数据列表表示，根据相关评价标准评价废气达标排放情况，若排放有超标现象应对超标原因进行分析。

② 无组织排放。无组织排放监测结果以监测数据列表表示，根据相关评价标准评价无组织排放达标情况，若排放有超标现象应对超标原因进行分析。附无组织排放监测时气象参数记录表。

3）厂界噪声

厂界噪声监测结果以监测数据列表表示，根据相关评价标准评价厂界噪声达标排放情况，若排放有超标现象应对超标原因进行分析。

4）固（液）体废物

固（液）体废物监测结果以监测数据列表表示，根据相关评价标准评价固（液）体废物达标排放情况，若排放有超标现象应对超标原因进行分析。

5）污染物排放总量核算

根据各排污口的流量和监测浓度，计算本工程主要污染物排放总量，评价是否满足审批部门审批的总量控制指标，无总量控制指标的不评价，仅列出环境影响报告书（表）预测值。

对于有“以新带老”要求的，按环境影响报告书（表）列出“以新带老”前原有工程主要污染物排放量，并根据监测结果计算“以新带老”后主要污染物产生量和排放量，涉及“区域削减”的，给出实际区域平衡替代削减量，并计算出项目实施后主要污染物增减量。附主要污染物排放总量核算结果表。

（2）环保设施去除效率监测结果

1）废水治理设施

根据各类废水治理设施进、出口监测结果，计算主要污染物去除效率，评价是否满足环评及审批部门审批决定或设计指标。

2）废气治理设施

根据各类废气治理设施进、出口监测结果，计算主要污染物去除效率，评价是否满足环评及审批部门审批决定或设计指标。

3）厂界噪声治理设施

根据监测结果评价噪声治理设施的降噪效果。

4）固体废物治理设施

根据监测结果评价固体废物治理设施（含危险废物贮存设施）的处理效果。

6.1.3 建设项目竣工环境保护验收管理

6.1.3.1 基本概念

建设项目竣工环境保护验收是指建设项目竣工后，环境保护行政主管部门或建设单位依据环境保护验收监测或调查结果，并通过现场检查等手段，考核该建设项目是否达到环境保护要求的活动。建设项目竣工环境保护验收范围包括：

① 与建设项目有关的各项环境保护设施（包括为防治污染和保护环境所建成或配备的工程、设备、装置和监测手段）、各项生态保护设施；

② 环境影响报告书（表）或者环境影响登记表和有关项目设计文件规定应采取的其他各项环境保护措施。

《建设项目环境保护管理条例》第十七条规定：编制环境影响报告书、环境影响报告表的建设项目竣工后，建设单位应当按照国务院环境保护行政主管部门规定的标准和程序，对配套建设的环境保护设施进行验收，编制验收报告。第十八条规定：分期建设、分期投入生产或者使用的建设项目，其相应的环境保护设施应当分期验收。第二十条规定：环境保护行政主管部门应当对建设项目环境保护设施设计、施工、验收、投入生产或者使用情况，以及有关环境影响评价文件确定的其他环境保护措施的落实情况，进行监督检查。

6.1.3.2 管理制度

2001 年 12 月 27 日国家环境保护总局发布的《建设项目竣工环境保护验收管理办法》(国家环境保护总局令　第 13 号) 中规定，根据国家建设项目环境保护分类管理的规定，对建设项目竣工环境保护验收实施分类管理，建设单位申请建设项目竣工环境保护验收，应当向有审批权的环境保护行政主管部门提交以下验收材料：

① 对编制环境影响报告书的建设项目，为建设项目竣工环境保护验收申请报告，并附环境保护验收监测报告或调查报告；

② 对编制环境影响报告表的建设项目，为建设项目竣工环境保护验收申请表，并附环境保护验收监测表或调查表；

③ 对填报环境影响登记表的建设项目，为建设项目竣工环境保护验收登记卡。

为贯彻落实新修改的《建设项目环境保护管理条例》，规范建设项目竣工后建设单位自主开展环境保护验收的程序和标准，2017 年 11 月环境保护部发布了《建设项目竣工环境保护验收暂行办法》，对建设项目环保验收提出了新的要求，明确了竣工验收的主体由环境保护行政主管部门变更为建设单位。建设单位是建设项目竣工环境保护验收的责任主体，应当按照规定的程序和标准，组织对配套建设的环境保护设施进行验收，编制验收报告，公开相关信息，接受社会监督，确保建设项目需要配套建设的环境保护设施与主体工程同时投产或者使用，并对验收内容、结论和所公开信息的真实性、准确性和完整性负责，不得在验收过程中弄虚作假。建设单位不具备编制验收监测（调查）报告能力的，可以委托有能力的技术机构编制。建设单位对受委托的技术机构编制的验收监测（调查）报告结论负责。建设单位与受委托的技术机构之间的权利义务关系，以及受委托的技术机构应当承担的责任，可以通过合同形式约定。

为贯彻落实《建设项目环境保护管理条例》和《建设项目竣工环境保护验收暂行办法》，进一步规范和细化建设项目竣工环境保护验收的标准和程序，提高可操作性，生态环境部又制定了《建设项目竣工环境保护验收技术指南　污染影响类》，规定了工业类建设项目竣工环境保护验收的总体要求，提出了验收程序、验收自查、验收监测方案和报告编制、验收监测技术的一般要求。适用于污染影响类建设项目竣工环境保护验收，已发布行业验收技术规范的建设项目从其规定，行业验收技术规范中未规定的内容按照该指南执行。

6.1.3.3 验收要求

（1）验收依据

建设项目竣工验收，相关部门已经制定了《建设项目竣工环境保护验收管理办法》相关规定，其明确规定项目建设完成后，相关行政部门结合环境验收结果进行现场检查，以评估建设项目环保标准。具体验收依据应结合其中的报告书与登记表，这是影响评价标准的重要因素。

（2）验收重点

一般，建设项目自身有较大的规模，施工工艺技术比较多，其中某些工艺环节会损害环境。结合建设项目对环境造成的不同影响，将其划分成工业类与生态类两部分，且此类建设项目有不同的验收重点。常规验收重点主要包含：

① 是否有完整的环保措施；

② 环保措施是否获得预期效果；

③ 环保基础设备与配套设备是否完整；

④ 环保验收流程是否与国家规定要求与检验规范相一致；

⑤ 验收检测报告中，污染物排放是否符合国家规定。

（3）验收程序

项目竣工后，要严格依照规定做好环保验收工作，具体可从以下几方面入手：

① 项目完成建设后，建设单位应向行政环保部门主动提出申请；

② 行政环保部门根据申请进行现场调查；

③ 申请批复后，建设项目要从生产后 3 个月内，向环保主管部门提出验收申请；

④ 申请通过后提交对应验收材料，主管验收部门要结合所提交材料给出相应意见，判断验收结果并做出最后决定。

6.1.3.4 注意的问题

（1）严格落实环评文件及环评批复要求

企业在组织开展建设项目竣工环保验收前，应严格按照环评文件及批复的要求，重点落实以下内容：

① 关注建设项目试生产中建设内容、工艺流程、设施设备是否与环评一致，建设项目试生产排放的污染物种类是否有变动等；

② 查看污水处理站、废气处理设施等污染防治设施对污染物的去除率是否满足要求，污染防治设施废气和废水管道布设位置是否符合要求，废气和废水排放口是否设置有规范的标识等；

③ 自查生产现场危险废物、废气、废水、污染防治设施等是否严格按照环保相关要求进行规范化管理，如若发现存在的环保隐患，及时进行整改直至闭环。

（2）准确把握验收监测情况

《建设项目环境保护设施竣工验收监测技术要求》明确提出，工业建设项目开展环保验收监测工作时，要保持工况稳定，生产要达到设计能力的 75%。纵观实际监测情况，一些单位验收监测工作未落实到位，以废水处理设施为例，主要体现在如下两点：

① 一些企业实际生产量或废水处理量不符合 75% 规定。实际生产工况对验收有很大的影响，环保验收工作中企业实际正常工况产能达不到 75%，此种情况下获得的监测结果无法真实体现设施的运行情况。

② 部分企业实际生产中工况正常且产能超过75%，污水处理后符合排放规定，但处理后水量不高，没有达到75%，出现此类情况的原因包含：a.为了扩大生产规模，企业将设计水量调高；b.设计单位没有深入调查污染源；c.企业实施技术改造提高清洁工艺水平，减小了废水排放总量。此时，监测机构要了解实际情况，根据实际情况采取相应的应对措施。

（3）注意验收监测总量核算

建设项目竣工验收监测中对总量核算有一定要求，纵观环评批复，也明确了污染物控制目标。改扩建项目验收中，进行环评批复时要在关注改扩建项目的同时，重视原有项目的情况。因此，核算污染排放量时，应统筹兼顾原有污染物排放量、“以新带老”削减量以及新建项目排放量，在此基础上获得更加准确的排放总量计算结果。分析验收监测实际情况，原有污染物排放量没有得到重视，监测人员往往以新建项目排放量为工作重点。此外，在环保验收监测工作中，企业工况并非为百分百，因而核算排放总量时要注意折算，但实际工作中并未得到企业重视。

6.1.3.5 人造革与合成革企业建设项目竣工验收重点

人造革与合成革企业要关注工艺流程、设备设施是否与环评一致，是否符合国家和地方的产业政策，不采用已淘汰的落后工艺或生产设备；排放的污染物种类、监测情况、污染物浓度和总量等是否符合国家和地方有关污染物排放标准和排污许可等相关管理规定；污水处理站、VOCs处理设施、DMF精馏回收设备、二甲胺恶臭处理设施等污染防治设施未与主体工程同时建成的，或者应当取得排污许可证但未取得的，企业不得对该建设项目环境保护设施进行调试；验收监测（调查）报告编制完成后，企业应当根据验收监测（调查）报告结论，逐一检查是否存在验收不合格的情形，提出验收意见，存在问题的企业应当进行整改；项目配套建设的环境保护设施经验收合格后，其主体工程方可投入生产或者使用，未经验收或者验收不合格的不得投入生产或者使用。

6.1.4 排污许可管理制度

6.1.4.1 发展历程

排污许可管理工作一直以来都受到党中央、国务院的高度重视。党的十九届四中全会审议通过的《中共中央关于坚持和完善中国特色社会主义制度、推进国家治理体系和治理能力现代化若干重大问题的决定》，要求构建以排污许可制为核心的固定污染源监管制度体系。党的十九届五中全会审议通过的《中共中央关于制定国民经济和社会发展第十四个五年规划和二〇三五年远景目标的建议》，提出全面实行排污许可制。

我国2014年修订的《大气污染防治法》、2015年修订的《环境保护法》、2017年修订的《水污染防治法》等也先后明确提出实行排污许可管理制度。

《大气污染防治法》第十九条规定，排放工业废气或者本法第七十八条规定名录中所列有毒有害大气污染物的企业事业单位、集中供热设施的燃煤热源生产运营单位以及其他依法实行排污许可管理的单位，应当取得排污许可证。排污许可的具体办法和实施步骤由国务院规定。

《环境保护法》第四十五条规定，国家依照法律规定实行排污许可管理制度。实行排污许可管理的企业事业单位和其他生产经营者应当按照排污许可证的要求排放污染物；未取得排污许可证的，不得排放污染物。

《水污染防治法》第二十一条规定，直接或者间接向水体排放工业废水和医疗污水以及其他按照规定应当取得排污许可证方可排放的废水、污水的企业事业单位和其他生产经营者，应当取得排污许可证；城镇污水集中处理设施的运营单位，也应当取得排污许可证。排污许可证应当明确排放水污染物的种类、浓度、总量和排放去向等要求。排污许可的具体办法由国务院规定。禁止企业事业单位和其他生产经营者无排污许可证或者违反排污许可证的规定向水体排放前款规定的废水、污水。

2016 年 11 月，《国务院办公厅关于印发控制污染物排放许可制实施方案的通知》（以下简称《通知》）中明确指出，控制污染物排放许可制（以下称排污许可制）是依法规范企事业单位排污行为的基础性环境管理制度，环境保护部门通过对企事业单位发放排污许可证并依证监管实施排污许可制。企事业单位持证排污，按照所在地改善环境质量和保障环境安全的要求承担相应的污染治理责任，多排放多担责、少排放可获益。向企事业单位核发排污许可证，作为生产运营期排污行为的唯一行政许可，并明确其排污行为依法应当遵守的环境管理要求和承担的法律责任义务。纳入排污许可管理的所有企事业单位必须按期持证排污、按证排污，不得无证排污。企事业单位应依法开展自行监测，安装或使用的监测设备应符合国家有关环境监测、计量认证规定和技术规范，保障数据合法有效，保证设备正常运行，妥善保存原始记录，建立准确完整的环境管理台账，安装的在线监测设备应与环境保护部门联网。企事业单位应如实向环境保护部门报告排污许可证执行情况，依法向社会公开污染物排放数据并对数据真实性负责。排放情况与排污许可证要求不符的，应及时向环境保护部门报告。

《通知》中还指出，将排污许可制建设成为固定污染源环境管理的核心制度，作为企业守法、部门执法、社会监督的依据，为提高环境管理效能和改善环境质量奠定坚实基础。

2020 年 12 月 9 日国务院第 117 次常务会议通过了《排污许可管理条例》(以下简称《条例》)(中华人民共和国国务院令　第 736 号)，自 2021 年 3 月 1 日起施行。《条例》的发布实现了专项立法，明确了按证排污的法律地位，确定“一证式”管理模式。《条例》以排污单位自行监测、台账记录、执行报告为手段，压实排污单位主体责任，推动主动守法，同时推动生态环境主管部门转变角色、找准自身定位、履行好监管职责。

6.1.4.2 排污许可管理特点

（1）健全规范，提升管理的法治化

《条例》的制定健全了排污许可制度的规范体系和规范内容，有力提升了排污许可管理的法治化。《条例》的制定是国务院履行立法义务的体现，为排污许可制的实施提供了法规保障。在《条例》颁布实施之前，我国国家层面的排污许可法制体系主要由《中华人民共和国环境保护法》《中华人民共和国水污染防治法》《中华人民共和国大气污染防治法》等法律、《排污许可管理办法（试行）》《排污许可证管理暂行规定》等部门规章和部门规范性文件以及一些技术规范构成。其中，已有的法律仅对排污许可制度做了原则上的规定，缺乏可操作性；部门规章和部门规范性文件位阶较低，其享有的立法权限无法覆盖许可的全部事项；排污许可规范体系中缺乏专门的执行性法规。事实上，2008 年修订的《水污染防治法》和 2014 年修订的《大气污染防治法》早有规定对于水污染和大气污染防治领域的排污许可，“具体办法和实施步骤由国务院规定”。依据 2015 年修正的《立法法》第六十二条，法律规定明确要求有关国家机关对专门事项做出配套的具体规定的，有关国家机关应当自法律施行之日起一年内做出规定。可见，《条例》的颁布实施意味着国务院完成了法律赋予的立法义务，弥补了排污许可规范体系中缺少配套法规的缺陷。

除健全了规范体系，《条例》的制定还完善了排污许可制度的规范内容。其通过对排污许可证的申请与审批、排污单位的主体责任、排污许可的事中事后监管等事项做出全面规定，落实了排污许可制的法律属性（即行政许可的性质），为实践提供了细致有效的规范和指引。此外，为充分落实排污许可制度在固定污染源环境管理体系中的基础和核心地位，《条例》还将排污许可制度与环境影响评价制度、总量控制制度、固定污染源环境统计制度等已有环境管理制度进行衔接和融合，实现了对固定污染源的全周期、多方位、深层次的环境管理。

（2）多元互动，提升管理的交互化

《条例》充分吸收了已有的排污许可实践经验，除了比较借鉴国外排污许可的经验方法以外，还与同期立法、系列配套标准规范以及实践中遇到的问题进行了充分的互动，提升了管理的交互化。首先，《条例》在起草过程中注重与同期立法的互动。以排污许可证的发证范围为例。在《条例》起草时，我国《中华人民共和国土壤污染防治法》《中华人民共和国海洋环境保护法》《中华人民共和国环境噪声污染防治法》《中华人民共和国固体废物污染环境防治法》等法律也在同期制定或修订中，并计划针对相关主体排放噪声、固体废物的行为以及向土壤和海洋排放污染物的行为实施排污许可管理。其次，《条例》在制定中还注重与配套标准规范的互动。自《控制污染物排放许可制度实施方案》印发以来，大量的排污许可技术规范被制定发布，其内容涵盖排污许可证申请与核发、环境管理台账及排污许可证执行报告、排污单位自行监测、污染防治可行技术等诸多方面。结合《条例》中具体条款的指引，这些标准规范获得了普遍的强制约束力，为排污许可制的实施提供了有力的技术支持。最后，《条例》在起草过程中还注重与实践中问题的互动。

（3）分类管理，提升管理的精细化

《条例》建立了排污许可分类管理制度，通过名录制将绝大多数排污单位纳入管理范畴，实现了对固定污染源的差别化、精细化管理。2016 年《中华人民共和国国民经济与社会发展第十三个五年规划纲要》提出，要推进多污染物综合防治和统一监管，建立覆盖所有固定污染源的企业排放许可制，实行排污许可“一证式”管理。这意味着我国的排污许可制度不是仅针对特殊主体，而是要覆盖所有的、数量极其庞大的污染物排放单位。由于排污许可涉及的排污单位较多，各类排污单位的情况各有不同，不宜“一刀切”地实行同类管理。对此，《条例》特别规定了分类管理机制，根据污染物产生量、排放量、对环境的影响程度等因素，规定了两类需要申请取得排污许可证的单位，分别实行重点管理和简化管理，并通过名录制予以落实。同时，对于污染物产生量、排放量和对环境的影响程度都很小的企业事业单位和其他生产经营者，《条例》设立了排污登记制度，无需申请取得排污许可证。排污许可分类管理机制在实现固定污染源全覆盖的同时，既可以确保行政机关对排污单位和排污数据进行整体把握，又可以有的放矢、在固定污染源管理上准确发力。

（4）在线管理，提升管理的信息化

《条例》突出了排污许可证管理信息平台的作用，有效提升了排污许可管理的信息化水平，也为固定污染源监管方式创新提供了全方位支撑。排污许可证的申请、审查与决定、信息公开等事项可以通过全国排污许可证管理信息平台办理；生态环境主管部门可以通过全国排污许可证管理信息平台监控排污单位的污染物排放情况，在平台上记录执法检查时间、内容、结果以及处罚决定；排污单位应当按照排污许可证规定，如实在全国排污许可证管理信息平台上公开污染物排放信息。可见，以排污许可证管理信息平台为统领，排污许可制形成了从排污许可、污染源监测、监督管理到许可符合性评价的闭环管理，避免了排污许可证业务办理和证后监管的流程割裂，解决了固定污染源数据的整合共享难题。作为排污许可制度改革的一项重点任务，全国排污许可证管理信息平台还为传统排污许可管理模式的变革提供了有力支撑。新的监管思路将企业的自行管理责任“归还”给了企业，但同时也要求行政机关具备强大的事中、事后监管能力，信息平台提供的信息收集、在线监管、大数据分析等功能无疑为此提供了关键的软硬件基础设施。

6.1.4.3 排污许可证申请与核发

《条例》明确了排污许可证的审批部门、申请方式和材料要求，规定排污单位可以通过网络平台等方式，向其生产经营场所所在地设区的市级以上地方人民政府生态环境主管部门（以下称审批部门）申请取得排污许可证。排污单位有两个以上生产经营场所排放污染物的，应当按照生产经营场所分别申请取得排污许可证。申请取得排污许可证，可以通过全国排污许可证管理信息平台提交排污许可证申请表，也可以通过信函等方式提交。排污许可证申请表应当包括下列事项：

① 排污单位名称、住所、法定代表人或者主要负责人、生产经营场所所在地、统一社会信用代码等信息；

② 建设项目环境影响报告书（表）批准文件或者环境影响登记表备案材料；

③ 按照污染物排放口、主要生产设施或者车间、厂界申请的污染物排放种类、排放浓度和排放量，执行的污染物排放标准和重点污染物排放总量控制指标；

④ 污染防治设施、污染物排放口位置和数量，污染物排放方式、排放去向、自行监测方案等信息；

⑤ 主要生产设施、主要产品及产能、主要原辅材料、产生和排放污染物环节等信息，及其是否涉及商业秘密等不宜公开情形的情况说明。

《排污许可管理办法（试行）》中还明确指出，排污单位在全国排污许可证管理信息平台上填报并提交的排污许可证申请材料，除排污许可申请表外，还包括：自行监测方案；由排污单位法定代表人或者主要负责人签字或者盖章的承诺书；排污单位有关排污口规范化的情况说明；建设项目环境影响评价文件审批文号，或者按照有关国家规定经地方人民政府依法处理、整顿规范并符合要求的相关证明材料；排污许可证申请前信息公开情况说明表；污水集中处理设施的经营管理单位还应当提供纳污范围、纳污排污单位名单、管网布置、最终排放去向等材料；本办法实施后的新建、改建、扩建项目排污单位存在通过污染物排放等量或者减量替代削减获得重点污染物排放总量控制指标情况的，且出让重点污染物排放总量控制指标的排污单位已经取得排污许可证的，应当提供出让重点污染物排放总量控制指标的排污单位的排污许可证完成变更的相关材料；法律法规规章规定的其他材料。

企业生产经营场所所在地设区的市级以上地方人民政府生态环境主管部门为排污许可证的核发环保部门，收到排污单位提交的申请材料后，对材料的完整性、规范性进行审查。根据《排污许可管理办法（试行）》第二十八条，对存在下列情形之一的不予核发排污许可证：

① 位于法律法规规定禁止建设区域内的；

② 属于国务院经济综合宏观调控部门会同国务院有关部门发布的产业政策目录中明令淘汰或者立即淘汰的落后生产工艺装备、落后产品的；

③ 法律法规规定不予许可的其他情形。

6.1.4.4 排污许可实施与监管

《条例》中建立了系统的排污许可证申请、核发以及事中事后监管体系，为实现固定污染源“一证式”管理提供了法规基础，为生态环境质量的改善提供了制度利器。

强化排污单位的主体责任是落实排污许可制度的关键环节。《条例》在强化排污单位的主体责任方面主要做了如下规定：

① 规定排污单位污染物排放口位置和数量、排放方式和排放去向应当与排污许可证相符。

② 要求排污单位按照排污许可证规定和有关标准规范开展自行监测，保存原始监测记录，对自行监测数据的真实性、准确性负责，实行排污许可重点管理的排污单位还

应当安装、使用、维护污染物排放自动监测设备，并与生态环境主管部门的监控设备联网。

③ 要求排污单位建立环境管理台账记录制度，如实记录主要生产设施及污染防治设施运行情况。

④ 要求排污单位向排污许可证审批部门报告污染物排放行为、排放浓度、排放量，并按照排污许可证规定，如实在全国排污许可证管理信息平台上公开相关污染物排放信息。

加强事中事后监管是将排污许可管理制度落到实处的重要保障。《条例》在加强排污许可的事中事后监管方面主要做了如下规定：

① 要求生态环境主管部门将排污许可执法检查纳入生态环境执法年度计划，根据排污许可管理类别、排污单位信用记录等因素，合理确定检查频次和检查方式。

② 规定生态环境主管部门可以通过全国排污许可证管理信息平台监控、现场监测等方式，对排污单位的污染物排放量、排放浓度等进行核查。

③ 要求生态环境主管部门对排污单位污染防治设施运行和维护是否符合排污许可证规定进行监督检查，同时鼓励排污单位采用污染防治可行技术。

6.1.4.5 人造革与合成革行业排污许可证申请案例

在《国民经济行业分类》(GB/T 4754—2017) 中，人造革与合成革行业隶属于橡胶和塑料制品工业，按照《固定污染源排污许可分类管理名录（2019 年版）》，塑料人造革与合成革制造行业（分类代码 2925）被纳入重点管理类别。2020 年 3 月 27 日《排污许可证申请与核发技术规范　橡胶和塑料制品工业》(HJ 1122—2020) 正式发布和实施。该标准规定了人造革与合成革工业排污单位排污许可证申请与核发的基本情况填报要求、产排污环节及对应排放口、许可排放限值确定、污染防治可行技术要求、实际排放量核算和合规判定的方法，以及自行监测、环境管理台账与排污许可证执行报告编制等环境管理要求。排污单位应按照该标准要求，在全国排污许可证管理信息平台申报系统填报相应信息。下面介绍主要的几项填报信息。

(1) 基本情况填报要求

人造革与合成革企业填报基本信息时，行业类别应选择“塑料人造革与合成革制造 (C2925)”，应填报单位名称、是否需整改、排污许可证管理类别、邮政编码、行业类别、是否投产及投产日期、生产经营场所中心经纬度、所在地是否属于环境敏感区（如大气污染防治重点控制区、总磷总氮总量控制区等）、是否位于工业园区及所属工业园区名称、环境影响评价审批意见文号（备案编号）、地方政府对违规项目的认定或备案文件文号、重点污染物总量分配计划文件文号、颗粒物总量指标 (t/a)、二氧化硫总量指标 (t/a)、氮氧化物总量指标 (t/a)、化学需氧量总量指标 (t/a)、氨氮总量指标 (t/a)、挥发性有机物总量指标 (t/a)、涉及的其他污染物总量指标等。

(2) 工艺、设施和原辅料

人造革制造工艺包括直接涂刮法、转移法、压延法、流延法及其他；主要生产单元有配料、涂覆、涂刮、挤出、流延、塑化发泡、贴合、冷却等；主要生产设施包括搅拌机、研磨机、涂刮机、密炼机、塑炼机、压延机、贴合机、烘箱等。合成革制造工艺包括干法、湿法、超细纤维合成革制造及其他；主要生产单元有配料、混合、涂刮、含浸、凝固、水洗、贴合、烘干等；主要生产设施包括搅拌机、涂刮机、含浸槽、凝固槽、水洗槽、贴合机、烘箱等。

原料种类包括树脂、弹性体、二甲基甲酰胺或其他溶剂、基布、离型纸、其他；辅料种类包括着色剂、增塑剂、发泡剂、表面处理剂、其他。原辅材料、涂料中的挥发性有机物含量和有毒有害物质含量为必填项；有毒有害物质成分根据《优先控制化学品名录》《有毒有害大气污染物名录》《有毒有害水污染物名录》及其他有关文件规定确定。

（3）产排污环节、污染物及污染防治设施

废气产排污环节、污染物及污染防治设施应填报生产设施对应的产排污环节名称、污染物种类、排放形式（有组织、无组织）、污染防治设施名称及工艺、是否为可行技术、有组织排放口编号及名称、排放口类型（主要排放口、一般排放口）、排放口设置是否符合要求等。人造革与合成革制造排污单位大气污染物种类、排放浓度限值依据 GB 21902、GB 37822 确定，使用 VOCs 作为挥发性有机物有组织排放、厂界的综合控制指标，使用非甲烷总烃作为厂区内挥发性有机物无组织排放的综合控制指标，排放浓度限值依据 GB 37822 确定；不使用二甲基甲酰胺、苯、甲苯、二甲苯有机溶剂的，大气污染物种类可不包括二甲基甲酰胺、苯、甲苯、二甲苯。作为重点管理的人造革与合成革行业，其制造工艺的废气排放口为主要排放口（其中水性、无溶剂合成革制造工艺废气排放口为一般排放口）。地方污染物排放标准有更严格要求的，从其规定。

废水产排污环节、污染物及污染防治设施应填报废水类别、污染物种类、污染防治设施名称及工艺、是否为可行技术、排放规律、排放去向、排放口编号及名称、排放口类型（主要排放口、一般排放口）、排放口设置是否符合要求等。人造革与合成革制造排污单位废水污染物种类、排放浓度限值依据 GB 21902 确定，纳入重点管理的塑料人造革与合成革制造排污单位的厂区综合废水处理设施排放口为主要排放口，其他排放口均为一般排放口。地方污染物排放标准有更严格要求的，从其规定。

（4）许可排放量

人造革与合成革制造排污单位废气处理设施排放口应申请颗粒物、挥发性有机物的年许可排放量。废气污染物年许可排放量按照许可排放浓度、风量、年生产时间确定。企业的废气年许可排放量为各废气主要排放口年许可排放量之和。

人造革与合成革制造排污单位废水总排放口应申请化学需氧量、氨氮的年许可排放量。废水污染物年许可排放量按照许可排放浓度、单位产品基准排水量、主要产品产能确定。

（5）环境管理台账记录

人造革与合成革企业应按照 HJ 944 要求建立环境管理台账制度，落实环境管理台账记录的责任单位和责任人，明确工作职责，包括台账的记录、整理、维护和管理等，台账记录频次和内容须满足排污许可证环境管理要求，并对台账记录结果的真实性、完整性和规范性负责。环境管理台账应真实记录排污单位基本信息、生产设施运行管理信息、污染防治设施运行管理信息、监测记录信息及其他环境管理信息等。生产设施、污染防治设施、排放口编码应与排污许可证副本中载明的编码一致。

以广东某人造革与合成革制造企业为例，该企业至少每年一次在全国排污许可管理信息平台上对相关信息进行公开，公开内容如下：

① 基础信息，包括单位名称、统一社会信用代码等；

② 排污信息，包括排放污染物的名称、排放方式、排放口数量、排放浓度和总量等信息；

③ 防治污染设施的建设和运行情况；

④ 其他应当公开的环境信息。

其他信息需按照《企业事业单位环境信息公开办法》和《排污许可管理办法（试行）》执行。

表 6-2 为企业排污许可主要污染物排放情况，表 6-3 为企业排污许可大气污染物排放及监测情况，表 6-4 为企业大气排放许可总量，表 6-5 为 2021 年全厂实际排放量信息。

表 6-2 某人造革与合成革企业排污许可主要污染物排放情况

主要污染物类别	废气，废水
大气主要污染物(指标)种类	苯，甲苯，二甲苯，臭气浓度，挥发性有机物，二甲基甲酰胺（DMF），颗粒物，林格曼黑度，二氧化硫，氮氧化物
大气污染物排放规律	有组织，无组织
大气污染物排放执行标准	《合成革与人造革工业污染物排放标准》（GB 21902—2008），《锅炉大气污染物排放标准》（DB 44/765—2019），《大气污染物排放限值》（DB 44/27—2001），《恶臭污染物排放标准》（GB 14554—93）
废水主要污染物种类	化学需氧量，氨氮（NH_3-N），悬浮物，总氮（以 N 计），总磷（以 P 计），pH 值，甲苯

表 6-3 某人造革与合成革企业排污许可大气污染物排放及监测情况

序号	排放口编号	排放口名称	排放口类别	排气筒高度/m	排气筒出口内径/m	污染物(指标)名称	监测采样方法及个数	手工监测频次
1	DA001	揉纹粉尘废气处理后排放口	主要排放口	15	0.3	臭气浓度	非连续采样至少 3 个	1 次/半年
						苯、甲苯、二甲苯、挥发性有机物		1 次/季
						颗粒物		1 次/年

续表

序号	排放口编号	排放口名称	排放口类别	排气筒高度/m	排气筒出口内径/m	污染物(指标)名称	监测采样方法及个数	手工监测频次
2	DA002	后处理车间废气处理后排放口	主要排放口	15	1.2	臭气浓度	非连续采样至少3个	1次/半年
						苯、甲苯、二甲苯、挥发性有机物		1次/季
3	DA003	磨革粉尘废气处理后排放口	主要排放口	15	0.3	臭气浓度	非连续采样至少3个	1次/半年
						苯、甲苯、二甲苯		1次/季
						挥发性有机物		1次/半年
						颗粒物		1次/年
4	DA004	干法车间废气处理后排放口	主要排放口	23.5	1.5	臭气浓度	非连续采样至少3个	1次/半年
						苯、甲苯、二甲苯、挥发性有机物、二甲基甲酰胺(DMF)		1次/季
5	DA005	湿法车间废气处理后排放口	主要排放口	23.5	1.5	臭气浓度	非连续采样至少3个	1次/半年
						二甲基甲酰胺(DMF)		1次/季
6	DA007	锅炉废气排放口	主要排放口	15	0.8	林格曼黑度、氮氧化物、二氧化硫、颗粒物	自动	—
7	厂界废气					臭气浓度、苯、甲苯、二甲苯、挥发性有机物、颗粒物、二甲基甲酰胺(DMF)	非连续采样至少3个	1次/半年

表 6-4 某人造革与合成革企业大气排放许可总量

序号	污染物种类	第一年/(t/a)	第二年/(t/a)	第三年/(t/a)	第四年/(t/a)	第五年/(t/a)
1	颗粒物	0.13	0.13	0.13	0.13	0.13
2	二氧化硫	—	—	—	—	—
3	氮氧化物	30.107	30.107	30.107	30.107	30.107
4	挥发性有机物	20.452	20.452	20.452	20.452	20.452

表 6-5 某人造革与合成革企业 2021 年全厂实际排放量信息

序号	污染物种类	许可排放量/t	实际排放量/t				
			1季度	2季度	3季度	4季度	年度合计
1	颗粒物	0.13	0.00988	0.0006	0.062613	0.1638	0.236893
2	二氧化硫	—	0.0002	0.00003	0.000002	0	0.000232
3	氮氧化物	30.107	0.000094	0.000141	0.000002	0	0.000237
4	挥发性有机物	20.452	1.60404	1.9356	0.14187	0.37842	4.05993

从以上企业公开的大气排污情况可以看出，当地市级环保部门对该企业所有大气排放口的颗粒物、氮氧化物和挥发性有机物进行了排放总量的许可，年许可量分别为 0.13t、

30.107t 和 20.452t，该企业 2021 年实际排放量则分别为 0.24t、0.0002t 和 4.05993t。

表 6-6 为企业的环境管理记录台账要求。

⊡ **表 6-6　某人造革与合成革企业环境管理记录台账要求**

类别	记录内容	记录频次	记录形式	其他信息
基本信息	基本信息：生产设施主要技术参数及设计值等；污染防治设施主要技术参数及设计值；对于防渗漏、防泄漏等污染防治措施，还应记录落实情况及问题整改情况等	无变化时 1 次/年；有变化时及时记录	电子台账＋纸质台账	台账保存期限不少于 3 年
生产设施运行管理信息	生产设施运行管理信息(正常工况)：运行状态(是否正常运行，主要参数名称及数值)，生产负荷(主要产品产量与设计生产能力之比)，主要产品产量(名称、产量)，原辅料[名称、用量、硫元素占比、VOCs 成分占比(如有)、有毒有害物质及成分占比(如有)]，燃料(名称、用量、硫元素占比、热值等)，其他(用电量等)等。对于无实际产品、燃料消耗的相关生产设施，仅记录正常工况下的运行状态和生产负荷信息	运行状态 1 次/日或批次，生产负荷 1 次/日或批次，产品产量 1 次/日，原辅料、燃料 1 次/批	电子台账＋纸质台账	台账保存期限不少于 3 年
生产设施运行管理信息	生产设施运行管理信息(非正常工况)：起止时间、产品产量、原辅料及燃料消耗量、事件原因、应对措施、是否报告等	1 次/工况期	电子台账＋纸质台账	台账保存期限不少于 3 年
污染防治设施运行管理信息	污染防治设施运行管理信息(正常情况)：运行情况(是否正常运行，治理效率，副产物产生量等)，主要药剂添加情况[添加(更换)时间、添加量等]等；涉及 DCS 系统的，还应记录 DCS 曲线图。DCS 曲线图应按不同污染物分别记录，至少包括烟气量、污染物进出口浓度等	运行情况 1 次/日，主要药剂添加情况 1 次/日或批次，DCS 曲线图 1 次/月	电子台账＋纸质台账	台账保存期限不少于 3 年
污染防治设施运行管理信息	污染防治设施运行管理信息(异常情况)：起止时间、污染物排放浓度、异常原因、应对措施、是否报告等	1 次/异常情况期	电子台账＋纸质台账	台账保存期限不少于 3 年
监测记录信息	监测记录信息：对手工监测记录、自动监测运行维护记录、信息报告、应急报告内容的要求进行台账记录。监测质量控制根据 HJ/T 373、HJ/T 819 要求执行，同时记录监测时的生产工况，系统校准、校验工作等必检项目和记录，以及仪器说明书及相关标准，规范中规定的手工监测应记录手工监测的日期、时间、污染物排放口和监测点位、监测内容、监测方法、监测频次、手工监测仪器及型号、采样方法及个数、监测结果、是否超标等	按照 HJ 819 及各行业自行监测技术指南规定执行	电子台账＋纸质台账	台账保存期限不少于 3 年
其他环境管理信息	其他环境管理信息	依据法律法规、标准规范规定的频次记录	电子台账＋纸质台账	台账保存期限不少于 3 年

6.1.5 自行监测管理制度

6.1.5.1 开展自行监测的法律要求和标准制定情况

(1) 开展自行监测的法律要求

排污单位开展自行监测，向社会公开污染物排放状况是其应尽的法律责任。《中华人民共和国环境保护法》第四十二条规定“重点排污单位应当按照国家有关规定和监测规范安装使用监测设备，保证监测设备正常运行，保存原始监测记录。”《中华人民共和国水污染防治法》第二十三条规定“实行排污许可管理的企业事业单位和其他生产经营者应当按照国家有关规定和监测规范，对所排放的水污染物自行监测，并保存原始监测记录。重点排污单位还应当安装水污染物排放自动监测设备，与环境保护主管部门的监控设备联网，并保证监测设备正常运行。”《中华人民共和国大气污染防治法》第二十四条规定“企业事业单位和其他生产经营者应当按照国家有关规定和监测规范，对其排放的工业废气和本法第七十八条规定名录中所列有毒有害大气污染物进行监测，并保存原始监测记录。其中，重点排污单位应当安装、使用大气污染物排放自动监测设备，与生态环境主管部门的监控设备联网，保证监测设备正常运行并依法公开排放信息。监测的具体办法和重点排污单位的条件由国务院生态环境主管部门规定。”

(2)《排污单位自行监测技术指南　总则》(HJ 819—2017)

国务院办公厅于 2016 年 11 月印发《控制污染物排放许可制实施方案》(国办发〔2016〕81 号)，要求对企事业单位发放排污许可证并依证监管实施排污许可制。2017 年 12 月 27 日，环境保护部发布《排污许可管理办法（试行）》(环境保护部令　第 48 号)，进一步明确和完善了排污许可的相关管理要求。

为配合排污许可制度的实施和指导规范排污单位开展自行监测，2017 年 4 月环境保护部发布了《排污单位自行监测技术指南　总则》(HJ 819—2017)。标准中提出了排污单位自行监测的一般要求、监测方案制定、监测质量保证和质量控制、信息记录以及报告的基本内容和要求，明确了废水监测指标、废气监测指标、厂界环境噪声和周边环境质量影响监测的监测频次要求，见表 6-7、表 6-8。

⊡ **表 6-7　废水监测指标的最低监测频次**

排污单位级别	主要监测指标	其他监测指标
重点排污单位	日～月	季度～半年
非重点排污单位	季度	年

⊡ **表 6-8　废气监测指标的最低监测频次**

排污单位级别	主要排放口		其他排放口的监测指标
	主要监测指标	其他监测指标	
重点排污单位	月～季度	半年～年	半年～年
非重点排污单位	半年～年	年	年

厂界环境噪声要求每季度至少开展一次监测，夜间生产的要监测夜间噪声。

周边环境质量影响监测的监测频次要求如下：

① 若环境影响评价文件及其批复等管理文件有明确要求的，排污单位周边环境质量监测频次按照要求执行。

② 否则，涉水重点排污单位地表水每年丰、平、枯水期至少各监测一次，涉气重点排污单位空气质量每半年至少监测一次，涉重金属、难降解类有机污染物等重点排污单位土壤、地下水每年至少监测一次。发生突发环境事故对周边环境质量造成明显影响的，或周边环境质量相关污染物超标的，应适当增加监测频次。

(3) 已发布自行监测技术指南情况

2017 年至 2021 年 7 月，共发布了火力发电机锅炉，造纸工业，水泥工业，钢铁工业及炼焦化学工业，纺织印染工业，石油炼制工业，提取类制药工业，发酵类制药工业，化学合成类制药工业，制革及毛皮加工工业，石油化学工业，化肥工业—氮肥，电镀工业，农副食品加工工业，农药制造工业，平板玻璃工业，有色金属工业，水处理，食品制造，酒、饮料制造，涂装，涂料油墨制造，磷肥、钾肥、复混肥料、有机肥料和微生物肥料，无机化学工业，化学纤维制造业等行业的自行监测技术指南 25 项。

6.1.5.2 人造革与合成革行业自行监测技术要求

《排污单位自行监测技术指南　橡胶和塑料制品》(HJ 1207—2021) 规定了人造革与合成革行业废水、废气、噪声等自行监测要求，废水、废气监测要求见表 6-9～表 6-11。

表 6-9　废水排放监测点位、监测指标及最低监测频次

监测点位	监测指标	监测频次			
		重点排污单位		非重点排污单位	
		直接排放	间接排放	直接排放	间接排放
废水总排放口	流量、pH 值、化学需氧量、氨氮	自动监测		半年	年
	色度、悬浮物、总氮、总磷、甲苯①、二甲基甲酰胺①	季度	半年	半年	年
生活污水排放口	流量、pH 值、化学需氧量、氨氮、色度、悬浮物、总氮、总磷、甲苯①、二甲基甲酰胺①	季度	—	半年	—
雨水排放口	化学需氧量、石油类	月(季度②)		—	—

① 排污单位生产过程中不使用含甲苯、二甲基甲酰胺有机溶剂的，监测指标可不包括甲苯、二甲基甲酰胺。

② 雨水排放口有流动水排放时按月监测。若监测一年无异常情况，可放宽至每季度开展一次监测。

注：设区的市级及以上生态环境主管部门明确要求安装自动监测设备的污染物指标，应采取自动监测。

⊡ **表 6-10　排污单位有组织废气排放监测点位、监测指标及最低监测频次**

类别	监测点位	监测指标	监测频次		
			重点排污单位		非重点排污单位
			主要排放口	一般排放口	
人造革制造	配料、涂覆、塑化发泡、冷却、涂刮、烘干、贴合、预塑化、压延成型、挤出、流延排气筒	二甲基甲酰胺①、苯①、甲苯①、二甲苯①、VOCs②、臭气浓度③、恶臭特征污染物③	季度	半年	年
		颗粒物④	自动监测	半年	年
合成革制造（干法工艺）	配料、涂刮、贴合、烘干排气筒	二甲基甲酰胺①、苯①、甲苯①、二甲苯①、VOCs②、臭气浓度③、恶臭特征污染物③	季度	半年	年
		颗粒物④	自动监测	半年	年
合成革制造（湿法工艺）	配料、含浸、涂刮、凝固、水洗、烘干、冷却排气筒	二甲基甲酰胺①、臭气浓度③、恶臭特征污染物③	季度	半年	年
合成革制造（超细纤维工艺）	配料、含浸、凝固、水洗、抽出、干燥排气筒	二甲基甲酰胺①、苯①、甲苯①、二甲苯①、VOCs②、臭气浓度③、恶臭特征污染物③	季度	半年	年
人造革与合成革制造	二甲基甲酰胺回收精馏塔排气筒	二甲基甲酰胺、臭气浓度	季度	半年	年
	后处理排气筒	苯①、甲苯①、二甲苯①、VOCs②、臭气浓度③、恶臭特征污染物③	季度	半年	年
所有类别的塑料制品制造	印刷排气筒	挥发性有机物⑤、苯①、甲苯①、二甲苯①	—	半年	
	有机废气治理设施（燃烧法）排气筒	二氧化硫⑥、氮氧化物⑥	季度	半年	年
	综合废水处理站排气筒	臭气浓度③、恶臭特征污染物③	—	半年	年

① 排污单位生产过程中不使用含二甲基甲酰胺、苯、甲苯、二甲苯有机溶剂的，监测指标可不包括二甲基甲酰胺、苯、甲苯、二甲苯。

② 塑料人造革与合成革工业排污单位执行 GB 21902，以 VOCs 作为挥发性有机物排放的综合控制指标。

③ 环境影响评价文件及其审批意见确定需要监测臭气浓度、恶臭特征污染物的，应监测臭气浓度、恶臭特征污染物，臭气浓度、恶臭特征污染物执行 GB 14554，恶臭特征污染物种类按环境影响评价文件及其审批意见确定。

④ 适用于使用聚氯乙烯树脂生产的排污单位。

⑤ 本标准使用非甲烷总烃作为挥发性有机物排放的综合管控指标，待印刷工业相关污染物排放标准实施后，从其规定。

⑥ 若生产过程中产生的有机废气采用燃烧法进行治理，除监测生产工艺排气筒对应的监测指标外，增加监测二氧化硫、氮氧化物。

注：1. 废气监测应按照相应监测分析方法、技术规范同步监测废气参数。

2. 根据环境影响评价文件及其审批意见，结合项目工艺及产排污特点，选择项目所包含监测点位进行监测。

3. 设区的市级及以上生态环境主管部门明确要求安装自动监测设备的污染物指标，应采取自动监测。

⊡ 表 6-11　排污单位无组织废气排放监测点位、监测指标及最低监测频次

监测点位	监测指标	监测频次	
		重点排污单位	非重点排污单位
厂界	二甲基甲酰胺①、苯①、甲苯①、二甲苯①、VOCs②、臭气浓度③、恶臭特征污染物③	半年	年

① 排污单位生产过程中不使用含二甲基甲酰胺、苯、甲苯、二甲苯有机溶剂的，监测指标可不包括二甲基甲酰胺、苯、甲苯、二甲苯。

② 塑料人造革与合成革工业排污单位执行 GB 21902，以 VOCs 作为挥发性有机物排放的综合控制指标。

③ 环境影响评价文件及其审批意见确定需要监测臭气浓度、恶臭特征污染物的，应监测臭气浓度、恶臭特征污染物，臭气浓度、恶臭特征污染物执行 GB 14554，恶臭特征污染物种类按环境影响评价文件及其审批意见确定。

注：1. 无组织废气排放监测应同步监测气象参数。

2. 人造革与合成革制造排污单位厂区内 VOCs 无组织排放监测要求按 GB 37822 规定执行。

厂界环境噪声监测点位设置应遵循 GB 12348、HJ 819 中的原则，主要考虑破碎设备、风机、空压机、水泵等噪声源在厂区内的分布情况和周边环境敏感点的位置。

厂界环境噪声每季度至少开展一次昼、夜间噪声监测，监测指标为等效连续 A 声级，夜间有频发、偶发噪声影响时同时测量频发、偶发最大声级。夜间不生产的可不开展夜间噪声监测，周边有敏感点的，应提高监测频次。

关于周边环境质量影响自行监测，法律法规等有明确要求的，按要求开展环境质量监测。无明确要求的，排污单位可根据实际情况对周边地表水、海水、地下水和土壤开展监测。对于废水直接排入地表水、海水的排污单位，可按照 HJ 2.3、HJ/T 91、HJ 442.8 及受纳水体环境管理要求设置监测断面和监测点位。开展周边地下水和土壤监测的排污单位，可按照 HJ 610、HJ 164、HJ 964、HJ/T 166 及地下水、土壤环境管理要求设置监测点位。监测指标及最低监测频次按照表 6-12 执行。

⊡ 表 6-12　周边环境质量影响监测指标及最低监测频次

环境要素	监测指标	监测频次
地表水	pH 值、化学需氧量、氨氮、总氮、总磷、石油类等	年
海水	pH 值、化学需氧量、溶解氧、石油类等	年
地下水	pH 值、氨氮等	年
土壤	pH 值等	年

注：排污单位应根据生产使用的原辅料、生产工艺、产品等确定具体的监测指标。

合成革制造超细纤维生产工序自行监测要求按照《排污单位自行监测技术指南　纺织印染工业》（HJ 879）执行。

《排污单位自行监测技术指南　橡胶和塑料制品》也规定了信息记录和报告的要求，包括监测信息记录、生产和污染治理设施运行状况信息记录以及一般工业固体废物和危险废物记录。其中，生产和污染治理设施运行状况信息记录包括生产运行状况记录、废

水处理设施运行状况记录和废气处理设施运行状况记录。

6.1.5.3 企业在线监测设备配备要求

《排污单位自行监测技术指南 橡胶和塑料制品》（HJ 1207—2021）中规定需安装的在线监测设备汇总见表 6-13。

表 6-13 在线监测设备汇总

企业类型	监测点位	监测指标	在线监测设备安装情况
人造革与合成革生产企业，重点排污单位，废水直接排放	废水总排放口	流量、pH 值、化学需氧量、氨氮	安装
人造革生产企业，重点排污单位	塑化、压延成型、挤出、流延排气筒（主要排放口）	颗粒物	安装
合成革生产企业（干法工艺），重点排污单位	配料、涂刮、贴合、烘干排气筒（主要排放口）	颗粒物	安装

6.1.5.4 企业自行监测成本测算

监测内容分为废水、废气、厂界环境噪声及周边环境（地表水、海水、地下水和土壤）质量影响监测。依据监测内容，以京津冀、江苏的环境监测服务收费标准的平均值为依据，对废水、废气、厂界环境噪声及周边环境质量影响监测按年度进行经济成本测算。

（1）废水排放监测

废水总排放口和生活污水排放口分别按 1 个计。化学需氧量等污染物指标每次监测按 3 个样计。

（2）有组织废气排放监测

每个有组织废气受控污染源按 1 个监测点位计，各项污染物指标监测按采样 3 次计。

（3）无组织废气排放监测

无组织排放监测每次监测布设 4 个点位，每次监测按在 1h 内以等时间间隔采集 4 个样品计。

（4）厂界环境噪声监测

厂界环境噪声按照 4 个监测点位，每季度开展 1 次昼夜监测，每次昼夜监测各 2 次计。

（5）周边环境质量影响监测

地表水、海水各布设 3 个监测点位，地下水布设 4 个监测点位，土壤布设 8 个监测点位。

各环境要素的监测费用具体见表 6-14～表 6-23。

⊡ 表 6-14 人造革与合成革重点排污单位废水排放监测费用核算（废水直排）

排放口类型	监测指标	单价/(元/项次)	人造革与合成革制造	
			项次	费用/元
废水总排放口	色度	20	12	240
	悬浮物	90	12	1080
	总氮	160	12	1920
	总磷	160	12	1920
	甲苯	240	12	2880
	二甲基甲酰胺	110	12	1320
生活污水排放口	流量	70	12	840
	pH 值	20	12	240
	色度	20	12	240
	悬浮物	90	12	1080
	化学需氧量	110	12	1320
	氨氮	130	12	1560
	总氮	160	12	1920
	总磷	160	12	1920
雨水排放口	化学需氧量	110	36	3960
	石油类	240	36	8640
合计/元			31080	

注：未考虑安装在线监测设备的费用。

⊡ 表 6-15 人造革与合成革工业重点排污单位废水排放监测费用核算（废水间排）

排放口类型	监测指标	单价/(元/项次)	人造革与合成革制造	
			项次	费用/元
废水总排放口	流量	70	—	—
	pH 值	20	—	—
	化学需氧量	110	—	—
	五日生化需氧量	160	—	—
	氨氮	130	—	—
	色度	20	6	120
	悬浮物	90	6	540
	总氮	160	6	960
	总磷	160	6	960
	甲苯	240	6	1440
	二甲基甲酰胺	110	6	660
合计/元			4680	

注：未考虑安装在线监测设备的费用。

□ 表 6-16　人造革与合成革非重点排污单位废水排放监测费用核算（废水直排）

排放口类型	监测指标	单价/(元/项次)	人造革与合成革制造	
			项次	费用/元
废水总排放口	流量	70	6	420
	pH 值	20	6	120
	化学需氧量	110	6	660
	氨氮	130	6	780
	色度	20	6	120
	悬浮物	90	6	540
	总氮	160	6	960
	总磷	160	6	960
	甲苯	240	6	1440
	二甲基甲酰胺	110	6	660
生活污水排放口	流量	70	6	420
	pH 值	20	6	120
	色度	20	6	120
	悬浮物	90	6	540
	化学需氧量	110	6	660
	氨氮	130	6	780
	总氮	160	6	960
	总磷	160	6	960
	甲苯	240	6	1440
	二甲基甲酰胺	110	6	660
合计/元			13320	

□ 表 6-17　人造革与合成革非重点排污单位废水排放监测费用核算（废水间排）

排放口类型	监测指标	单价/(元/项次)	人造革与合成革制造	
			项次	费用/元
废水总排放口	流量	70	3	210
	pH 值	20	3	60
	化学需氧量	110	3	330
	五日生化需氧量	160	—	—
	氨氮	130	3	390
	色度	20	3	60
	悬浮物	90	3	270
	总氮	160	3	480
	总磷	160	3	480
	甲苯	240	3	720

续表

排放口类型	监测指标	单价/(元/项次)	人造革与合成革制造	
			项次	费用/元
废水总排放口	二甲基甲酰胺	110	3	330
	总有机碳	180	—	—
	可吸附有机卤化物	210	—	—
	特征污染物	210	—	—
合计/元			3330	

⊡ **表 6-18　人造革与合成革重点排污单位有组织废气排放监测费用核算**

监测指标	单价/(元/项次)	人造革制造		合成革制造(干法工艺)		合成革制造(湿法工艺)		合成革制造(超细纤维工艺)	
		项次	费用/元	项次	费用/元	项次	费用/元	项次	费用/元
VOCs	1200	24	28800	24	28800	—	—	24	28800
苯	300	24	7200	24	7200	—	—	24	7200
甲苯	300	24	7200	24	7200	—	—	24	7200
二甲苯	300	24	7200	24	7200	—	—	24	7200
二甲基甲酰胺	500	—	—	24	12000	24	12000	24	12000
臭气浓度	600	36	21600	36	21600	36	21600	36	21600
二氧化硫	350	6	2100	6	2100	6	2100	6	2100
氮氧化物	350	6	2100	6	2100	6	2100	6	2100
合计/元		76200		88200		37800		88200	

注：1. 测算对象中各排放口为主要排放口，未考虑颗粒物的在线监测设备安装费用。

2. 测算对象为生产工艺有机废气治理采用燃烧法。

⊡ **表 6-19　人造革与合成革非重点排污单位有组织废气排放监测费用核算**

监测指标	单价/(元/项次)	人造革制造		合成革制造(干法工艺)		合成革制造(湿法工艺)		合成革制造(超细纤维工艺)	
		项次	费用/元	项次	费用/元	项次	费用/元	项次	费用/元
VOCs	1200	6	7200	6	7200	—	—	6	7200
苯	300	6	1800	6	1800	—	—	6	1800
甲苯	300	6	1800	6	1800	—	—	6	1800
二甲苯	300	6	1800	6	1800	—	—	6	1800
二甲基甲酰胺	500	—	—	6	3000	6	3000	6	1800
臭气浓度	600	9	5400	9	5400	9	5400	9	5400
二氧化硫	350	3	1050	3	1050	3	1050	3	1050
氮氧化物	350	3	1050	3	1050	3	1050	3	1050
合计/元		20100		23100		10500		21900	

⊡ 表 6-20　人造革与合成革重点排污单位无组织废气排放监测费用核算

监测指标	单价/(元/项次)	人造革与合成革	
		项次	费用/元
气象参数	50	32	1600
二甲基甲酰胺	500	32	16000
苯	300	32	9600
甲苯	300	32	9600
二甲苯	300	32	9600
VOCs	1200	32	38400
臭气浓度	600	32	19200
合计/元		104000	

注：测算对象为厂界无组织废气。

⊡ 表 6-21　人造革与合成革非重点排污单位无组织废气排放监测费用核算

监测指标	单价/(元/项次)	人造革与合成革	
		项次	费用/元
气象参数	50	16	800
二甲基甲酰胺	500	16	8000
苯	300	16	4800
甲苯	300	16	4800
二甲苯	300	16	4800
VOCs	1200	16	19200
臭气浓度	600	16	9600
合计/元		52000	

⊡ 表 6-22　人造革与合成革排污单位厂界环境噪声排放监测费用核算

监测指标	单价/(元/项次)	人造革与合成革	
		项次	费用/元
厂界环境噪声(昼)	150	32	4800
厂界环境噪声(夜)	200	32	6400

⊡ 表 6-23　人造革与合成革排污单位周边环境质量影响监测费用核算

环境要素	监测指标	单价/(元/项次)	人造革与合成革	
			项次	费用/元
地表水	pH 值	20	9	180
	化学需氧量	110	9	990
	氨氮	130	9	1170
	总氮	160	9	1440
	总磷	160	9	1440
	石油类	240	9	2160

续表

环境要素	监测指标	单价/(元/项次)	人造革与合成革	
			项次	费用/元
海水	pH 值	20	9	180
	化学需氧量	110	9	990
	溶解氧	30	9	270
	石油类	240	9	2160
地下水	pH 值	20	12	240
	氨氮	130	12	1560
土壤	pH 值	50	8	400
合计/元			13180	

综合监测费用测算具体见表 6-24。

表 6-24 人造革与合成革排污单位自行监测费用核算

费用类型	监测要素	费用/元			
		人造革制造	合成革制造(干法工艺)	合成革制造(湿法工艺)	合成革制造(超细纤维工艺)
年度监测费用	废水排放监测	31080	31080	31080	31080
	有组织废气排放监测①	76200	88200	37800	88200
	无组织废气排放监测	104000	104000	104000	104000
	厂界环境噪声监测	11200	11200	11200	11200
	周边环境质量影响监测	13180	13180	13180	13180
	小计	235660	247660	197260	247660
年度废水自动监测设备折旧(折旧年限以 8 年计)		43750	43750	43750	43750
年度废气自动监测设备折旧(颗粒物 1 套,折旧年限以 8 年计)		25000	0	0	0
合计		304410	291410	241010	291410

① 有组织废气排放仅测算了一条生产线。

人造革与合成革排污单位自行监测费用核算分析的情形如下：重点排污单位，废水直接排放（含废水总排放口和单独的生活污水排放口），人造革与合成革工业排污单位废水总排放口安装了废水自动监测设备；人造革工业排污单位配料废气排放口安装了 1 套颗粒物自动监测设备。

6.1.5.5 开展自行监测时的注意事项

① 人造革与合成革企业在开展自行监测时，应查清本单位的污染源、污染物指标及潜在的环境影响，制订监测方案，设置和维护监测设施，按照监测方案开展自行监

测，做好质量保证和质量控制，记录和保存监测数据和信息，依法向社会公开监测结果。

② 废水监测。应在废水总排放口（厂区综合废水总排放口）设置监测点位，生活污水单独排入外环境的应在生活污水排放口设置监测点位，重点排污单位应在雨水排放口设置监测点位。

③ 废气监测。对于多个污染源或生产设备共用一个排气筒的，监测点位可布设在共用排气筒上。当执行不同排放控制要求的废气合并排气筒排放时，应在废气混合前开展监测；若监测点位只能布设在混合后的排气筒上，监测指标应涵盖所对应污染源或生产设备的监测指标，最低监测频次按照严格的执行。

④ 做好信息记录和报告，信息记录的内容有监测信息记录、生产运行状况记录、废水处理设施运行状况记录、废气处理设施运行状况记录、一般工业固体废物和危险废物记录等。

6.1.6 环境税收制度

6.1.6.1 基本概念

(1)《中华人民共和国环境保护税法》

我国环境保护税是由排污费改税而来的。1979 年颁布实施的《中华人民共和国环境保护法（试行）》正式确立了排污费制度，第十八条明确规定“超过国家规定的标准排放污染物，要按照排放污染物的数量和浓度，根据规定收取排污费”。随后 1982 年国务院制定《征收排污费暂行规定》，于 1982 年 7 月 1 日起施行。此后经过多次改革，2003 年国务院颁布实施了新的《排污费征收使用管理条例》，对排污费征收制度做了重大调整，在全国范围内实施排污总量收费，覆盖废水、废气、废渣、噪声、放射性五大领域和 113 个收费项目。排污收费制度对防治环境污染发挥了一定作用，但在实际执行中存在一些问题，如执法刚性不足、地方政府和部门干预等，影响了该制度功能的有效发挥。针对这种情况，有必要实行环境保护费改税，进一步强化环境保护制度建设。

为促进形成节约能源资源、保护生态环境的产业结构、发展方式和消费模式，加快转变经济发展方式，财政部、税务总局、环境保护部起草了《中华人民共和国环境保护税法》，于 2016 年 12 月通过，自 2018 年 1 月 1 日起施行，即环境税正式开征。最新修正是根据 2018 年 10 月 26 日第十三届全国人民代表大会常务委员会第六次会议《关于修改〈中华人民共和国野生动物保护法〉等十五部法律的决定》。

环境保护税是我国首个以环境保护为目的的税种，借助税收的强制性和执法刚性，不仅从法律层面解决了层级不够、行政干预较多、约束力不强的状况，还从制度层面初步构建起了我国环境保护税体系的基本框架。

《中华人民共和国环境保护税法》全文 5 章 28 条，分别为总则、计税依据和应纳税额、税收减免、征收管理和附则。

(2)《中华人民共和国环境保护税法实施条例》

2017 年 12 月，国务院又发布了《中华人民共和国环境保护税法实施条例》（中华人民共和国国务院令　第 693 号），细化了有关规定，并与环境保护税法同步实施。

6.1.6.2 环境保护税的特点

(1) 体现绿色税收

环境保护税自 2018 年 1 月 1 日正式开征，是我国首个以环境保护为目的的税种，排污费退出历史舞台。环境保护税有助于加强企业的环保责任，提高企业的环保意识，从而促进企业形成治污减排的内在约束机制，推进生态文明建设，加快经济向绿色发展方式转变。

(2)“费”改“税”实现税负平移

我国 1979 年确立排污收费制度，选择对大气、水、固体、噪声四类污染物征收排污费，对防治环境污染起到了重要作用。环境保护税法遵循将排污费制度向环境保护税制度平稳转移原则，主要表现：将排污费的缴纳人作为环境保护税的纳税人；根据排污收费项目、计费办法和收费标准，设置环境保护税的税目、计税依据和税额标准。

(3) 技术性较强

由于环境保护税技术性相对较强，所以环境保护税明确，费改税后，由税务部门征收、环保部门配合，确定“企业申报、税务征收、环保监测、信息共享”的税收征管模式。两部门将在税务登记管理、计税依据确定、纳税申报信息比对、优惠管理等方面开展协作。实际操作层面，一套完整的征税流程将包括纳税人自行申报、环保部门与税务机关涉税信息共享、税务机关将纳税人申报资料与环保部门的监测数据进行比对、异常数据交送环保部门复核、税务机关依据复核意见调整征税等。

环境保护税的应税污染物分类多、数量多、层级多，包括废水、废气、噪声、固体废物四大类，共计 117 种主要污染因子。征收对象不固定，大气及水污染物对排名靠前的进行征收，水污染因子 pH 值、大肠菌群与噪声污染均为超标征收，固体废物为不合规的征收等。因此，申报时计算复杂，专业性较强。

(4) 环境保护税具有地域特色

环境保护税的税额、税目具有明显的地域特色。《中华人民共和国环境保护税法》第六条明确提出“应税大气污染物和水污染物的具体适用税额的确定和调整，由省、自治区、直辖市人民政府统筹考虑本地区环境承载能力、污染物排放现状和经济社会生态发展目标要求，在《环境保护税税目税额表》规定的税额幅度内提出，报同级人民代表大会常务委员会决定，并报全国人民代表大会常务委员会和国务院备案。”因此，不同地区根据所在地域特点依据《中华人民共和国环境保护税法》制定符合本地域特点的环境保护税税额，如对二氧化硫、氮氧化物，山东适用的税额为 6 元/污染当量，甘肃适用的税额为 1.2 元/污染当量。从各省目前的出台情况看，除了京津冀、上海、江苏、山东等地区税额较高外，其他省份的税额均为国家规定的最低限额或略高于最低限额。

《中华人民共和国环境保护税法》第九条明确提出“省、自治区、直辖市人民政府根据本地区污染物减排的特殊需要，可以增加同一排放口征收环境保护税的应税污染物项目数，报同级人民代表大会常务委员会决定，并报全国人民代表大会常务委员会和国务院备案。”从各省目前的出台情况来看，各地均出台了税额标准，均未增加同一排放口征收污染物项目数。

(5) 鼓励企业减排，倒逼企业绿色发展

环境保护税的核心目的不是为了增加税收，而是为了发挥税收的“杠杆”调节作用，鼓励企业少排放污染物，多排多缴税、少排少缴税。《中华人民共和国环境保护税法》第十三条明确提出“纳税人排放应税大气污染物或者水污染物的浓度值低于国家和地方规定的污染物排放标准百分之三十的，减按百分之七十五征收环境保护税。纳税人排放应税大气污染物或者水污染物的浓度值低于国家和地方规定的污染物排放标准百分之五十的，减按百分之五十征收环境保护税。”因此，环境保护税有助于倒逼企业绿色发展，从源头减少污染物的产生，促进生产技术进步和优化过程控制，加强末端治理，减少对环境的危害。

6.1.6.3 政策要求

(1) 环境保护税的纳税人

《中华人民共和国环境保护税法》中规定：在中华人民共和国领域和中华人民共和国管辖的其他海域，直接向环境排放应税污染物的企业事业单位和其他生产经营者为环境保护税的纳税人。

同时规定，有下列情形之一的，不属于直接向环境排放污染物，不缴纳相应污染物的环境保护税：

① 企业事业单位和其他生产经营者向依法设立的污水集中处理、生活垃圾集中处理场所排放应税污染物的；

② 企业事业单位和其他生产经营者在符合国家和地方环境保护标准的设施、场所贮存或者处置固体废物的。

反之，依法设立的城乡污水集中处理、生活垃圾集中处理场所超过国家和地方规定的排放标准向环境排放应税污染物的，应当缴纳环境保护税。企业事业单位和其他生产经营者贮存或者处置固体废物不符合国家和地方环境保护标准的，应当缴纳环境保护税。

依据《中华人民共和国环境保护税法实施条例》，城乡污水集中处理场所，是指为社会公众提供生活污水处理服务的场所，不包括为工业园区、开发区等工业聚集区域内的企业事业单位和其他生产经营者提供污水处理服务的场所，以及企业事业单位和其他生产经营者自建自用的污水处理场所。

(2) 环境保护税的征税对象和征税范围

依据《中华人民共和国环境保护税法》，环境保护税的征税对象分为大气污染物、水污染物、固体废物和噪声四类，具体税目按照《环境保护税税目税额表》的规定执行。

对每一排放口或者没有排放口的应税大气污染物，按照污染当量数从大到小排序，对前三项污染物征收环境保护税。每一排放口的应税水污染物，按照《应税污染物和当量值表》，区分第一类水污染物和其他类水污染物，按照污染当量数从大到小排序，对第一类水污染物按照前五项征收环境保护税，对其他类水污染物按照前三项征收环境保护税。

同时规定，省、自治区、直辖市人民政府根据本地区污染物减排的特殊需要，可以增加同一排放口征收环境保护税的应税污染物项目数，报同级人民代表大会常务委员会决定，并报全国人民代表大会常务委员会和国务院备案。

其中，污染当量，是指根据污染物或者污染排放活动对环境的有害程度以及处理的技术经济性，衡量不同污染物对环境污染的综合性指标或者计量单位。同一介质相同污染当量的不同污染物，其污染程度基本相当。应税大气污染物、水污染物的污染当量数，以该污染物的排放量除以该污染物的污染当量值计算。

依据《中华人民共和国环境保护税法实施条例》，纳税人有下列情形之一的，以其当期应税大气污染物、水污染物的产生量作为污染物的排放量：

① 未依法安装使用污染物自动监测设备或者未将污染物自动监测设备与环境保护主管部门的监控设备联网；

② 损毁或者擅自移动、改变污染物自动监测设备；

③ 篡改、伪造污染物监测数据；

④ 通过暗管、渗井、渗坑、灌注或者稀释排放以及不正常运行防治污染设施等方式违法排放应税污染物；

⑤ 进行虚假纳税申报。

（3）环境保护税的税目、税额

环境保护税的税目、税额，依照《环境保护税税目税额表》执行。对应税大气污染物和水污染物的具体适用税额的确定和调整，由省、自治区、直辖市人民政府统筹考虑本地区环境承载能力、污染物排放现状和经济社会生态发展目标要求，在《环境保护税税目税额表》规定的税额幅度内提出，报同级人民代表大会常务委员会决定，并报全国人民代表大会常务委员会和国务院备案。

（4）环境保护税的申报缴纳时间要求

环境保护税按月计算，按季申报缴纳。不能按固定期限计算缴纳的，可以按次申报缴纳。纳税人申报缴纳时，应当向税务机关报送所排放应税污染物的种类、数量，大气污染物、水污染物的浓度值，以及税务机关根据实际需要要求纳税人报送的其他纳税资料。

纳税人按季申报缴纳的，应当自季度终了之日起十五日内向税务机关办理纳税申报并缴纳税款。纳税人按次申报缴纳的，应当自纳税义务发生之日起十五日内向税务机关办理纳税申报并缴纳税款。

(5) 环境保护税的税收优惠

《中华人民共和国环境保护税法》中规定，下列情形暂予免征环境保护税：

① 对农业生产（不包括规模化养殖）排放应税污染物的；

② 机动车、铁路机车、非道路移动机械、船舶和航空器等流动污染源排放应税污染物的；

③ 依法设立的城乡污水集中处理、生活垃圾集中处理场所排放相应应税污染物，不超过国家和地方规定的排放标准的；

④ 纳税人综合利用的固体废物，符合国家和地方环境保护标准的；

⑤ 国务院批准免税的其他情形。

另外，纳税人排放应税大气污染物或者水污染物的浓度值低于国家和地方规定的污染物排放标准百分之三十的，减按百分之七十五征收环境保护税。纳税人排放应税大气污染物或者水污染物的浓度值低于国家和地方规定的污染物排放标准百分之五十的，减按百分之五十征收环境保护税。

(6) 环境保护税的征收管理

按照“企业申报、税务征收、环保协同、信息共享”的征管模式，《中华人民共和国环境保护税法》明确规定，纳税人应当向应税污染物排放地的税务机关申报缴纳环境保护税，纳税人应当依法如实办理纳税申报，对申报的真实性和完整性承担责任。环境保护税由税务机关征收管理。

生态环境主管部门依照《中华人民共和国环境保护税法》和有关环境保护法律法规的规定负责对污染物的监测管理。生态环境主管部门和税务机关应当建立涉税信息共享平台和工作配合机制；生态环境主管部门应当将排污单位的排污许可、污染物排放数据、环境违法和受行政处罚情况等环境保护相关信息，定期交送税务机关；税务机关应当将纳税人的纳税申报、税款入库、减免税额、欠缴税款以及风险疑点等环境保护税涉税信息，定期交送生态环境主管部门。税务机关应当将纳税人的纳税申报数据资料与生态环境主管部门交送的相关数据资料进行比对；税务机关发现纳税人的纳税申报数据资料异常或者纳税人未按照规定期限办理纳税申报的，可以提请生态环境主管部门进行复核，生态环境主管部门应当自收到税务机关的数据资料之日起十五日内向税务机关出具复核意见；税务机关应当按照生态环境主管部门复核的数据资料调整纳税人的应纳税额。

6.1.6.4 推进情况

(1) 总体推进情况

自 2018 年环境保护税开征以来，随着环境保护税的正向激励作用和负面约束作用的有效发挥，人造革与合成革行业企业治污减排意识不断增强，治污减排的投入力度也不断加大。为了享受更多的税收优惠，不少人造革与合成革行业企业主动进行技术改造和设备更新，减少污染物产生和排放。

（2）案例分析

1）企业简介

福建某合成革企业成立于2005年，为国家高新技术企业。目前拥有先进的合成革湿法生产线三条、干法生产线三条和三版、磨皮、压纹、揉纹等配套的后加工生产设备。合成革年产能力为1500万米。

2）环境保护税征收依据

征收依据有：《中华人民共和国税收征收管理法》及其实施细则、《中华人民共和国环境保护税法》及其实施条例、《关于发布〈福建省环境保护税核定征收办法（试行）〉的公告》（国家税务总局福建省税务局公告 2019年第2号）、《福建省财政厅 福建省地方税务局 福建省环境保护厅关于我省环境保护税适用税额和应税污染物项目数等有关问题的通知》（闽财税〔2017〕37号）。

3）各项污染物环境保护税税额

① 水污染物。该企业厂区污水为间接排放，处理达标后排放至所在园区的污水处理厂。依据《中华人民共和国环境保护税法》第二条“在中华人民共和国领域和中华人民共和国管辖的其他海域，直接向环境排放应税污染物的企业事业单位和其他生产经营者为环境保护税的纳税人，应当按照本法规定缴纳环境保护税”，此种情形水污染物不是直接向环境排放，因此无需缴纳水污染物的环境保护税。

为了提供参考，此处做以下假设：水污染物为直接排放，再进行水污染物的环境保护税计算。

《中华人民共和国环境保护税法》第九条“每一排放口的应税污染物，按照《应税污染物和当量值表》，区分第一类水污染物和其他类污染物，按照污染当量数从大到小排序，对第一类水污染物按照前五项征收环境保护税，对其他类水污染物按照前三项征收环境保护税”。分析该企业的水污染物排放特征，不包含第一类水污染物，计算2020年第四季度水污染物的污染当量数，并按从大到小进行排序，排名前三位的污染物为化学需氧量、氨氮、总磷。因此，该企业应申报缴纳环境保护税的水污染物为化学需氧量、氨氮、总磷。

这三种污染物的污染当量数计算见表6-25。

表6-25 三种污染物的污染当量数计算

序号	污染物	污染物平均浓度/(mg/L)	废水排放量/10^4m^3	污染物排放量/kg	污染当量值/kg	污染当量数
1	化学需氧量	76	3.2	2432	1	2432
2	氨氮	0.416		13.31	0.8	16.64
3	总磷	1.24		39.68	0.25	158.72

依据《福建省财政厅 福建省地方税务局 福建省环境保护厅关于我省环境保护税适用税额和应税污染物项目数等有关问题的通知》（闽财税〔2017〕37号），五项重金属（总汞、总镉、总铬、总砷、总铅）、化学需氧量和氨氮的适用税额为每污染当量1.5元，其他水污染物的适用税额为每污染当量1.4元，据此总磷的适用税额为1.4元/污染当量。

上述三项水污染物的环境保护税见表6-26。

表6-26 三项水污染物的环境保护税

序号	污染物	污染当量数	环境保护税/元
1	化学需氧量	2432	3648
2	氨氮	16.64	25.0
3	总磷	158.72	222.2
小计			3895.2

② 大气污染物。该企业的大气污染物来源主要有生产线有机废气、后处理加工有机废气和脱氨塔尾气。

《中华人民共和国环境保护税法》第九条提出“每一排放口或者没有排放口的应税大气污染物，按照污染当量数从大到小排序，对前三项污染物征收环境保护税。”据此，计算2020年第四季度上述污染物的污染当量数，并按从大到小进行排序，排名前三位的污染物为苯、甲苯、二甲苯。因此，该企业应申报缴纳环境保护税的大气污染物为苯、甲苯、二甲苯。

这三种污染物的污染当量数计算见表6-27。

表6-27 三种污染物的污染当量数计算

序号	污染物	污染物平均浓度/(mg/m^3)	废气排放量/10^4m^3	污染物排放量/t	污染当量值/kg	污染当量数
1	苯	0.15	67542	101.3	0.05	2026
2	甲苯	3.2		2161.3	0.18	12007.2
3	二甲苯	0.02		13.5	0.27	50

依据《福建省财政厅 福建省地方税务局 福建省环境保护厅关于我省环境保护税适用税额和应税污染物项目数等有关问题的通知》（闽财税〔2017〕37号），应税大气污染物的适用税额为每污染当量1.2元。

该企业大气污染物排放执行福建省《工业企业挥发性有机物排放标准》（DB35/1782—2018）表1中合成革与人造革制造的标准限值要求（企业排气筒高度均为20m，苯的限值要求为1mg/m^3，甲苯的限值要求为15mg/m^3，二甲苯的限值要求为20mg/m^3）。将企业各排气筒苯、甲苯、二甲苯的排放浓度与对应限值进行对比，均低于限值的

50%。根据《中华人民共和国环境保护税法》第十三条“纳税人排放应税大气污染物或者水污染物的浓度值低于国家和地方规定的污染物排放标准百分之三十的，减按百分之七十五征收环境保护税。纳税人排放应税大气污染物或者水污染物的浓度值低于国家和地方规定的污染物排放标准百分之五十的，减按百分之五十征收环境保护税。”因此，苯、甲苯和二甲苯按 50%征收环境保护税。

上述三项大气污染物的环境保护税见表 6-28。

表 6-28 三项大气污染物的环境保护税

序号	污染物	污染当量数	环境保护税/元
1	苯	2026	1215.6(享受 50%优惠)
2	甲苯	12007.2	7204.3(享受 50%优惠)
3	二甲苯	50	30(享受 50%优惠)
小计			8449.9

③ 固体废物。该企业在生产过程中产生一般工业固体废物、危险废物。一般工业固体废物主要有废离型纸、皮革边角料、废包装材料和磨皮粉尘。废离型纸、皮革边角料、废包装材料外售综合利用；磨皮粉尘回用于湿法线配料工段。危险废物主要包括废弃沾染物、擦刀布、中间废水过滤渣、洗桶残渣危险废物、化学品废包装容器、精馏塔釜残渣。危险废物均委托有资质单位进行处置，并严格执行转移联单制度。

依据《中华人民共和国环境保护税法》第四条“有下列情形之一的，不属于直接向环境排放污染物，不缴纳相应污染物的环境保护税：企业事业单位和其他生产经营者在符合国家和地方环境保护标准的设施、场所贮存或者处置固体废物的”，该企业固体废物的收集、贮存和处置均符合相应的标准要求，因此无需缴纳固体废物的环境保护税。

④ 噪声。该企业 2020 年噪声排放均达标。

依据《中华人民共和国环境保护税法》第七条“应税噪声按照超过国家规定标准的分贝数确定”，因此该企业无需缴纳噪声的环境保护税。

综上，2020 年该企业的环境保护税涉及的污染物种类为水污染物和大气污染物，环境保护税为 1.23 万元。

环境保护税的税额与污染物排放浓度、排放量直接相关，由案例可以看出，污染物浓度越低，可享受的环境保护税优惠力度越大。因此，企业可从源头减量、过程控制和末端治理等方面，降低污染物的排放负荷和量，可有效降低环境保护税。企业可充分利用环境税这个杠杆，进一步提升环境治理水平，促进企业绿色发展。

6.1.7 清洁生产审核制度

6.1.7.1 清洁生产概念的由来

清洁生产概念的产生，源于工业生产过程的几个变化阶段。近代工业发展以来，随着生产力水平的提高，人类工业活动给环境带来的影响越发明显，当这种影响超过环境自身的容纳能力时，就导致最终的环境污染。发生在20世纪的十大环境公害事件，直接影响了经济的持续发展，也给人类健康带来了严重的危害，这些事件以最惨痛的教训让人们开始关注环境污染问题。

工业生产自此从单纯的投入产出、废弃物直接排放进入环境的模式，改变为对末端废弃物进行处理后排放的模式，以减少生产活动对环境的影响，保证排放的污染物总量在环境的自净能力范围内。增大环保投资、建设污染防控设施、制定污染物排放标准等末端管理措施，在一定程度上遏制了生态环境持续恶化的趋势，然而也带来了建设费用、末端治理成本、生产运行成本等的增加，且对于一种污染的处理处置过程，也可能带来二次污染，形成新的污染。因此，通过末端治理方式来解决环境污染问题，不经济也不彻底。

为了弥补末端治理的缺陷，清洁生产的概念被提出。清洁生产在不同的发展阶段或者不同国家有不同的叫法，例如“废弃物最小化”“无废工艺”“污染预防”等，但基本内涵一致，即对产品和产品的生产过程采用预防污染的策略来减少污染物的产生。

6.1.7.2 清洁生产的发展历程

(1) 国际清洁生产的发展

清洁生产起源于1960年美国化学行业的污染预防审计。而清洁生产概念的出现，最早可追溯到1976年在巴黎举行的“无废工艺和无废生产”国际研讨会，会上提出了“消除造成污染的根源”的思想。1989年，联合国环境规划署工业和环境方案活动中心(UNEP IE/PAC)根据UNEP理事会会议的决议，制定了《清洁生产计划》，在全球范围内推进清洁生产。

最早全面推行清洁生产实践的是美国。1984年，美国通过了《资源保护与回收法-固体及有害废物修正案》，规定废物最小化即在可行的部位将有害废物尽可能地消减和消除。1990年，美国国会又通过了《污染预防法》，从法律上确认了污染预防的制度，明确指出“源消减与废物管理和污染控制有原则区别，且更尽如人意”。荷兰、瑞典等国家相继学习、借鉴美国废物最小化或污染预防的实践经验，开展清洁生产活动。

1992年，巴西里约热内卢联合国环境与发展大会上提出了推行可持续发展战略，清洁生产作为实施可持续发展战略的关键措施被正式写入行动纲领，即《21世纪议程》中。自此，清洁生产概念逐渐被全球广泛认知，清洁生产进入一个快速发展阶段。

(2) 我国清洁生产的发展

我国的清洁生产相关活动开始于20世纪70年代，我国提出了“预防为主，防治结合”的方针，强调通过产业布局、产品结构，通过技术改造和“三废”综合利用等手段防治工业污染，但由于缺乏具体实施细则，该方针执行效果较差。直到20世纪80年代，随着环境污染问题的日益严重，我国明确了“预防为主，防治结合”的环境政策，提出通过技术改造把“三废”排放减少到最低限度。此阶段是清洁生产在我国工业实践中的萌芽阶段，但碍于当时的技术经济水平，清洁生产在工业企业中应用有限。

1993 年，国家经贸委和国家环保局联合召开了第二次全国工业污染防治工作会议，明确提出了工业污染防治必须从单纯的末端治理向生产过程转变，实行清洁生产。由此，我国逐步开始推行清洁生产工作，启动和实施了一系列推进清洁生产的项目。

2003 年，第九届全国人民代表大会常务委员会第二十八次会议审议通过了《中华人民共和国清洁生产促进法》（以下简称《清洁生产促进法》），并于 2003 年 1 月 1 日起施行。自此，清洁生产开始走上法制化和规范化道路。2012 年，根据多年清洁生产的实践成果，第十一届全国人民代表大会常务委员会第二十五次会议通过了《关于修改〈中华人民共和国清洁生产促进法〉的决定》，对《清洁生产促进法》进行了修订。

总体来说，我国清洁生产的形成和发展大致经历了三个阶段：第一阶段（1973～1992 年），为清洁生产理念的形成阶段；第二阶段（1993～2002 年），为清洁生产的法制化阶段；第三阶段（2003 年发展至今），为清洁生产进入环境管理制度的阶段。

表 6-29 为我国清洁生产发展大事记。

表 6-29 我国清洁生产发展大事记

年份	事件	主要内容
1973 年	《关于保护和改善环境的若干规定》	努力改革生产工艺，不生产或少生产废气、废水、废渣，加强管理，消除“跑、冒、滴、漏”现象，提出了“预防为主，防治结合”的治污方针
1983 年	《关于结合技术改造防治工业污染的几项规定》	对现有工业企业进行技术改造时，要把防治工业污染作为重要内容之一，通过采用先进的技术和设备，提高资源、能源的利用效率，把污染物消除在生产过程中
1985 年	《关于开展资源综合利用若干问题的暂行规定》	对企业开展资源综合利用规定了一系列的优惠政策和措施，并附有资源综合利用的具体名录
1992 年	5 月，中国开展第一次国际清洁生产研讨会，推出《清洁生产行动计划（草案）》；8 月，国务院制定《环境与发展十大对策》	新建、改建、扩建项目时，技术起点要高，尽可能采用能耗物耗小的生产工艺
1993 年	第二次全国工业污染防治会议	国务院、国家经贸委及国家环保局提出了清洁生产的重要意义和作用，明确了清洁生产在我国工业污染防治中的地位
1994 年	《中国 21 世纪议程——中国 21 世纪人口、环境与发展白皮书》	专门设立了开展清洁生产和生产绿色产品这一领域； 国家环保局成立了国家清洁生产中心
1995 年	《中华人民共和国大气污染防治法（修正）》	条款中规定“企业应当优先采用能源利用率高、污染物排放量少的清洁生产工艺，减少污染物的产生”，并要求淘汰落后的工艺设备
1996 年	《关于环境保护若干问题的决定》	规定“所有大型、中型、小型新建、扩建、改建和技术改造项目，要提高技术起点，采用能耗物耗小、污染物排放量少的清洁生产工艺”
1997 年	《关于推行清洁生产的若干意见》	要求各级环境保护行政主管部门将清洁生产纳入日常环境管理中； 编制了《企业清洁生产审计手册》以及啤酒、造纸、有机化工、电镀等行业的清洁生产审计指南

续表

年份	事件	主要内容
1998 年	我国政府在《国际清洁生产宣言》上签字	《国际清洁生产宣言》提出，实现可持续发展是共同的责任，保护地球环境必须实施并不断改进可持续生产和消费的实践；清洁生产以及其他诸如“生态效率”“绿色生产力”及“污染预防”等预防性战略是比末端治理为主的环境战略更佳的选择
1999 年	《关于实施清洁生产示范试点计划的通知》	选择北京、上海、广州等 10 个试点城市和石化、冶金等 5 个试点行业开展清洁生产示范和试点
2000 年	《国家重点行业清洁生产技术导向目录》(第一批)	本目录涉及冶金、石化、化工、轻工和纺织 5 个重点行业，共 57 项清洁生产技术
2002 年	《中华人民共和国清洁生产促进法》	清洁生产进入有法可依阶段
2003 年	《国家重点行业清洁生产技术导向目录》(第二批)	本目录涉及冶金、机械、有色金属、石油和建材 5 个重点行业，共 56 项清洁生产技术
2004 年	《清洁生产审核暂行办法》	明确了清洁生产审核程序和规定
2005 年	《重点企业清洁生产审核的规定》	强制性清洁生产审核有规可依
2006 年	《国家重点行业清洁生产技术导向目录》(第三批)	本目录涉及钢铁、有色金属、电力、煤炭、化工、建材、纺织等行业，共 28 项清洁生产技术
2007 年	包装、电镀、电解等行业的《清洁生产评价指标体系(试行)》	为企业清洁生产水平评价提供了依据
2008 年	《关于进一步加强重点企业清洁生产审核工作的通知》《重点企业清洁生产审核评估、验收实施指南(试行)》	促进重点企业开展各级清洁生产审核，并规范了重点企业清洁生产审核的评估和验收流程
	《国家先进污染防治技术示范名录》(2008 年度)、《国家鼓励发展的环境保护技术目录》(2008 年度)	《国家先进污染防治技术示范名录》所列的新技术新工艺在技术方法上具有创新性，技术指标具有先进性，均为我国当前迫切需要的节能减排技术和工艺，并已基本达到实际工程应用水平。《国家鼓励发展的环境保护技术目录》所列的技术为经工程实践证明了的成熟技术，国家鼓励企业污染防治优先采用目录所列的技术
2010 年	《关于深入推进重点企业清洁生产审核的通知》(环发〔2010〕54 号)	将重有色金属矿(含伴生矿)采选业、重有色金属冶炼业、含铅蓄电池业、皮革及其制品业、化学原料及化学制品制造业五个重金属污染防治重点防控行业，以及钢铁、水泥、平板玻璃、煤化工、多晶硅、电解铝、造船七个产能过剩主要行业，作为实施清洁生产审核的重点
2012 年	《中华人民共和国清洁生产促进法》(2012 年修正)	(一)强化政府推进清洁生产的工作职责；(二)扩大了对企业实施强制性清洁生产审核范围；(三)明确规定建立清洁生产财政支持资金；(四)强化了清洁生产审核法律责任
2013 年	《清洁生产评价指标体系编制通则》(试行稿)	指导行业清洁生产评价指标体系、标准进行整合修编
2016 年	《清洁生产审核办法》	规范了清洁生产审核程序，可更好地指导地方和企业开展清洁生产审核工作
2018 年	《清洁生产审核评估与验收指南》	对清洁生产审核评估与验收工作流程、工作要求、评分依据等内容进行了规定，规范了清洁生产审核行为，用于指导清洁生产审核评估与验收工作

6.1.7.3 清洁生产和清洁生产审核的基本概念

（1）清洁生产

1）清洁生产的概念

目前国际上对清洁生产的概念并未形成统一的定义，不同的发展阶段或不同的国家有不同的提法，如“污染预防”“废物最小化”等。

联合国环境规划署对清洁生产的定义为：“清洁生产是一种创造性的思想，该思想将整体预防的环境战略应用于生产过程、产品和服务中，以增加生态效率和减少人类及环境的风险。对生产过程，要求节约原材料和能源，淘汰有毒原材料，消减所有废弃物的数量和毒性；对产品，要求减少从原材料提炼到产品最终处置的全生命周期的不利影响；对服务，要求将环境因素纳入设计和所提供的服务中。”

2002 年颁布的《中华人民共和国清洁生产促进法》中，对清洁生产给出了以下定义：“清洁生产，是指不断采取改进设计、使用清洁的能源和原料、采用先进的工艺技术与设备、改善管理、综合利用等措施，从源头消减污染物，提高资源利用效率，减少或者避免生产、服务和产品使用过程中污染物的产生和排放，以减轻或者消除对人类健康或环境的危害。”这个概念的实质，在生产实践中总结为“节能、降耗、减污、增效”，进行清洁生产的最终目的是“增效”，这个效益可以是直接的经济效益，体现为企业的成本节约或产值增加，也可以是环境效益或能源效益，体现为能耗的减少或环境的改善，而实现这一目标的手段，则是进行可以“节能、降耗、减污”的清洁生产实践活动。

2）清洁生产的意义

清洁生产是工业生产发展到一定阶段，人们不得不对经济和环境等多重因素之间的复杂矛盾进行重新审视，认识到合理利用资源，建立新的生产和消费秩序，进行可持续发展时，找到的一种有效手段。

实施清洁生产是推行可持续发展战略的要求，是控制环境污染的有效手段，是降低末端污染处理成本的有效途径，是提高企业生产过程绿色化水平，降低产品全生命周期内环境影响的最佳方法，同时也为企业提供了以较低成本进行节能降耗的可能。清洁生产可以促进企业提高管理水平，节能、降耗、减污，从而降低生产成本，提高经济效益，也可帮助企业提升自身形象，实现社会责任。

目前，不论是发达国家还是发展中国家都在研究如何推进清洁生产。从宏观方面说，清洁生产的推行主要靠政府相关政策法规制度的建设、清洁生产有关标准的制定、对示范项目提供支持、对有关的清洁生产技术进行征集和推广，等等。从微观方面讲，企业的清洁生产工作基本要求是“从我做起，从现在做起”，具体的实施途径包括进行企业清洁生产审核，制订长期的清洁生产战略计划，对员工定期开展清洁生产教育培训，对产品进行全生命周期分析和绿色生态设计，研究或参考最新的清洁生产技术等。企业开展清洁生产审核是企业实施清洁生产的核心内容。

（2）清洁生产审核

1）清洁生产审核的基本概念

为了促进清洁生产，规范清洁生产审核行为，根据《中华人民共和国清洁生产促进法》，制定了《清洁生产审核办法》（2016 年，环保部令 第 38 号）。其中规定了清洁生产审核的定义。清洁生产审核指按照一定程序，对生产和服务过程进行调查和诊断，找出能耗高、物耗高、污染重的原因，提出减少有毒有害物料的使用、产生，降低能耗、物耗以及废物产生的方案，进而选定技术可行、经济合算及符合环境保护的清洁生产方案的过程。生产全过程要求采用无毒、低毒的原材料和无污染、少污染的工艺和设备进行工业生产；对产品的整个生命周期过程则要求从产品的原材料选用到使用后的处理和处置不构成或减少对人类健康和环境危害。

清洁生产审核的对象是企业，是对企业生产过程的一种诊断，一方面需要通过清洁生产审核对企业的现状进行核查、分析，找到问题；一方面需要通过系统的审核方法步骤，找到问题产生的原因；最后需要根据存在问题和产生原因，提出相应的改善方案，即清洁生产方案，从而实现企业的清洁生产水平提升。

2）清洁生产审核程序

清洁生产审核的整体思路可以概括为找到能耗高、物耗高、污染重的工序节点，分析能耗高、物耗高、污染重的原因，提出降低能源资源消耗、减少或消除污染物排放的方案这三大步骤。

企业清洁生产审核是对企业现有的和计划进行的工业生产过程进行预防诊断的过程，在实施清洁生产审核的过程中，制订并实施减少资源、能源消耗和原材料使用，消除或减少产品或生产过程中有毒有害物质使用，减少或消除最终污染物排放的有效方案。

根据上述清洁生产的特点和思路，整个清洁生产审核的过程可以分为 7 个步骤，或也可称为清洁生产审核的 7 个阶段，这 7 个阶段分别是审核准备、预审核、审核、实施方案的产生和筛选、实施方案的确定、方案实施、持续清洁生产。具体每个阶段的目标和任务见表 6-30。

表 6-30 清洁生产不同阶段的目标和任务

所处阶段	目标	任务	形成成果
审核准备	提高认识； 克服障碍	获得领导支持； 组建审核工作机构； 制订工作计划； 开展宣传教育； 进行审核工作启动培训	审核小组组建； 审核工作计划； 审核培训
预审核	了解现状，发现清洁生产潜力	现状调研，现场考察，评估资源能源消耗和污染物产生情况，确定审核重点，设置审核目标，评价现阶段清洁生产水平，提出这一阶段的无/低费方案	确定审核重点； 进行清洁生产水平现状评价； 提出和实施无低费方案

续表

所处阶段	目标	任务	形成成果
审核	发现能耗高、污染物的节点； 找出能耗高、污染重的原因	编制审核重点流程图，实测输入输出物流，建立能源、资源或污染因子等重要平衡，进行原因分析，提出和实施无/低费方案	找到能耗高、物耗高的原因，提出和实施清洁生产方案
实施方案的产生和筛选	产生并汇总清洁生产方案	进行方案产生相关培训和动员，产生方案，分类筛选方案，筛选统计方案	清洁生产方案的提出和分类筛选； 无/低费方案的实施情况
实施方案的确定	确定可实施的清洁生产方案	收集信息和调研； 技术、经济和环境可行性评估	可行性分析结果； 推荐可实施的中/高费方案
方案实施	实施方案具体情况及相应的效益汇总	制订方案实施计划； 汇总分析方案实施情况； 方案实施效果评估	方案实施计划； 方案实施成果统计和评估
持续清洁生产	企业长期持续开展清洁生产	建立清洁生产组织机构和清洁生产管理制度； 建立清洁生产激励机制； 制订持续清洁生产计划	清洁生产成为企业的长期战略； 清洁生产融入企业各项调研活动

3）清洁生产审核方法

对企业的清洁生产问题进行分析时，总体来说可以从 8 个方面入手，即原辅材料和能源输入、生产工艺技术、设备、过程控制、产品、废弃物、管理、员工。例如，原辅材料和能源材料本身所具有的特性（例如毒性、难降解性等），在一定程度上决定了产品及其生产过程对环境的危害程度，因而选择对环境无害的原辅材料是清洁生产所要考虑的重要方面。同时，作为动力基础的能源也是每个企业生产所必需的，能源在使用过程中会直接或间接产生污染物，因而节约能源、使用清洁的能源等可有效减少污染物的产生。

当然，以上 8 个方面的划分并非绝对隔绝的，在很多情况下存在交叉和渗透，例如设备的先进程度通常就决定了生产工艺的先进与否，过程控制和仪表的使用情况又受到管理水平和员工素质的影响。实际进行原因分析时，一个问题可以从不同的角度分别进行阐述和分析。

6.1.7.4 人造革与合成革行业的清洁生产

（1）人造革与合成革行业清洁生产的政策依据

当前阶段，我国清洁生产审核的指导依据主要为《中华人民共和国清洁生产促进法》和《清洁生产审核办法》。人造革与合成革企业清洁生产审核的判断依据为《合成革行业清洁生产评价指标体系》。

清洁生产审核是实施清洁生产的重要手段和工具，是对生产过程的调查和诊断，其目的为实现节能降耗的清洁生产目标。《中华人民共和国清洁生产促进法》明确规定，“双超”“双有”“高耗能”企业必须进行强制性清洁生产审核，其他企业根据生产需要可进行自愿性清洁生产审核。

人造革与合成革企业的清洁生产审核过程，需从企业的生产工艺及装备水平、资源能源消耗水平、污染物产生和排放水平、资源综合利用水平和清洁生产管理水平等多个方面对自身生产过程进行评价，根据评价结果判断企业所处行业领先水平，一般情况下分为国际清洁生产先进水平、国内清洁生产先进水平和国内清洁生产基本水平。经过清洁生产审核标准对标评价，如企业未达到国内清洁生产基本水平的，需通过清洁生产审核过程提高企业的清洁生产水平，使其至少达到国内清洁生产基本水平。

（2）人造革与合成革企业清洁生产审核案例

2010 年，环境保护部发布了《清洁生产审核指南　合成革工业》（征求意见稿），规定了合成革工业企业清洁生产审核的一般要求，重点描述了合成革工业清洁生产方案以及清洁生产审核的程序，并给出各程序的目的、要求和工作内容等技术要求。以某企业清洁生产审核工作为例，主要工作流程介绍如下。

1）企业基本情况

厂房占地面积 9.6 万平方米，固定资产为 3000 多万元，年生产各种人造革、合成革 2800 万米。现有职工 420 人，中高级技术人员 50 多人。企业已全面通过 ISO 9001 国际体系认证。主要生产各类人造革、合成革，产品有箱包革、家具革、车革、服装革、鞋革等。

公司现在主要有三条人造革生产流水线，其中一条生产线是日本原装进口的压延生产线设备；一条生产线是意大利原装进口的干法生产线 ISOTE 设备；还有一条生产线是国内工艺比较先进的人造革与合成革后处理生产线设备。

公司在工艺生产过程中，排放一定量的废水和废气，具体的排放情况如下：

① 压延生产线在生产过程中，由于各类皮革需要高温发泡，因此将产生大量的生产废气（主要成分是高温状态下以气体状态存在的增塑剂 DOP），该废气具有极强的刺激气味，通过烟囱直排到大气中，给环境造成很大的污染，对农作物和人畜都有一定的危害；同时，正是由于原先采取直排方式，DOP 不能回收，造成了企业的资源流失、浪费。

② 在锅炉集中供热过程中，以煤为燃料，所排放的废气中含有烟尘、一些有毒气体（如 CO、NO_2、SO_2 等），原先采用旋风除尘装置，去除效果不理想。

③ 在工艺生产过程中产生大量的废水，其特点是污染物浓度高、品种杂、水量大，给环境造成了很大的污染，原先未采用专门的环保处理设施进行综合治理，仅采用了一些比较简单的工艺。

④ 锅炉废气采用旋风除尘装置进行处理，经处理后的排放基本符合国家有关排放要求；废水采用废水沉淀池进行沉淀处理，基本符合国家污水排放要求。

公司实施清洁生产审核前的主要单耗、资源综合利用和主要污染物产生情况为：新鲜水用量 $58m^3/t$，标煤使用量 431kg/t，电耗 380kW·h/t，废水排放量 $48m^3/t$，COD 排放量 57.6kg/t，SS 排放量 3.6kg/t，SO_2 排放量 0.04kg/t。

2）预审核

预审核是清洁生产审核的初始阶段，是发现问题和解决问题的起点。主要任务是从清洁生产审核的八个方面入手，调查组织活动、服务和产品中最明显的废物和废物流失点；物耗、能耗最多的环节和数量；原料的输入和产出；物料管理现状；生产量、成品率、损失率；管线、仪表、设备的维护和清洗等。从而发现清洁生产的潜力和机会，确定本轮清洁生产审核的重点。在结合该厂人造革与合成革生产过程实际情况的基础上，通过摸清污染现状和主要产排污环节，并经过比较和分析，确定审核重点和设置清洁生产的目标，提出并实施污染物削减的无低费方案。

① 现状调研。审核小组依据清洁生产审核程序，在全厂范围内广泛收集审核所需要的资料，主要包括：a. 企业生产工艺流程；b. 企业生产设备流程；c. 企业供水状况；d. 企业供热蒸汽管网情况；e. 企业供用电线路情况；f. 主要生产经营情况；g. 电力、水、天然气、原材料等的消耗情况；h. 企业管理制度、操作规程、岗位责任等。

② 现场考察。在原始资料收集的基础上，审核小组对生产车间进行了现场考察，认真核对工艺流程图，并核查了各部门物耗、水耗、能耗、电耗等技术指标，查找了物料流失和污染物产生的环节，检查了设备运行及维修状况，进一步明确了企业的组织机构、生产和污染排放情况。

③ 确定审核重点。经过研究对比，由于公司的主要耗能、耗水以及污染物排放的车间为人造革与合成革车间，其他车间如锅炉、仓库等只是辅助车间，污染物排放很少，因此确定生产车间为备选清洁生产审核重点。

④ 设置清洁生产目标。根据人造革生产的特点及清洁生产审核调查分析的结果，以及公司经营规划目标，结合 ISO 14001 环境管理体系的要求，经讨论确定了清洁生产审核目标。

3）审核

① 审核重点概况。此次清洁生产审核确定的审核重点为生产车间，包括两条生产线。

② 物料平衡。企业进行了为期 10d 的集中实测，通过实测，审核工作组对进出人造革与合成革车间的物料，包括原料、辅料、水等各类物质的量进行了测定，为进行物料平衡测算提供了充足的数据基础。

通过建立物料平衡以及水平衡，准确地判断出审核重点中物料的利用率、流失率、流失的部位和环节、流失物料的排放走向，定量地描述了废弃物的数量和成分，从而全面掌握了生产过程中的排放和物料流失情况，并在此基础上建立了物料平衡，为清洁生产方案的产生提供了科学依据。

此次审核重点的平衡分析从两个方面进行考虑：一是总物料平衡，旨在分析审核重点总的物料输入输出情况；二是水平衡，主要目的是分析和测算进出生产系统的水平衡，查找出水的流失及使用不合理环节。

③ 污染物产生原因分析。物料平衡图和水平衡图表明，压延法生产线废水主要为

工艺水、清洗水、冷却水三股废水，其中工艺废水是主要排放废水，水量有16000余吨，产生于高搅机至发泡炉的各工段，整个工序损耗水量为1020t，在设备清洗过程中流失掉。

干法生产线废水主要为工艺水、清洗水、冷却水三股废水，其中工艺废水是主要排放废水，水量有15000余吨，产生于检纸机至冷却机的各工段，整个工序损耗水量为950t，在设备清洗过程中流失掉。

4）实施方案的产生与筛选

清洁生产方案的数量、质量和可实施性，直接关系到企业清洁生产审核的成效，是审核过程的一个关键因素。因此，审核专家对审核小组成员进行了专门的培训，并发动了广大员工积极参与清洁生产方案的产生，通过现场调查，与车间技术人员、操作工人座谈，设立清洁生产建议纪念品，鼓励员工提出清洁生产建议和方案。经发动、动员，并经审核专家的指导，审核小组共收集到清洁生产方案60项，其中无/低费方案56项，中/高费方案3项，详见表6-31、表6-32。

表6-31 清洁生产无/低费方案

序号	方案名称	方案简述
1	限额领料	按订单、配方限额领料，大大降低产品多生产造成的积压
2	调整配方	调整配方，使用代用材料降低产品成本。填充剂由原来轻钙改为重钙，使加入的份数由原来的60份提高到80份
3	增塑剂的替代	由于增塑剂价格上涨，使成本上升，使用F50替代DOP
4	工艺的改进	根据生产产品不同，适时调整燃煤锅炉的温度
5	加强检验	加强进厂原材料的检验，对不合格或低指标的原辅材料不允许投入生产，避免由于材料的质量问题影响正常生产及产品收率
6	原材料预烘干	将有关原材料均匀铺放在烘干机房，利用烘干机筒体挥发热量进行预烘干，充分利用能源，降低能耗
7	冷却水回用	将整个工艺上产生的冷却水收集并回用，实现资源的综合利用
8	根据季节调整配料方案	根据季节变化，调节配比，严格控制原材料配比，降低能耗，避免不必要的浪费
9	预加水水量控制	工艺预加水水量由人工控制改为水泵提升自动控制
10	高搅下料斗的改造	由原先的铁通斗改成光滑型的有机玻璃下料斗，大大减少物料的浪费
11	输油管的维修	经常组织机修人员对输油管进行检查并维修，确保油路的畅通
12	气阀修理	工艺生产上采用压缩空气气阀，及时检查和修理气阀，可有效减少气体流失
13	原料分库堆放	应根据原料质量好坏、技术性能，分库堆放，避免混杂
14	色粉替代外购色饼	购入色粉，进行研浆，替代外购色饼
15	干法线用硅石灰替代重钙	干法线用硅石灰替代重钙，在不增加成本情况下增加产品性能
16	原材料调整	干法线材料加入氯化石蜡，利于纸同PVC料的剥离，提高离型纸的使用次数，增加产品的阻燃效果
17	增加宽度标尺	生产线上增加宽度标尺，利于更好地观察产品宽度，节约材料投入

续表

序号	方案名称	方案简述
18	增加代布	发泡炉开始生产产品前，增加代布，提高产品收率
19	提高产品收率	压延机生产每笔订单前先出薄膜，调整好厚度以后再起布生产，薄膜回到离炼机重新生产，在保证材料投入情况下，提高产品收率
20	调整上浆目数	开布机采用不同目数的上浆辊，根据产品不同调整上浆目数，减少涂层材料使用
21	调整离型纸与物料剥离角度	调整离型纸与物料剥离角度提高剥离次数
22	树脂研磨过筛	干法线糊树脂成浆后进行研磨过筛，易于加工，可提高成品收率
23	手工上浆改为气泵打浆	手工上浆改为气泵打浆，减少浆料的浪费
24	增加发泡剂的添加量	增加发泡剂的添加量，由原来的每2.0kg加到2.2kg，增加产品发泡倍率
25	调整产品冷却的用水量	根据产品不同调整产品冷却的用水量，以节约冷却水用量
26	利用边角料清理机器	利用边角料如布头清理机器，节省棉纱费用
27	导热油的再利用	由于检修机器，更换辊筒放下的导热油，重新加入到锅炉油槽进行再利用
28	采用节能灯	更改照明灯，采用节能灯，并增加局部开关，节约电耗
29	用生产线回油热量加热浴室冷水	用生产线回油热量加热浴室冷水，用于职工洗澡
30	上煤机输送设备更新	把链式输送机改为刚性叶轮给料器输送机，提高机械运转率，降低电机功率
31	废油回收利用	工艺导热油经处理后再回收利用
32	配料称量采用电子天平	配料称量采用电子天平，准确计量，避免不必要的浪费
33	开关门电机控制由通用继电器改用固态继电器	原电路设计使用通用继电器，改用固态继电器，降低故障率
34	员工技术培训	定期对操作员工进行岗位技术培训，提高操作能力
35	表面处理用回油热烘干	表面处理烘干由电加热改用回油热烘干，降低用电量
36	调整空气压缩机台数	空气压缩机由原先的4台改成2台，降低能耗
37	对散装车的清扫	原料散装车进出，安排人员对散装车清扫，防止浪费和粉尘污染
38	自动装包机	人工包装改自动包装，减少职工劳动强度，提高工作效率
39	采购优质编织袋	采购符合国标的覆膜编织袋，减少搬运过程中的损耗和流失
40	降低室内噪声	采用双联式门窗，降低噪声，减少对员工的伤害
41	电源接触器局部修理	大部分接触器触头损坏，经局部修理后回用，节省开支
42	用电控制	严格控制照明灯具功率，不开白日灯、无人灯，做到人走灯灭
43	淘汰型电机的更新	部分设备配套电机为JQ型电机，应逐步淘汰而改用Y型节能电机
44	配套合适电机功率	对车间设备配套电机逐步清理，动力进行核算，防止"大马拉小车"
45	淘汰多次修理的电机	对经多次修理，容易发热且效率低下的电机逐一淘汰更新
46	采购质优价廉的碳刷	线绕式电机使用的碳刷质量直接影响电机的正常运行
47	加强车间用电计量	加强各车间用电管理，各用电车间分开计量，便于考核
48	加强车间用电管理，确保提高三相电机功率因素	各磨机房的进相机加强维护保养，确保投运率100%，提高功率因素

续表

序号	方案名称	方案简述
49	充分利用谷电	各车间合理安排生产，确保谷电利用率98%以上，降低能耗费用
50	改造皮带输送机	皮带输送机由电动滚筒式改为减速机式，维修省时省力，设备故障少
51	机电车间的改造	机电车间存在场地小、操作施工困难等问题，不利于设备的检修及备品备件的加工，重新改变车间设备布局，便于设备维修
52	五金仓库的改造	现有五金仓库已不适应现有生产规模，难以做到对物品的分类堆放，以及账、物、卡齐全
53	灭火机配备	确保每个部门配置灭火机，做到有备无患
54	厂道杂用水改用河水	由自来水改用河水，减少浪费
55	食堂改造	食堂原使用燃煤灶，改用汽化灶，清洁卫生
56	厂区内加装限速标志	汽车、散装车、拖拉机等在厂内行驶速度过快，不仅容易造成安全事故，而且会使托运的物料抛落于地，影响清洁卫生

表 6-32 清洁生产中/高费方案

序号	方案
1	锅炉废气处理
2	车间生产废气处理
3	废水处理系统改造

5）实施方案的确定

① 方案简介

Ⅰ. 锅炉集中供热产生的废气处理。拆除原有的已淘汰的旋风除尘设备，新增两套水膜除尘装置。该设备具有能耗低、运行稳定、去除效率高（98%以上）、维护管理方便、使用寿命长等优点，是目前国内最先进的除尘脱硫装置，能确保经处理后的废气达标排放。

Ⅱ. 压延工艺生产过程中产生的废气处理。新增两套组合式静电除尘装置。该设备具有去除效率高、操作简单、维护管理方便等特点；同时可回收增塑剂，平均每天可回收增塑剂（DOP）200kg左右（约合人民币2000元）。这样既给企业带来了一定的经济效益，同时又带来了较好的社会效益和环境效益。

② 可行性分析

Ⅰ. 技术可行性分析。水膜除尘装置是三相分离技术的应用，其具有工艺技术先进、设备运行稳定、工艺操作简单等优点，在大量实践过程中采用该工艺技术的设施，其去除效率可达98%以上，目前在国内已经得到了广泛的应用，同时也得到了有关权威部门的认可。

静电回收装置是目前国内采用最广泛的DOP回收专用装置，其具有去除效率高、操作简单、维护管理方便等特点。

废水处理工艺采用先进的生化处理工艺，再结合物化处理工艺，该技术先进、成熟，运行稳定，处理率高，在废水处理行业中其使用率在90%以上。因此，这三个方案在技术上是可行的。

Ⅱ. 经济可行性分析。增塑剂DOP的回收：每天回收200kg，DOP按10000元/t（10元/kg）计，则每年回收DOP的价值为：200kg/d×10元/kg×30d/月×12月=720000元=72万元。因此该方案在经济上是可行的。

Ⅲ. 环境可行性分析。从远期看，本项目的实施，对所在流域的环境污染治理起到了促进作用。从近期看，在工艺生产上提高了产能；同时，也改善了周边地区的环境污染程度，确保老百姓的生命财产不受损害。本项目的实施，大大削减了污染物的排放量。

③ 可行性分析的结论。通过对三个方案的可行性分析，审核小组认为这三项方案在技术上是成熟可靠的，在环境上是友好的，在经济上效益是显著的。

6）方案的实施

此次审核过程中，企业贯彻边审核边实施的方针，共实施了40项清洁生产审核无低费方案，获得了显著的经济效益和环境效益。通过实施这些方案，实现节水7.5万吨/年，节电300MW·h/年，并且在一定程度上节约了原辅材料，减少了污染负荷，年可获得经济效益450余万元。

6.2 人造革与合成革行业环境政策标准

6.2.1 《合成革行业清洁生产评价指标体系》解读分析

2016年，国家发展改革委、工业和信息化部、环境保护部联合发布了《合成革行业清洁生产评价指标体系》，本指标体系规定了合成革行业企业清洁生产的要求，主要包括了生产工艺及装备指标、资源能源消耗指标、资源综合利用指标、污染物产生指标和清洁生产管理指标五类。本指标体系适用于合成革（各种材质、工艺制备的合成革、超纤革）生产企业的清洁生产审核、清洁生产潜力与机会的判断、清洁生产绩效评定和清洁生产绩效公告，环境影响评价、排污许可证、环保领跑者等管理制度。

6.2.1.1 主要术语定义

（1）湿法

利用水溶液凝聚、水洗等使附着于基布上的树脂凝结固化的生产工艺。

（2）干法

利用加热使载体上的树脂固化的生产工艺。

（3）压延

通过机械将物料碾延成薄膜的工艺。

（4）流延

熔体通过模具定型延展成膜的工艺。

（5）污染物产生量

指产品的生产（或加工）过程中产生污染物的量（回收装置后末端处理装置前），该类指标主要指废水和废气及污染物产生量。

6.2.1.2 主要指标说明

（1）生产工艺与装备

通过调查国内外同行业的先进生产工艺与装备水平，在满足国家产业政策要求的基础上，应采用资源消耗低、污染排放少的清洁生产工艺、装备和制造技术。具体指标可包括工艺类型、装备设备两大类，其中装备设备主要关注生产线各个环节的设备密闭性，以减少废气无组织排放。

（2）资源能源利用指标

聚氨酯合成革生产的主要原料包括无纺布、聚氨酯树脂和有机溶剂，有机溶剂目前用得最多的有二甲基甲酰胺、甲苯、丁酮等及其混合物。水耗、电耗、能耗是合成革生产过程中应当重点控制的指标。

对于干法及干法复合生产工艺，单位产品取水量约在 $15m^3$/万米，部分企业能够达到 $10m^3$/万米。本指标体系根据合成革企业的实际情况确定干法聚氨酯生产线取水量的一级指标为≤$5m^3$/万米，二级指标为≤$10m^3$/万米，三级指标为≤$15m^3$/万米。

对于压延、流延、涂覆生产工艺，主要用水为循环冷却水补水，水量较少，单位产品取水量一般为 $10m^3$/万米。本指标体系根据合成革企业的实际情况确定干法聚氯乙烯生产线取水量的一级指标为≤$5m^3$/万米，二级指标为≤$8m^3$/万米，三级指标为≤$10m^3$/万米。

对于湿法工艺，单位产品取水量一般约在 $80m^3$/万米，部分企业能够达到 $50m^3$/万米。本指标体系根据合成革企业的实际情况确定湿法聚氨酯生产线取水量的一级指标为≤$30m^3$/万米，二级指标为≤$60m^3$/万米，三级指标为≤$80m^3$/万米。

对于超细纤维基材工艺，采用甲苯抽出法的单位产品取水量一般为 80～$100m^3$/万米，部分企业能够达到 $60m^3$/万米。本指标体系根据合成革企业的实际情况确定甲苯抽出法超细纤维合成革生产线取水量的一级指标为≤$60m^3$/万米。二级指标为≤$80m^3$/万米，三级指标为≤$100m^3$/万米。采用碱减量法的单位产品取水量一般为 120～$150m^3$/万米，部分企业能够达到 $100m^3$/万米。本指标体系根据合成革企业的实际情况确定碱减量法超细纤维合成革生产线取水量的一级指标为≤$100m^3$/万米，二级指标为≤

120m^3/万米，三级指标为≤150m^3/万米。

合成革行业的综合能耗包括一次能源（如煤、石油、天然气等）、二次能源（如蒸汽、电力等）和直接用于生产的能耗工质（如冷却水、压缩空气等），但不包括用于动力消耗（如发电、锅炉等）的能耗工质。本指标体系确定综合能耗和电耗两项指标，并细分为干法及干法复合，压延、流延、涂覆等复合工艺，湿法工艺，超细纤维基材工艺四种工艺类型。

（3）污染物产生指标

合成革的加工制造过程是一个复杂的塑料加工工艺过程，产生的主要污染形式为废水和废气。

《合成革与人造革工业污染物排放标准》（GB 21902—2008）规定合成革企业从2008年8月1日起，湿法工艺单位面积产品基准排水量为50m^3/万平方米，其他工艺单位面积产品基准排水量为15m^3/万平方米。根据合成革产品标准幅宽约为146cm，每万平方米折合0.68万米，折算后，湿法工艺单位面积产品基准排水量为73m^3/万米，其他工艺单位面积产品基准排水量为22m^3/万米。

为了进一步促进污染物源头削减，湿法工艺单位产品废水产生量三级指标值分别为35m^3/万米、50m^3/万米、60m^3/万米，干法及干法复合生产、压延、流延、涂覆等复合工艺单位产品废水产生量三级指标值分别为4m^3/万米、8m^3/万米、12m^3/万米，均低于《合成革与人造革工业污染物排放标准》（GB 21902—2008）的相关规定限值。而超细纤维基材工艺比湿法工艺更加复杂，存在减量环节，该工序取水量较大，废水量也相应较大，因而超细纤维基材工艺的单位产品废水产生量三级指标为40m^3/万米、60m^3/万米、80m^3/万米（甲苯抽出法），80m^3/万米、100m^3/万米、120m^3/万米（碱减量法）。

在制造过程中除大量应用各种树脂［聚氯乙烯树脂（PVC）、聚氨酯树脂（PU）］外，还要应用各种化工产品，如增塑剂［邻苯二甲酸二辛酯（DOP）、邻苯二甲酸二丁酯（DBP）］、溶剂［二甲基甲酰胺（DMF）、甲苯（TOL）、丁酮（MEK）、乙酸乙酯（EA）］，并要在人造革与合成革生产配方中加入各种稳定剂、发泡剂等加工助剂，因此将单位产品挥发性有机物产生量作为清洁生产指标，并设定相应的指标值。考虑到DMF基本都采用了回收工艺，且与《合成革与人造革工业污染物排放标准》（GB 21902—2008）相衔接，本标准中的挥发性有机物产生指标中不包括DMF。

（4）资源综合利用指标

本指标体系中规定了溶剂二甲基甲酰胺回收率和水重复利用率两项资源回收利用指标。

（5）清洁生产管理指标

环境管理要求为定性指标。包括环境法律法规标准执行情况、产业政策执行情况、固体废物处理处置、清洁生产审核等14项，其中3项为限定性指标。

6.2.1.3 评价方法

（1）指标无量纲化

不同清洁生产指标由于量纲不同，不能直接比较，需要建立原始指标的隶属函数，如式(6-1)所示。

$$Y_{g_k}(x_{ij})=\begin{cases}100, x_{ij}\in g_k\\0, x_{ij}\notin g_k\end{cases} \tag{6-1}$$

式中 x_{ij}——第 i 个一级指标下的第 j 个二级指标；

g_k——二级指标基准值，其中 g_1 为Ⅰ级水平，g_2 为Ⅱ级水平，g_3 为Ⅲ级水平；

$Y_{g_k}(x_{ij})$——二级指标 x_{ij} 对于级别 g_k 的隶属函数。

如式(6-1)所示，若指标 x_{ij} 属于级别 g_k，则隶属函数的值为 1，否则为 0。

（2）指标权重

$$\text{一级指标的权重集 } w=\{w_1, w_2, \cdots, w_i, \cdots, w_m\}$$
$$\text{二级指标的权重集 } \omega_i=\{\omega_{i1}, \omega_{i2}, \cdots, \omega_{ij}, \cdots, \omega_{in_i}\}$$

其中，$\sum_{i=1}^{m} w_i=1$，$\sum_{j=1}^{n_i}\omega_{ij}=1$，也就是一级指标的权重之和为 1，每个一级指标下的二级指标权重之和为 1。

（3）综合评价指数计算

通过加权平均、逐层收敛可得到评价对象在不同级别 g_k 的得分 Y_{g_k}，如式(6-2)所示。

$$Y_{g_k}=\sum_{i=1}^{m}\left[w_i\sum_{j=1}^{n_i}\omega_{ij}Y_{g_k}(x_{ij})\right] \tag{6-2}$$

式中 w_i——第 i 个一级指标的权重；

ω_{ij}——第 i 个一级指标下的第 j 个二级指标的权重，其中 $\sum_{i=1}^{m} w_i=1$，$\sum_{j=1}^{n_i}\omega_{ij}=1$；

m——一级指标的个数；

n_i——第 i 个一级指标下二级指标的个数。

（4）合成革行业清洁生产企业的评定

《合成革行业清洁生产评价指标体系》采用限定性指标评价和指标分级加权评价相结合的方法。在限定性指标达到Ⅲ级水平的基础上，采用指标分级加权评价方法，计算各种工艺清洁生产综合评价指数。根据综合评价指数，确定清洁生产水平等级。

通过对不同工艺产品产量比例和综合评价指数的加权平均可得到企业清洁生产总体水平综合评价指数 Y'_{g_k}，如式(6-3)所示。

$$Y'_{g_k}=\sum_{i=1}^{m}Y^{i}_{g_k}\cdot X_i \quad (6\text{-}3)$$

式中 Y'_{g_k}——各类评价对象在级别 g_k 的得分 Y_{g_k}；

X_i——各类评价对象产量占企业总产量的比例，且 $\sum_{i=1}^{m}X_i=100\%$；

i——企业产品的代号。

对合成革企业清洁生产水平的评价，是以其清洁生产综合评价指数为依据的，对达到一定综合评价指数的企业，分别评定为清洁生产领先企业、清洁生产先进企业或清洁生产一般企业。

(5) 综合评价指数计算步骤

第一步：将新建企业或新建项目、现有企业相关指标与Ⅰ级限定性指标进行对比，全部符合要求后，再将企业相关指标与Ⅰ级基准值进行逐项对比，计算综合评价指数得分 Y'_{I}，当综合指数得分 $Y'_{\text{I}}\geqslant 85$ 分时，可判定企业清洁生产水平为Ⅰ级。当企业相关指标不满足Ⅰ级限定性指标要求或综合指数得分 $Y'_{\text{I}}<85$ 分时，则进入第二步计算。

第二步：将新建企业或新建项目、现有企业相关指标与Ⅱ级限定性指标进行对比，全部符合要求后，再将企业相关指标与Ⅱ级基准值进行逐项对比，计算综合评价指数得分 Y'_{II}，当综合指数得分 $Y'_{\text{II}}\geqslant 85$ 分时，可判定企业清洁生产水平为Ⅱ级。当企业相关指标不满足Ⅱ级限定性指标要求或综合指数得分 $Y'_{\text{II}}<85$ 分时，则进入第三步计算。

新建企业或新建项目不再参与第三步计算。

第三步：将现有企业相关指标与Ⅲ级限定性指标基准值进行对比，全部符合要求后，再将企业相关指标与Ⅲ级基准值进行逐项对比，计算综合指数得分 Y'_{III}，当综合指数得分 $Y'_{\text{III}}=100$ 分时，可判定企业清洁生产水平为Ⅲ级。当企业相关指标不满足Ⅲ级限定性指标要求或综合指数得分 $Y'_{\text{III}}<100$ 分时，表明企业未达到清洁生产要求。

根据目前我国合成革行业的实际情况，不同等级的清洁生产企业的综合评价指数列于表 6-33。

表 6-33 合成革行业不同等级清洁生产企业的综合评价指数

企业清洁生产水平	评定条件
Ⅰ级(国际清洁生产领先水平)	同时满足： ① $Y'_{\text{I}}\geqslant 85$ 分； ②限定性指标全部满足Ⅰ级基准值要求
Ⅱ级(国内清洁生产先进水平)	同时满足： ① $Y'_{\text{II}}\geqslant 85$ 分； ②限定性指标全部满足Ⅱ级基准值要求及以上

续表

企业清洁生产水平	评定条件
Ⅲ级(国内清洁生产一般水平)	同时满足: ① $Y'_{Ⅲ}=100$ 分; ②限定性指标全部满足Ⅲ级基准值要求及以上

6.2.1.4 评价案例

某公司拥有2湿2干4条生产线,生产规模为年产1200万米合成革。主要产品为PU革,幅宽137~140cm。

(1)生产工艺

合成革的生产工艺由湿法线、干法线和后段处理组成,见图6-1。

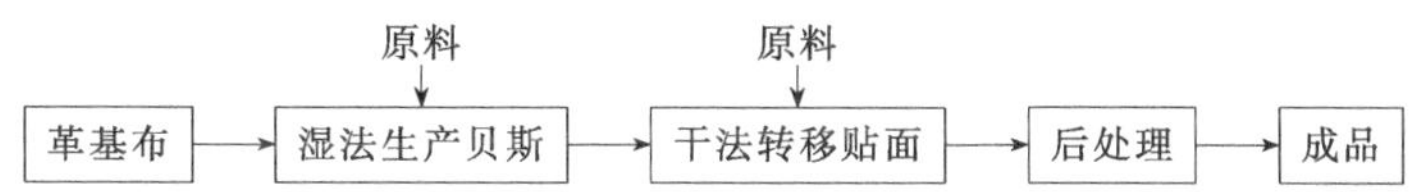

图6-1 合成革生产总工艺流程

1)湿法线生产工艺流程

湿法线生产工艺流程如图6-2所示。

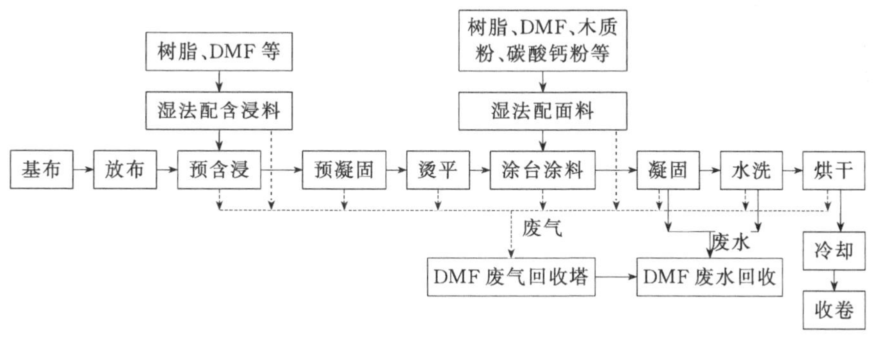

图6-2 湿法线生产工艺流程

2)干法线生产工艺流程

干法线生产工艺流程如图6-3所示。

3)直涂线生产工艺流程

由于企业产品调整和市场变化,后处理要求压花的产品越来越多。后处理要求压花的产品,对干法半成品无花纹要求。考虑到节约成本和离型纸,企业配备直涂生产线,部分代替干法生产线，图 6-4 为直涂线生产工艺流程。

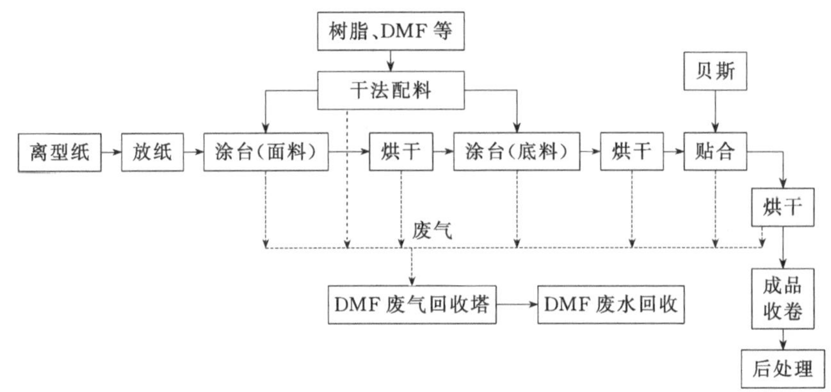

图 6-3 干法线生产工艺流程

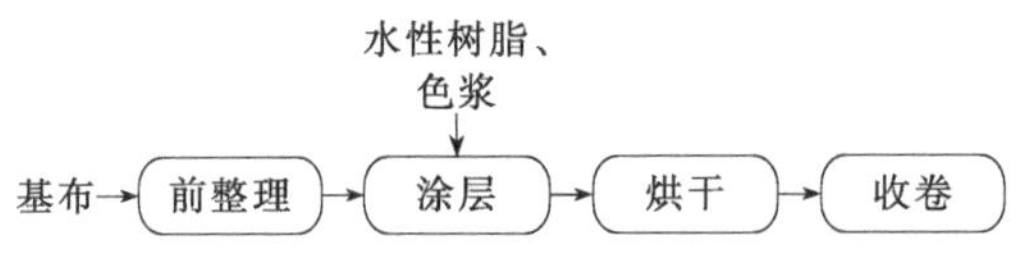

图 6-4 直涂线生产工艺流程

4）后处理生产工艺

为增加产品种类，实现产品的差别化生产带来良好的前景，揉纹、三版印刷、压花、喷涂等广泛应用于合成革成品的处理。企业后处理系统主要包括三版印刷、喷涂、压花、揉纹、磨皮和植绒等工序，见图 6-5。

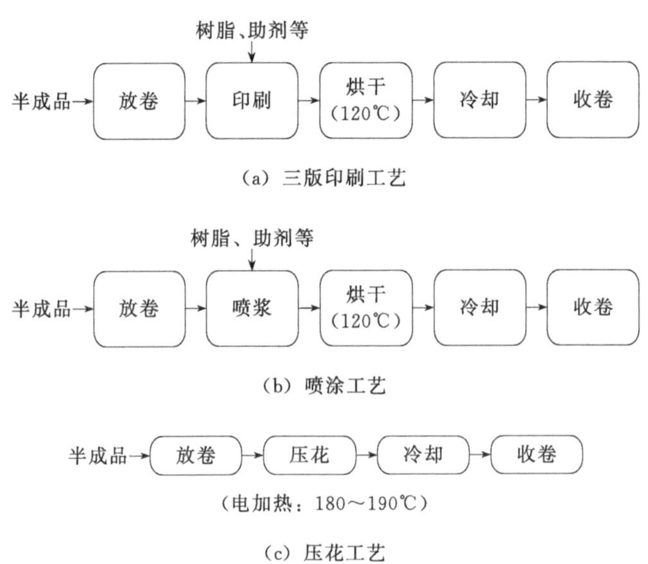

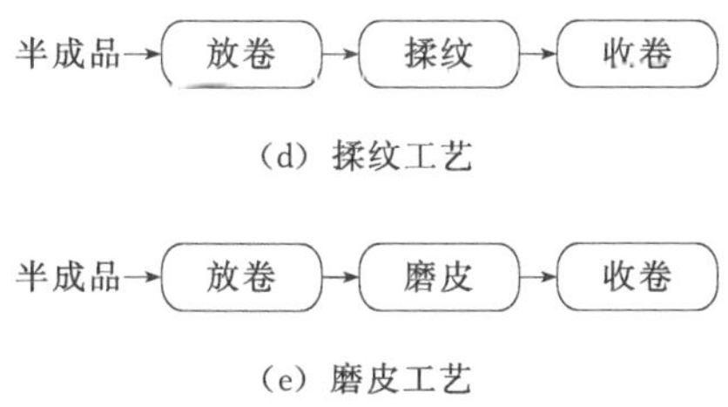

图 6-5 后处理生产工艺

（2）用能种类及供应方式

1）用电

图 6-6 所示为企业用能结构，其电力供应系统通过市政电网 10kV 高压接入，企业在用变压器 3 台。厂区配电室设有高压柜、低压柜、电容补偿柜、计量柜等。根据生产及办公生活用电需要，通过低压配电柜进行合理配置电力需求。

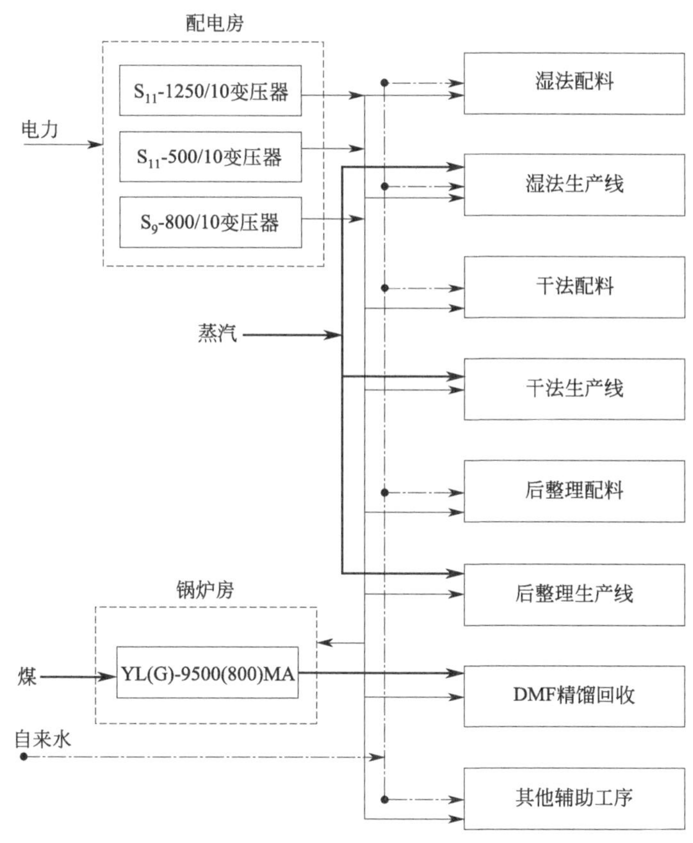

图 6-6 企业用能结构

2）热力

公司目前在用1台YL(G)-9500(800)MA锅炉800万大卡导热油锅炉[1]。热载体燃煤加热炉是以Ⅱ类烟煤为燃料，导热油为热载体，利用循环油泵，强制液相循环，将热能输送给生产用热设备后，继而返回重新加热的直流式特种锅炉。

（3）产污情况

1）湿法车间

湿法车间废水主要是预浸废水和凝固槽DMF置换废水，另外湿法废气回收塔会产生一部分含DMF的废水。

废气主要是湿法烘干过程中产生的含有少量DMF和水蒸气的废气，该废气收集后经过回收塔处理后高空排放。另外，配料搅拌过程会产生少量木质粉尘和含DMF废气。

固体废物主要有不良基布、基布包装袋、木纸筒、边角料、滤布等。

2）干法车间

干法车间废水主要是DMF废气喷淋回收塔产生的一部分含DMF的废水。

废气主要是干法烘干过程中产生的含有DMF、丙酮和水蒸气等的废气，该废气收集后经过回收塔处理后高空排放。另外，配料搅拌过程会产生少量色料粉尘和含DMF废气。

固体废物主要有破损离型纸、破损色料纸筒、树脂原料桶、滤布等。

3）后处理车间

后处理车间废水主要是揉纹工序产生的废水。

废气主要是三版印刷、直涂工序烘干过程中产生的含有DMF、丙酮和水蒸气等的废气。另外，配料搅拌过程会产生少量色料粉尘和含DMF废气。

固体废物主要有废革、废包装物、革尘等。

4）DMF回收车间

在DMF精馏回收过程中产生大量塔顶水，塔顶水经厂区里的污水处理系统处理后排放。此外，DMF与水反应水解产生二甲胺和甲酸；DMF自身在高温下也会分解生成二甲胺和一氧化碳。

5）锅炉房

企业目前通过燃煤锅炉供热，会产生一定的烟尘气体，该气体通过水膜除尘设施处理后经高空40m烟囱排放到大气中。

（4）企业现有计量情况

三级计量是本次清洁生产对标数据采集的基础，企业已在原有计量基础上积极完善数据采集所需要的计量器具，基本达到了三级计量水平。

（5）评价结果

通过数据对比分析（详见表6-34～表6-36），企业干法线综合指数得分为85.8分，为Ⅱ级（国内清洁生产先进水平）；湿法线综合指数得分为95.8分，为Ⅱ级（国内清洁生产先进水平）。

---

[1] 大卡为国际蒸汽表卡单位（cal），现常用焦耳（J）表示，1cal=4.1868J。

⊡ **表 6-34　干法及干法复合生产工艺评价指标项目对标**

一级指标			二级指标							企业实际情况	评价结果	Ⅱ级得分/分
序号	指标项	一级指标权重	指标项		单位	分权重值	Ⅰ级基准值	Ⅱ级基准值	Ⅲ级基准值			
1	生产工艺及装备指标	0.25	工艺类型		—	0.4	采用不含二甲基甲酰胺等有机溶剂的水性聚氨酯、无溶剂(零溶剂)聚氨酯及其他树脂制备合成革	采用不含二甲基甲酰胺的水性聚氨酯、无溶剂(零溶剂)聚氨酯或98%高固成份树脂的制造工艺	使用二甲基甲酰胺等有机溶剂等其他树脂的制造工艺	使用二甲基甲酰胺等有机溶剂等其他树脂的制造工艺	Ⅲ级	0
2			装备设备	配料装备	—	0.2	设置专用配料室(或配料区)配料，配料槽(罐)上方设置抽排风系统，废气经废气处理回收系统处理后排放			车间及设备设置抽排风系统，废气回收处理后排放	Ⅱ级	5
3				生产线装备	—	0.4	烘箱、涂覆区域及之间的贴合、传输区域全部配备包围型废气收集处理装置	烘箱、涂覆区域及之间的贴合、传输区域全部配备敞开型废气收集处理装置		烘箱、涂覆区域及之间的贴合、传输区域全部配备敞开型废气收集处理装置	Ⅱ级	10
4	资源能源消耗指标	0.25	单位产品新鲜取水量*		$m^3/10^4m$	0.5	≤5	≤10	≤15	9.8	Ⅱ级	12.5
5			单位产品综合能耗*		$tce/10^4m$	0.5	≤1.5	≤1.8	≤2.5	1.6	Ⅱ级	12.5
6	污染物产生指标	0.2	单位产品废水产生量*		$m^3/10^4m$	0.3	≤4	≤8	≤12	5.06	Ⅱ级	6
7			单位产品化学需氧量产生量*		$kg/10^4m$	0.2	≤1.2	≤2.4	≤3.6	2.1	Ⅱ级	4
8			单位产品氨氮产生量*		$kg/10^4m$	0.2	≤0.06	≤0.12	≤0.18	0.10	Ⅱ级	4
9			单位产品挥发性有机污染物产生量*		$kg/10^4m$	0.3	≤400	≤450	≤500	348	Ⅰ级	6

续表

序号	一级指标：指标项	一级指标：一级指标权重	二级指标：指标项	单位	分权重值	Ⅰ级基准值	Ⅱ级基准值	Ⅲ级基准值	企业实际情况	评价结果	Ⅱ级得分/分
10	资源综合利用指标	0.15	水重复利用率	%	0.5	≥80	≥70	≥60	95	Ⅰ级	7.5
11			二甲基甲酰胺回收率*		0.5	≥98	≥95	≥90	95	Ⅱ级	7.5
12	清洁生产管理指标	0.15	参见表 6-36							Ⅱ级	10.8
合计											85.8

注：标注“*”的指标项为限定性指标。

表 6-35 湿法工艺评价指标项目对标

序号	一级指标：指标项	一级指标：一级指标权重	二级指标：指标项		单位	分权重值	Ⅰ级基准值	Ⅱ级基准值	Ⅲ级基准值	企业实际情况	评价结果	Ⅱ级得分/分
1	生产工艺及装备指标	0.25	工艺类型		—	0.4	溶剂和稀释剂 100%为水	溶剂和稀释剂 100%为二甲基甲酰胺(二甲基甲酰胺)		溶剂和稀释剂 100%为二甲基甲酰胺(二甲基甲酰胺)	Ⅱ级	10
2			设备装备	配料设备	—	0.2	设置专用配料室(或配料区)配料，配料槽(罐)上方设置抽排风系统，废气经废气处理回收系统处理后排放；溶剂、稀释剂 100%采用密封管道输送	设置专用配料室(或配料区)配料，配料槽(罐)上方设置抽排风系统，废气经废气处理回收系统处理后排放		设置专用配料室(或配料区)配料，配料槽(罐)上方设置抽排风系统，废气经废气处理回收系统处理后排放	Ⅱ级	5
3				生产线设备	—	0.4	预含浸槽、含浸槽、凝固槽、水洗槽、烘箱、涂覆区、预含浸后烘干区域全部配备包围型废气收集处理装置	预含浸槽、含浸槽、凝固槽、水洗槽、烘箱、涂覆区、预含浸后烘干区域全部配备敞开型废气收集处理装置		预含浸槽、含浸槽、凝固槽、水洗槽、烘箱、涂覆区、预含浸后烘干区域全部配备敞开型废气收集处理装置	Ⅱ级	10

续表

一级指标			二级指标						企业实际情况	评价结果	Ⅱ级得分/分
序号	指标项	一级指标权重	指标项	单位	分权重值	Ⅰ级基准值	Ⅱ级基准值	Ⅲ级基准值			
4	资源能源消耗指标	0.25	单位产品新鲜取水量*	$m^3/10^4m$	0.5	≤40	≤60	≤80	58	Ⅱ级	12.5
5			单位产品综合能耗	$tce/10^4m$	0.5	≤6	≤8	≤10	7.5	Ⅱ级	12.5
6	污染物产生指标	0.2	单位产品废水产生量*	$m^3/10^4m$	0.4	≤35	≤50	≤60	40	Ⅱ级	8
7			单位产品化学需氧量产生量*	$kg/10^4m$	0.3	≤40	≤55	≤66	52	Ⅱ级	6
8			单位产品氨氮产生量*	$kg/10^4m$	0.3	≤1.0	≤1.5	≤1.8	1.2	Ⅱ级	6
9	资源综合利用指标	0.15	水重复利用率	%	0.5	≥80	≥70	≥60	90	Ⅰ级	7.5
10			二甲基甲酰胺回收率*		0.5	≥98	≥95	≥90	95	Ⅱ级	7.5
11	清洁生产管理指标	0.15	参见表6-36								10.8
合计											95.8

注：带“*”的指标项为限定性指标。

表6-36 清洁生产管理指标项目对标

序号	一级指标	一级指标权重	二级指标	分权重值	Ⅰ级基准值	Ⅱ级基准值	Ⅲ级基准值	企业实际情况	评价结果	Ⅱ级得分/分
2	清洁生产管理指标	0.15	环境法律法规标准执行情况*	0.09	符合国家和地方有关环境法律、法规，废水、废气、噪声等污染物排放符合国家和地方排放标准；污染物排放应达到国家和地方污染物排放总量控制指标和排污许可证管理要求			符合	Ⅰ级	1.35
3			产业政策执行情况	0.07	生产规模符合国家和地方相关产业政策，不使用国家和地方明令淘汰的落后工艺和装备			符合	Ⅰ级	1.05

续表

序号	一级指标	一级指标权重	二级指标	分权重值	Ⅰ级基准值	Ⅱ级基准值	Ⅲ级基准值	企业实际情况	评价结果	Ⅱ级得分/分
4	清洁生产管理指标	0.15	固体废物处理处置	0.07	采用符合国家规定的废物处置方法处置废物；一般固体废物按照 GB 18599 相关规定执行；危险废物按照 GB 18597 相关规定执行			符合	Ⅰ级	1.05
5			清洁生产审核情况	0.07	按照国家和地方要求，开展清洁生产审核			符合	Ⅰ级	1.05
6			环境管理体系制度	0.07	按照 GB/T 24001 建立并运行环境管理体系，环境管理程序文件及作业文件齐备		拥有健全的环境管理体系和完备的管理文件	拥有健全的环境管理体系和完备的管理文件	Ⅲ级	0
7			能源管理体系制度	0.07	按照 GB/T 23331 建立并运行能源管理，程序文件及作业文件齐备		拥有健全的能源管理体系和完备的管理文件	拥有健全的能源管理体系和完备的管理文件	Ⅲ级	0
8			污染物处理设施运行管理	0.07	建有废水、废气处理设施运行中控系统，建立治污设施运行台账		建立治污设施运行台账	建立治污设施运行台账	Ⅲ级	0
9			污染物排放监测	0.07	按照《污染源自动监控管理办法》的规定，安装污染物排放自动监控设备，并与环境保护主管部门的监控设备联网，并保证设备正常运行		对污染物排放实行定期监测	对污染物排放实行定期监测	Ⅲ级	0
10			能源计量器具配备情况	0.07	能源计量器具配备率符合 GB 17167、GB 24789 三级计量要求		能源计量器具配备率符合 GB 17167、GB 24789 二级计量要求	符合	Ⅰ级	1.05
11			环境管理制度和机构	0.07	具有完善的环境管理制度；设置专门环境管理机构和专职管理人员			符合	Ⅰ级	1.05
12			污染物排放口管理*	0.07	排污口符合《排污口规范化整治技术要求(试行)》相关要求			符合	Ⅰ级	1.05
13			危险化学品管理*	0.07	符合《危险化学品安全管理条例》相关要求			符合	Ⅰ级	1.05
14			环境应急	0.07	编制系统的环境应急预案，每年演练不少于一次			符合	Ⅰ级	1.05
15			环境信息公开	0.07	按照《企业事业单位环境信息公开办法》要求公开环境信息			符合	Ⅱ级	1.05
										10.8

注：标注“*”的指标项为限定性指标。

6.2.2 合成革与人造革工业污染物排放标准解读分析

6.2.2.1 《合成革与人造革工业污染物排放标准》(GB 21902—2008)

该标准规定了合成革工业企业大气污染物排放标准、水污染物排放标准，规定了污染排放控制的生产工艺要求和操作规范等要求。本标准适用于聚氯乙烯、聚氨酯合成革生产企业的干法工艺、湿法工艺、后处理加工（表面涂饰、印刷、压花、磨皮、干揉、湿揉、植绒等)、二甲基甲酰胺精馏以及超细纤维合成革的生产。

本标准也适用于采用上述类似生产工艺的其他合成革生产企业。其他合成革企业仅仅使用的树脂不同，污染排放方式和排放的污染物基本相似，可以适用于本标准。

(1) 废气的挥发控制和收集要求

生产过程中产生的废气主要为挥发性有机物。控制有机废气的产生，有效收集产生的有机废气，控制废气的无组织排放，是对废气进行有效治理的前提要求。必须对废气的控制提出要求。

收集装置应优先采用包围型废气收集装置。并规定了收集装置的技术要求，以保证收集效率。考虑到有机废气产生的部位很多，采用列举的方式规定需要收集和控制的生产设施及其部位。本标准对收集装置的技术要求取值为：包围型控制风速≥0.4m/s；敞开型控制风速≥0.6m/s。该要求与 GB 37822—2019 对集气罩的风速要求一致。

具体落实要求如下：

① 实施全线封闭，湿法浆料停放区、湿法车间涂台设密闭的涂台间，预含浸槽、含浸槽、凝固槽、水洗槽密封，贝斯进出口局部设小包围间，确保内部风速控制在0.4m/s 以上。

② 实施全线封闭，干法配料、过滤等工序设置负压式人料分离密闭配料间、过滤间，采用密闭并自带输送浆料装置的标准化料桶，涂台区域宜确保内部风速控制在0.4m/s 以上；增加水洗区间数量，控制最后一道水洗槽浓度在 0.2%以下。

③ 涂台设置移门，使工人通过移门进出，宜采用操作台上吹气，顶底部分别抽气方式。

④ 后处理工序各三版印刷的涂台、烘箱等区域应进行密闭，喷涂车间分区单独隔断，并对每个区间采用风口吸风，捕集废气通入喷淋废气回收塔。

⑤ 应科学合理地设计废气回收系统，回收 DMF 应配备三塔及以上精馏装置，对可回收污染物可采用喷淋或静电等回收装置，干法生产线配套“一线一塔”废气喷淋回收装置，PVC 生产线配套静电回收装置。

⑥ 对不可回收的污染物应规范收集后，采用高效、稳定的工艺进行统一处理，精馏釜残放料产生的废气，以及污水站废气应收集并处置。废气的收集和处理效率均需满足环保要求，其中精馏脱胺的二甲胺尾气经多级冷凝后宜单独采用直接焚烧技术、吸附技术或化学吸收技术等净化后达标排放。

（2）有机废气的排放要求

有机污染物来源主要有溶剂、树脂、黏结剂、增塑剂及其他含有机物的原材料，主要为有机溶剂、塑料增塑剂等。常用的溶剂有二甲基甲酰胺（DMF）、甲苯、丁酮，其他的还有丙酮、异丙醇、二甲苯、乙苯、乙酸丁酯；塑料增塑剂主要有邻苯二甲酸二辛酯、邻苯二甲酸二丁酯等。有机物种类可以随着树脂和物料配方而不同。表 6-37 为合成革工业排放废气中常见有机污染物。

表 6-37　合成革工业排放废气中常见有机污染物

工艺类别	常见有机污染物
聚氯乙烯工艺	苯、甲苯、二甲基甲酰胺、邻苯二甲酸二丁酯、邻苯二甲酸二辛酯、癸二酸二辛酯、乙酸丁酯、丁醇、环己酮
聚氨酯干法工艺	二甲基甲酰胺、甲苯、苯、丁酮、丙酮、异丙醇、二甲苯、乙苯、乙酸乙酯、乙酸丁酯、二甲基环己烷
聚氨酯湿法工艺	二甲基甲酰胺、甲苯
二甲基甲酰胺精馏	二甲基甲酰胺、二甲胺
后处理工艺	二甲基甲酰胺、甲苯、苯、丁酮、二甲苯、乙苯、乙酸乙酯、乙酸丁酯、丙酮、异丙醇、丙醇

难以确定某种单一的污染物指标，但均可视为挥发性有机物。有机污染物不同于常规污染物，其对人体健康危害的特点是长期性、不确定性以及可能的“三致”性（致癌、致畸、致突变）和生殖毒性。不同种类挥发性有机物的危害性不同。另外，挥发性有机物也是造成光化学烟雾的重要原因。

考虑到实施的可能性，本标准选取以单一的挥发性有机物（VOCs）为主，同时考虑到聚氨酯合成革中用量最大的是 DMF，并且 DMF 有较成熟的控制治理方法，所以对聚氨酯合成革的 DMF 单独设立指标。另外在生产工艺要求中规定不得使用苯含量超过 1.0%（质量分数）的溶剂、稀释剂及其他原料，限制高危害性物质的使用。

（3）废水污染控制要求

现行的《污水综合排放标准》（GB 8978—1996）的浓度限值指标基本上能够满足控制污水排放的要求，故仅在《污水综合排放标准》中明确选取代表性的指标（如 pH 值、色度、悬浮物、化学需氧量、甲苯、氨氮），再增加特征污染物二甲基甲酰胺指标。

在本行业中，DMF 是最有代表性的特殊污染物，治理前废水中的 DMF 浓度一般为 1000mg/L 以上，最高可达 8000mg/L 左右。所以新污染源和一定时期后的现有污染源增加 DMF 一项指标。

DMF 精馏塔塔顶水必须经脱胺处理后回用，严禁直接回用于冷却塔、锅炉除尘或冲洗等，经冷却回用至生产线的塔顶水二甲胺浓度必须低于 50mg/L。

6.2.2.2 《挥发性有机物无组织排放控制标准》(GB 37822—2019)

2019 年，生态环境部制定发布《挥发性有机物无组织排放控制标准》(GB 37822—2019)，作为一项通用控制标准对 VOCs 无组织排放进行全过程控制。本标准规定了 VOCs 物料贮存无组织排放控制要求、VOCs 物料转移和输送无组织排放控制要求、工艺过程 VOCs 无组织排放控制要求、设备与管线组件 VOCs 泄漏控制要求、敞开液面 VOCs 无组织排放控制要求，以及 VOCs 无组织排放废气收集处理系统要求、企业厂区内及周边污染监控要求，控制环节见图 6-7。

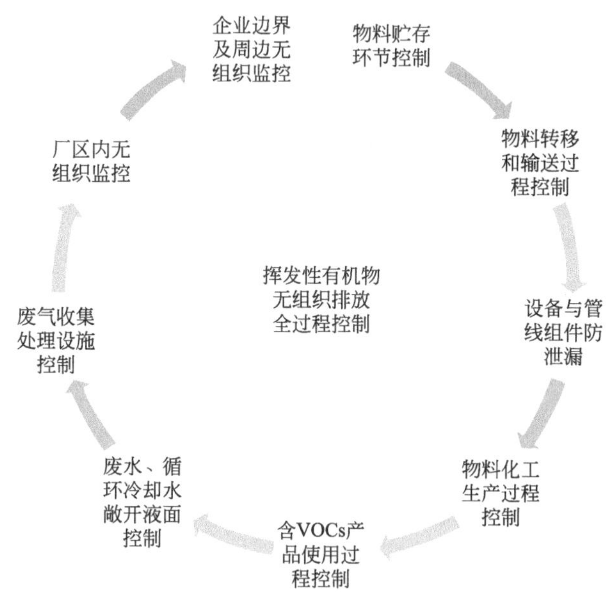

图 6-7 挥发性有机物无组织排放控制环节

(1) VOCs 物料贮存要求

1) 密闭容器/包装袋

存放在室内，或存放在设置有雨棚、遮阳和防渗设施的专用场地；在非取用状态时应加盖、封口，保持密闭。

2) 贮罐

要求贮罐密封良好；挥发性有机液体贮罐有特殊要求。

3) 储库、料仓

储库、料仓要满足对密闭空间的要求；围护结构完整，空间阻隔。

(2) VOCs 物料转移和输送要求

1) 液态 VOCs 物料

生产中使用的树脂浆料、DMF 溶剂等液态 VOCs 物料应密闭管道输送；外购的树脂浆料采用密闭容器、罐车转移。

2）粉状、粒装 VOCs 物料

主要采用气力输送设备、管状带式输送机、螺旋输送机等密闭输送设备转移；次用密闭的包装袋、容器或罐车进行物料转移。

(3) 挥发性有机液体装载要求

1）装载方式

挥发性有机液体装载过程中应杜绝溅撒，应采用底部装载和顶部浸没式装载。

2）装载设施

配备废气收集系统、气相平衡系统。

(4) 工艺无组织排放源控制要求

生产工艺中涉及油墨、胶黏剂等液体产品（VOCs 占比≥10%）或者使用有机聚合物产品（塑料母粒、胶粒/胶块等）的，生产设备应密闭，或在密闭空间中进行操作，并进行局部气体收集处理。

VOCs 物料的分类见图 6-8。

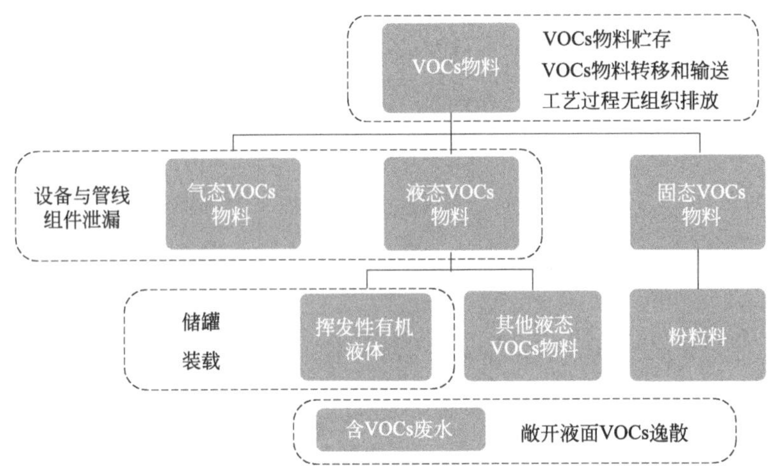

图 6-8 VOCs 物料的分类

6.2.2.3 地方排放标准

近年来，由于挥发性有机物污染防治已成为环境保护工作重点内容之一，福建制定发布了《工业企业挥发性有机物排放标准》(DB 35/1782—2018) 地方标准。

此标准规定了合成革与人造革制造在内的工业行业挥发性有机物排放控制要求。主要污染物指标包括苯、甲苯、二甲苯、氯乙烯、二甲基甲酰胺、非甲烷总烃等，具体限值见表 6-38。

与《合成革与人造革工业污染物排放标准》(GB 21902—2008) 相比，该标准中的苯、甲苯、二甲苯的排放浓度限值严于国家标准 50%，二甲基甲酰胺的排放浓度限值严于国家标准60%，另外增加了氯乙烯、非甲烷总烃排放浓度限值。

表6-38 排气筒挥发性有机物排放限值

工艺设施	污染物项目	最高允许排放浓度/(mg/m^3)	最高允许排放速率/(kg/h)			
			15m	20m	30m	40m
配料、涂布、烘干等	苯	1	0.3	0.7	1.9	3.2
	甲苯	15	0.6	1.2	3.2	5.8
	二甲苯	20	0.6	1.2	3.2	5.8
	氯乙烯	5	0.55	0.92	3.1	5.3
	二甲基甲酰胺	30	—	—	—	—
	非甲烷总烃	100	1.8	3.6	9.6	17.4

6.2.3 《产业结构调整指导目录（2019年本）》解读分析

2019年10月30日，国家发展改革委修订发布了《产业结构调整指导目录（2019年本）》。该目录共涉及行业48个，条目1477条。

其中将“聚氯乙烯普通人造革生产线”列为限制类；将“改性热塑性聚氨酯弹性体等热塑性弹性体材料开发与生产”“水性油墨、紫外光固化油墨、植物油油墨等节能环保型油墨生产”列为鼓励类。

当前，生态环境部发布的《2020年挥发性有机物治理攻坚方案》首要提出“一、大力推进源头替代，有效减少VOCs产生”，大力推进低（无）VOCs含量原辅材料替代。将全面使用符合国家要求的低VOCs含量原辅材料的企业纳入正面清单和政府绿色采购清单。

6.2.4 《关于印发重点行业挥发性有机物削减行动计划的通知》（工信部联节［2016］217号）解读分析

2016年7月8日，工业和信息化部、财政部发布《关于印发重点行业挥发性有机物削减行动计划的通知》。提出，到2018年工业行业VOCs排放量比2015年削减30万吨以上，减少苯、甲苯、二甲苯、二甲基甲酰胺（DMF）等溶剂、助剂使用量20%以上，低（无）VOCs的绿色农药制剂、涂料、油墨、胶黏剂和轮胎产品比例分别达到70%、60%、70%、85%和40%以上。

合成革行业重点推进水性与无溶剂聚氨酯，热塑性聚氨酯弹性体和聚烯烃类热缩弹性体树脂，替代有机溶剂树脂制备人造革、合成革、超纤革。

6.2.5 《重污染天气重点行业应急减排措施制定技术指南（2020年修订版）》解读

生态环境部发布《重污染天气重点行业应急减排措施制定技术指南（2020年修订

版)》《重污染天气重点行业绩效分级实施细则》。塑料人造革与合成革作为单列制造产业，将行业的“领先企业”和“一般企业”分别确定绩效应急措施。明确了塑料人造革与合成革制造行业主要产排污节点及治理设施，提出：表面处理全部使用水性树脂，全部使用环保型、高碳链、生物增塑剂的聚氯乙烯人造革企业，且环境管理水平、运输方式、运输管控满足要求的，直接列入引领性企业。全部使用水性树脂、无溶剂树脂、有机硅树脂、热塑性弹性体制备聚氨酯合成革和超细纤维合成革企业，且环境管理水平、运输方式、运输管控满足要求的，直接列入引领性企业。其他聚氯乙烯人造革、聚氨酯合成革和超细纤维合成革企业需满足全部指标，可纳入引领性企业。

6.2.5.1 工艺要求

(1) 聚氯乙烯人造革工艺要求

① 采用自动配料系统，树脂、增塑剂等 VOCs 物料采用管道输送，采用非管道方式输送 VOCs 物料时采用密闭容器。

② 直接刮涂法、离型纸法的塑化发泡、涂覆等涉 VOCs 排放区域封闭，废气排至废气收集处理系统；压延法密炼工序采用密炼机，塑化发泡在密闭空间内操作；后处理工序的涂饰区域、印刷区域、烘箱以及涂饰印刷区域同烘箱之间的传输区域封闭，废气排至废气收集处理系统；其他产生 VOCs 的主要操作区域采用集气罩收集，废气排至废气收集处理系统。

③ 工艺过程产生的 VOCs 废料（渣、液）存放于密闭容器或包装袋中；盛装过 VOCs 物料的废包装容器加盖密闭。

④ VOCs 物料贮存于密闭的容器、包装袋、贮罐、储库、料仓中；盛装 VOCs 物料的容器或包装袋存放于室内；盛装 VOCs 物料的容器或包装袋在非取用状态时应加盖、封口，保持密闭。

(2) 聚氨酯合成革工艺要求

① 采用自动配料系统，树脂等 VOCs 物料采用管道输送，采用非管道方式输送 VOCs 物料时采用密闭容器。

② 干法工艺的烘箱、涂覆区域以及涂覆区域和烘箱之间的贴合、传输区域封闭，废气排至废气收集处理系统；湿法工艺的预含浸槽、含浸槽、凝固槽、水洗槽密闭，烘箱、涂覆区、预含浸后烘干封闭，废气排至废气收集处理系统；后处理工序的涂饰区域、印刷区域、烘箱、涂饰印刷区域同烘箱之间的传输区域封闭，废气排至废气收集处理系统；其他产生 VOCs 的主要操作区域采用集气罩收集，废气排至废气收集处理系统。

③ 工艺过程产生的 VOCs 废料（渣、液）存放于密闭容器或包装袋中；盛装过 VOCs 物料的废包装容器加盖密闭。

④ VOCs 物料贮存于密闭的容器、包装袋、贮罐、储库、料仓中；盛装 VOCs 物料的容器或包装袋存放于室内；盛装 VOCs 物料的容器或包装袋在非取用状态时应加

盖、封口，保持密闭。

6.2.5.2 废气治理要求

(1) 聚氯乙烯人造革废气治理要求

① 增塑剂废气采用冷却＋静电吸附后回收。

② 人造革的涂覆、烘干及后处理工序废气全部收集后，采用冷凝回收＋燃烧工艺（包括直接燃烧、蓄热燃烧、催化燃烧），或吸附浓缩＋燃烧工艺（包括直接燃烧、蓄热燃烧、催化燃烧）进行处理。

(2) 聚氨酯合成革废气治理要求

① 干法生产线、湿法生产线废气全部收集后，采用“一线一塔”三级水喷淋吸收＋精馏回收工艺，或采用燃烧工艺（包括直接燃烧、蓄热燃烧、催化燃烧），或采用吸附浓缩＋燃烧工艺（包括直接燃烧、蓄热燃烧、催化燃烧）进行处理。

② 后处理工序废气全部收集后，采用燃烧工艺（包括直接燃烧、蓄热燃烧、催化燃烧），或采用吸附浓缩＋燃烧工艺（包括直接燃烧、蓄热燃烧、催化燃烧）进行处理。

③ 若采用精馏回收工艺，精馏塔为三塔形式（包括浓缩塔Ⅰ、浓缩塔Ⅱ、精馏塔），DMF 精馏塔塔顶水必须经脱胺处理后回用，严禁直接回用于冷却塔、锅炉除尘或冲洗等，经冷却回用至生产线的塔顶水二甲胺浓度必须低于 50mg/L。精馏脱胺二甲胺尾气采用合理的内循环或净化方式处理。

6.2.5.3 废水收集与处理要求

工艺废水采用密闭管道输送，集输系统的接入口和排出口采取与环境空气隔离的措施；废水贮存、处理设施，在曝气池及其之前加盖密闭或采取其他等效措施，并密闭排气至有机废气治理设施或脱臭设施；污水处理站废气采用吸收、氧化、生物法等组合工艺进行处理。

6.2.5.4 排放限值

各项污染物满足《合成革与人造革工业污染物排放标准》(GB 21902—2008) 排放限值，并满足相关地方排放标准要求。

6.2.5.5 监测监控水平

重点排污企业主要排放口安装烟气排放连续监测系统（CEMS），监测颗粒物（PM）、非甲烷总烃（NMHC），数据至少保存一年以上。

6.2.5.6 环境管理水平

(1) 环保档案齐全

① 环评批复文件；

② 排污许可证及执行报告；

③ 竣工验收文件；

④ 废气治理设施运行管理规程；

⑤ 五年内废气监测报告。

（2）台账记录

① 生产设施运行管理信息（生产时间、运行负荷、产品产量等）；

② 废气污染治理设施运行管理信息（除尘滤料更换量和时间、燃烧室温度等）；

③ 监测记录信息［主要污染排放口废气排放记录（手工监测和在线监测）等］；

④ 主要原辅材料消耗记录；

⑤ 燃料（天然气）消耗记录。

（3）人员配置

设置环保部门，配备专职环保人员，并具备相应的环境管理能力。

6.2.5.7 运输方式

物料、产品运输全部使用达到国五及以上排放标准重型载货车辆（含燃气）或者使用新能源汽车；厂内运输全部使用达到国五及以上排放标准重型载货车辆（含燃气）或者使用新能源汽车；厂内非道路移动机械全部达到国三及以上排放标准或使用纯电动机械。

参考文献

［1］ 徐韬．我国环境影响评价的发展历程及其发展方向［J］．法制与社会，2009（16）：326-327.

［2］ 国家环境保护总局监督管理司．中国环境影响评价培训教材［M］．北京：化学工业出版社，2000：6-7.

［3］ 李卫波，侯可斌．新形势下环境影响评价制度改革思考［J］．环保科技，2021，27（2）：44-47，52.

［4］ 胡飞，任腾希，等．从《建设项目环境影响评价分类管理名录》的修订历程谈辐射环境管理［J］．环境与可持续发展，2019，44（2）：138-140.

［5］ 龙平沅．不饱和聚酯树脂项目环境影响评价关注要点［J］．化学工程与装备，2015（6）：256-260，266.

［6］ 樊播．建设项目竣工环境保护验收问题探讨［J］．化工设计通讯，2021，47（1）：129-130.

［7］ 刘宁，汪劲．《排污许可管理条例》的特点、挑战与应对［J］．环境保护，2021，49（9）：13-18.

［8］ 环境保护部清洁生产中心．清洁生产审核手册［M］．北京：中国环境出版社，2015：1-7.

［9］ 鲍建国，周发武．清洁生产实用教程［M］．3版．北京：中国环境出版社，2018：1-15.

［10］ 程言君，吕竹明，孙晓峰．轻工重点行业清洁生产及污染控制技术［M］．北京：化学工业出版社，2010：12-18.

第7章 人造革与合成革企业环境管理

环境管理的产生有着深刻的社会历史背景，是环境科学发展和环境保护实践发展的必然结果。环境管理是运用行政、法律、经济、教育和科学技术等综合手段，控制生态环境和经济社会协调发展的方法。环境管理为环境科学的后起之秀，其根本作用在于运用现代化手段控制污染、保护自然，使生态环境与社会经济协调发展。

工业企业的环境管理同工业企业的计划管理、生产管理、技术管理、质量管理等各项专业管理一样，是工业企业管理的一个组成部分。工业企业的生产过程既是产品的形成过程又是物质的消耗过程一部分原料经过劳动转化为产品，一部分原料变成污染物排入环境。原料转化为产品的量多，污染物排放的量就少；反之，污染物排放的量就多。因此，提高原料或资源利用率以控制环境污染，是工业企业环境管理的主要任务。企业在发展的不同阶段，其环境管理的重点内容会有所侧重，不同阶段呈现出不同的管理目标。

7.1 园区环境管理

7.1.1 我国工业园区的发展情况

随着我国城市化和工业化的发展，越来越多的企业向工业园区集中，工业园区在助力区域经济快速发展的同时，也成为各地环境管理重点关注区域。

国家发展改革委、科技部、国土资源部、住房和城乡建设部、商务部、海关总署印发了2018年第4号公告，发布了《中国开发区审核公告目录》（2018年版），2018年版目录包括2543家开发区，其中国家级开发区552家和省级开发区1991家。国家级开发区中，高新技术产业开发区156家，经济技术开发区219家。自1984年设立首批国家级经济技术开发区以来，我国各类开发区发展迅速，成为推动我国工业化、城镇化快速发展和对外开放的重要平台，对促进体制改革、改善投资环境、引导产业集聚、发展开放型经济发挥了不可替代的作用。

改革开放四十多年以来，我国的工业园区建设取得了良好的经济效益，创造了近60%的工业GDP，成为推动我国城镇化、工业化快速发展和对外开放的重要平台，对发展开放型经济和引导产业集聚发挥了不可替代的作用。与此同时，园区是资源与能源消耗强度最大、污染排放最集中的区域，是对生态环境影响最广的场所。研究显示，2014年，1604家省级及以上园区淡水消耗、二氧化硫排放和氮氧化物排放分别占同年全国总量的4.6%、12%和15%，全国工业园区贡献了全国二氧化碳排放的31%，园区的绿色发展是提升当前资源利用效率，破解污染攻坚的关键。

7.1.2 工业园区的优势和问题

经过多年的建设，我国工业园区在区域经济发展、城镇化进程、带动区域就业等方面取得了不小的成就，但是在开发区发展过程中，也出现了数量过多、布局不合理、低水平重复建设、恶性竞争等问题。

工业园区相比于单个企业在很多方面存在优势，主要表现在以下几个方面。

① 工业园区和产业集群可以产生明显的外部规模效应。

② 工业园区有利于大批中小企业向专业化、社会化发展，产生较强的内部规模效应。

③ 工业园区促进了产业区域分工细化和新型产业基地的形成。

④ 工业园区对地方和区域经济社会发展和进步产生了很大的推动作用。

⑤ 工业园区的污染物产生和排放较为集中，可进行集中治理，节约治理成本。

⑥ 工业园区的各企业生产废弃物可进行互相协调利用，有利于循环经济模式的建立。

⑦ 工业园区带来的产业集群效应有利于“抱团取暖”，形成整体国际竞争力。

⑧ 工业园区作为一个整体，有利于各项政策的整体把控和推进。

借鉴于发达国家的成熟经验，结合我国的国情，我国工业园区多采取了集中化、规模化、基地化、园区化的发展模式，但也呈现出了污染聚集、达标率低等整体问题，主要表现在以下几个方面。

① 工业园区环境管理的监管手段不完善，管理水平低，应急处理措施缺乏。

② 园区环境管理职能部门自身专业性不强，相关设施配备不足，管理操作人员缺乏培训，环保后续的污染治理工作被动。

③ 工业园区的建设周期长、开发面积大，对周边生态环境影响大。园区的污染强度大，影响广。

④ 我国大多数园区内都设有环境监测预警平台，可以说监测预警平台是发现环境风险并制订有效管控决策的大脑，但由于制度和技术上的不足阻碍了监控预警作用的发挥。

⑤ 环境执法监管不力。一些企业一旦进入园区，对其环境监管就形成了“免检”程序。企业的很多环保责任转移到园区，而对园区又没有相应的监管制度，最终的实质就是企业通过园区的免于担责，形成了环境监管的“真空”状态。

⑥ 环境风险隐患突出。有一些园区位于重点流域或人口集中区等环境敏感区域，这些工业园区对区域环境就构成了较大的环境风险，如化工园区如果环境管理不当，发生爆炸、泄漏等问题，对周边区域的影响将非常巨大。

7.1.3 人造革与合成革园区的环境管理

7.1.3.1 存在问题

随着全球经济一体化步伐的加快，中国的人造革与合成革企业呈现出向各种工业园区和产业集群集聚发展的趋势，工业园区逐渐成为推动区域经济快速增长的重要支撑。然而，在工业园区的建设和开发过程中，存在前文所述的资源和能源消耗增加、盲目选址、监管不力等问题，使得人造革与合成革园区的环境管理迫在眉睫。

7.1.3.2 改进建议

在园区规划、空间布局、产业链设计、能源利用、资源利用、基础设施、生态环境、运行管理等方面贯彻资源节约和环境友好理念，从而实现具备布局集聚化、结构绿色化、链接生态化等特色的绿色园区。

加强土地节约集约化利用水平，推动基础设施的共建共享，在园区层级加强余热余压废热资源的回收利用和水资源循环利用，建设园区智能微电网，促进园区内企业废物资源交换利用，补全完善园区内产业的绿色链条，推进园区信息、技术服务平台建设，实现园区整体的绿色发展。

园区环境管理考核应该从资源能源利用、基础设施改进、产业结构层次、园区生态环境、园区运行过程等多个方面出发。

① 对于资源能源的数据统计，园区在实际管理过程中要尽可能做到应计尽计，有效的能源资源监测是园区整体资源能源节约改进的先决条件。

② 园区对辖区内企业的环境管理情况应进行定期的考核，形成园区内企业的动态进出，对于已经不符合园区当前整体绿色发展的个别企业，需督促其进行升级改造，确保园区整体产业结构的合理性和先进性。

③ 园区的环境管理要建立相应的生态环境考核指标，对园区内各企业的废水、废气、固体废物、碳排放等相关指标给出基准要求。

④ 园区的环境管理要建立完善的管理体系和发展规划，确保园区发展有据可依。

⑤ 工业园区应积极构建区域信息交流平台，促进区域内企业相互借鉴交流，促进园区的循环经济产业有效开展。

7.1.3.3 园区环境管理案例

丽水经济技术开发区地处浙西南生态腹地，是我国主要的合成革生产企业聚集区，

2015年7月成功入选国家级园区循环化改造试点，以提高资源产出率为目标，按照“布局优化、产业成链、企业集群、物质循环、创新管理、集约发展”的要求，推进区域废物综合利用、能源高效利用、废水循环利用，共建共享共用基础设施，逐步形成低消耗、低排放、高效率、高循环的生态产业体系。

丽水经济技术开发区循环经济改造主要包括以下几个方面。

(1) DMF集中精馏处理

引进合成革二甲基甲酰胺（DMF）废水集中精馏项目，着力解决产业主要特征污染物DMF造成的系列环境问题。丽水经济技术开发区合成革产业经过多年发展，现已形成年产80亿元、全产业链的产业集群，共计62家企业，其中合成革生产企业38家，年产生含20% DMF废水共计1200kt。园区废水成分复杂，传统处理工艺存在效率低、能耗大、污染高的问题，是循环化改造的首要任务。

开发区采用“政府＋市场＋高校”的全新运行模式，由开发区管委会牵头，引进陕西鼓风机（集团）有限公司，并且与浙江大学科研技术团队合作，建设合成革DMF废水集中精馏项目，将合成革DMF废水集中交由一家第三方环境治理公司——浙江陕鼓能源开发有限公司回收处理，并采用全国首套双塔热泵负压精馏工艺。改造完成后，年节能降耗超过60kt标煤。实现了DMF废水集中管控，由原先分散在20家合成革企业转化为集中至1家第三方环境治理公司，有效解决了区域二甲胺恶臭、废水总氮超标、锅炉烟气污染等问题。年新增回收DMF近8kt，现有合成革企业每年可节约污水处理费用近3600万元。

(2) 合成革工业的转型升级

丽水是全国合成革的重要产区，拥有年产$(3\sim4)\times10^8$m合成革的生产能力，产能约占全国的7%。原来的合成革产业存在高耗能、污染物排放量大、管理粗放、创新能力弱等现象。园区采取的措施包括以下几个方面。

1) 煤改汽

淘汰全部传统燃煤锅炉，通过配套蒸汽管线及计量设备，提高能源利用效率。

2) 油改水

实施水性生态合成革生产线改造，减少源头有机溶剂投入。

3) 手动改自动

在企业配料、上料、打包等环节实施自动化改造，提升企业自动化生产水平。

4) 无组织改有组织

通过改造生产线负压集气系统及喷淋塔，提高DMF的喷淋回收率。

5) 排放改回收

通过VOCs吸附脱附冷凝回收，实现除DMF之外的轻组分VOCs回收利用。

6) 混流改分流

实施污水提标改造工程、雨污分流工程、在线监测工程等，实现废水COD、氨氮稳定达标排放。

丽水工业园区充分发挥了园区的集约化优势，对园区内合成革工业整体水平进行了有效提升，有效推动了合成革工业的绿色化和生态化。

7.2 企业环境管理

我国现行环境管理体系主要包括预防为主、谁污染谁治理和强化环境监督管理三大政策。对应这三大政策，环境管理共有八大制度，分别是环境影响评价制度、“三同时”制度、排污收费制度、环境保护目标责任制度、城市环境综合治理定量考核制度、排污许可证制度、污染集中控制制度、限期治理制度。

7.2.1 建设过程的环境管理

在项目建设初期，就用环境管理的思想，指导项目的设计、勘察和施工，力求在项目建设的最原始阶段，对项目的环境影响进行评价和分析，并采取相应的措施对项目必然产生的不利影响进行规避和消除。如第 6 章中环境影响评价制度中提到的，人造革与合成革行业在《国民经济行业分类》中属于塑料制品业（292），根据生态环境部最新发布的《建设项目环境影响评价分类管理名录（2021 年版）》规定，人造革与合成革行业新建项目的环境影响评价文件编制类别发生了变化，具体变化情况见表 6-1。

7.2.1.1 环境影响评价

（1）环境影响评价基本概念

环境影响评价是针对人类的生产或生活行为（包括立法、规划和开发建设活动等）可能对环境造成的影响，在环境质量现状监测和调查的基础上，运用模式计算、类比分析等技术手段进行分析、预测和评估，提出预防和减缓不良环境措施的技术方法。环境影响评价一旦被法律所确立，规定环境影响评价的范围、内容和申报程序，就成为有约束力的管理制度。

1979 年颁布的《中华人民共和国环境保护法（试行）》，首次确立了环境影响评价的法律地位，1989 年修订的《中华人民共和国环境保护法》对环境影响评价的法律地位进行了重申。随着环境影响评价制度在预防和减轻环境污染和生态迫害中发挥的作用日益明显，我国 2002 年颁布、2003 年实施了《中华人民共和国环境影响评价法》，并分别于 2016 年和 2018 年对该法进行了修正，在该法第一条中明确规定了其立法目的：“为了实施可持续发展战略，预防因规划和项目建设实施后对环境造成的不良影响，促进经济、社会和环境的协调发展，制定本法。”

（2）环境影响评价的法律定义和原则

《中华人民共和国环境影响评价法》第二条规定：“本法所称环境影响评价，是指对规划和建设项目实施后可能造成的环境影响进行分析、预测和评估，提出预防或者减轻不良环境影响的对策和措施，进行跟踪监测的方法与制度。”

环境影响评价是强化环境管理的有效手段，可以为开发建设活动的决策提供依据，为经济建设的合理布局提供指导，为确定某一地区的经济发展方向和规模、制定区域经济发展规划及相应的环保规划提供导向，为制定环境保护对策和进行环境管理提供科学依据。

环境影响评价的对象包括两类：一类是政府及有关部门制定的规划；另一类是建设项目。环境影响评价的内容是对评价对象实施后可能造成的环境影响进行分析、预测和评估，提出预防或者减轻不良影响的对策和措施。环境影响评价需要跟踪评价。

（3）环境影响评价文件的主要内容

环境影响评价文件主要包括以下内容：

① 建设项目概况；

② 工厂分析；

③ 建设项目周围地区的环境现状；

④ 环境影响预测；

⑤ 建设项目环境影响评价；

⑥ 环境保护设施评述及技术经济论证；

⑦ 环境影响经济损益分析；

⑧ 环境监测制度及环境管理、环境规划建议；

⑨ 环境影响评价结论。

（4）工程分析

人造革与合成革工业建设项目的工程分析，主要包括建设概况、主要建设内容、工艺流程和产污环节、物料平衡和水平衡、施工期污染源分析、运营期污染源分析、清洁生产分析、污染物总量控制、产业政策符合性、选址合理性等几个方面。

1）施工期污染源分析

① 废水。施工期的生产废水主要来自车辆设备冲洗的含油废水、水泥混凝土浇筑养护用水等。水泥混凝土浇筑养护用水大多被吸收或蒸发，故其废水排放污染可忽略不计，设备冲洗废水需要经相应的处理后尽可能回用，如隔油沉淀工艺处理过程产生了固体废物，应按照相应的固体废物类别进行处理处置。

施工期的生活污水包括施工人员的淋浴、洗涤和卫生用水等，一般尽可能依托周边现有生活设施减少项目对环境的影响，如没有可依托生活设施，则需要单独考虑这部分污水的处理，避免对环境造成污染。

② 噪声。施工期的噪声主要来自施工作业过程中的运输车辆和施工机械，施工期间要严格按照施工区域的声环境功能区域划分情况，在规定的时间进行施工，并采取措施控制噪声限值达到《建筑施工场界环境噪声排放标准》（GB 12523－2011）。混凝土浇灌施工前应到政府相关部门办理夜间施工许可后方可夜间施工，其他噪声产生程序应

避免夜间施工，若需夜间施工，需告知相关居民并控制施工时间。工地各种运输车辆，进入施工现场后不得鸣笛，设置木工棚、钢筋工棚等减少噪声传播。

③ 固体废物。施工期的固体废物主要为建筑模板、建筑材料下脚料、断残钢筋头、破钢管，以及水泥块、石子、砂子等。一般建筑垃圾可外售的进行外售，其他建筑垃圾进行单独处理，施工人员的生活垃圾委托施工所在地的当地环卫部门进行统一收集处理。

④ 大气污染物。施工期的大气污染物主要为土地开挖或整修过程中带来的施工扬尘，以及施工车辆等带来的废气。

施工现场及在建工程必须用围挡封闭，严禁围挡不严或敞开式施工。

工程施工前，施工现场出入口和场内主要道路必须用混凝土硬化，严禁使用其他软质材料铺设。

施工现场出入口必须配备车辆冲洗设施，加强雨天土方运输管理，严禁车体带泥上路。

施工现场集中堆放的土方和闲置场地必须覆盖、固化或绿化，严禁裸露。

施工现场运送土方、渣土的车辆必须封闭或遮盖，严禁沿路遗撒。

施工现场必须设置垃圾存放点，垃圾集中堆放并覆盖，及时清运，严禁随意丢弃。

施工现场的水泥和其他易飞扬的细颗粒建筑材料必须密闭存放或覆盖，严禁露天放置。

拆除建筑物、构筑物时，必须采用围挡隔离、洒水降尘措施，在规定期限内将废弃物清理完毕，严禁敞开式拆除和长时间堆放废弃物。

施工层建筑垃圾必须采用封闭式管道或装袋用垂直升降机械清运，严禁凌空抛掷。

遇有 4 级以上大风或重度污染天气时，必须采取扬尘应急控制措施，严禁土方开挖、土方回填、房屋拆除。

施工企业必须在施工现场安装视频监控系统，对施工扬尘实时监控。

施工现场必须建立洒水清扫制度，配备洒水设备，并有专人负责。

建设单位必须全额拨付安全文明措施费用，施工单位必须专款专用，严格落实施工扬尘治理的各项措施。

⑤ 施工期的环境监理。一般而言，处于建设期的生产型企业建设项目，有时还未建立企业内部的环境保护组织机构，因此施工期的环境管理，主要依靠施工期的环境监理机构来完成。环境监理主要指环境监理机构受项目建设单位委托，依据环境影响评价文件、环境保护行政主管部门批复及环境监理合同，对项目施工建设实行的环境保护监督管理。针对施工期环境影响的特点，企业在这个阶段的环境管理主要任务包括针对施工期的废水、废气、固体废物和噪声产生特点，提出有效的防治对策，并监督和确保防治措施落实到位。

2）运营期污染源分析

① 废水。人造革与合成革工业在生产过程中，根据工艺的不同会产生不同种类的

废水，各股废水浓度差异较大，不适合同时统一处理。一般根据各废水特点，对于工艺废水、料筒清洗等DMF浓度较高的废水进行汇总收集，并送入废水精馏塔进行DMF的回收；可回用的部分后段清洗水可以回用至含浸槽等工序，最后再根据废水排放量和剩余废水的污染物浓度进行末端处理。

需要注意的是人造革与合成革废水的处理难点在于脱氮，需要在处理工艺必选时考虑合适的处理工艺。

② 废气。人造革与合成革生产过程中的废气主要包括工艺废气和燃料燃烧废气。其中工艺废气主要来自有机溶剂的挥发，包括：溶剂在配料、运输、存放时的挥发；涂覆或含浸加工过程中有机物的挥发；烘箱加热过程中有机物的挥发；后处理过程中有机物的挥发。通常，干法工艺生产过程中的有机废气主要污染物为DMF、甲苯和丁酮等；湿法工艺生产过程中的有机废气主要污染物是DMF。燃烧废气则需根据燃料的具体种类，分析废气的主要污染类型。

对工艺废气需要进行有效的收集和处理，使排放浓度和效率达到相关的行业或地方排放标准要求。对于使用单一溶剂二甲基甲酰胺（DMF）的人造革与合成革企业，其排放的有机废气中DMF浓度较高的工序，可以采用水喷淋工艺进行吸收处理，处理后的废水与生产过程中的高浓度DMF废水混合，进入后续的精馏塔进行回收处理，以减少有机溶剂的损失。

另外，人造革与合成革生产过程中的工艺废气因涉及大量有机溶剂，二甲胺、丁酮等臭味物质浓度较大造成恶臭，在废气治理时还需要考虑脱臭、脱胺。

废水精馏塔作为含DMF废水回收有用物质的有效设备，运行过程中也会排放少量臭味较大的精馏尾气，因此精馏塔的尾气也需要进行相应处理。

部分企业使用削光剂时，砂磨工序会产生少量颗粒物，一般采用布袋除尘器进行处理。

③ 固体废物。人造革与合成革工业生产过程中产生的废离型纸、边角料、料桶壁干料、浆料过滤残渣、精馏回收釜残、污水处理污泥等，需要根据其物料特征选择处理处置方式，属于危险废物的可进行废物减量化处理，然后交由有资质的危险废物处理机构进行处理处置。一般固体废物如废离型纸、废边角料等，可根据需要外售给其他有需求的单位。

④ 噪声。人造革与合成革工业生产过程中噪声主要为各种机械设备噪声，在环评阶段需要充分考虑相应的减震、消声、降噪措施，保证噪声符合工业企业厂界噪声排放标准的有关要求。

7.2.1.2 “三同时”制度

《中华人民共和国环境保护法》和其他相关法律中规定：“建设项目防治污染的设施，应当与主体工程同时设计、同时施工、同时投产使用”，这也就是常说的“三同时”制度。同时设计是指建设项目的初步设计，应当按照环境保护设计规范的要求，编制环境保护篇章，并依据经批准的建设项目环境影响报告书或建设项目报告表，在环境保护篇章中落实防治设施的投资概算。同时施工是指在建设项目施工阶段，建设单位应当将防治污染设施的施工纳入项目的施工计划，保证其建设进度和资金落实。同时投产使用是指建设单位必须把防治污染设施与主体工程同时投入运转，不仅指正式投产使用，也包括建设项目调试运行过程中的同时投产使用。

防治污染的设施应当符合经批准的环境影响评价文件的要求，不得擅自拆除或者闲置。为保障治污效果，应确保防治污染设施正常使用。同时为了与排污许可证管理制度衔接，法律规定实行排污许可管理的，“三同时”验收可以纳入排污许可管理。对未实行排污许可管理的，可以根据环保单行法律的相关规定进行“三同时”验收。无论是否实行排污许可管理，防止污染的设施都应当符合经批准的环评文件的要求，不得擅自拆除或者闲置。

7.2.1.3 排污许可证制度

根据申报排污许可证所需要的文件资料要求，新建项目的排污单位应当在投入生产或使用并产生实际排污行为之前申请领取排污许可证。企业需要在环境影响评价文件已经获得批复或完成备案，污染治理设施已经可以正常运行，试生产开始前，进行排污许可证的申报工作。

排污单位应按照排污许可证中的规定，定期提交年度执行报告，排污单位可参照《排污许可证申请与核发技术规范　橡胶和塑料制品工业》（HJ 1122—2020），根据环境管理台账记录等归纳总结报告期内排污许可执行情况，按照执行报告提纲编写执行报告，保证执行报告的规范性和真实性，按时提交至有核发权的生态环境主管部门，台账记录留存备查。技术负责人发生变化时，应当在年度执行报告中及时报告。

对于持证时间超过 3 个月的年度，报告周期为当年全年（自然年）；对于持证时间不足 3 个月的年度，当年可不提交年度执行报告，排污许可执行情况纳入下一年度执行报告。

7.2.2 生产过程的环境管理

7.2.2.1 生产过程环境管理总体框架

环境管理体系是企业或其他管理组织管理体系的一部分，用来制定和实施其环境方针，并管理其环境要素，包括为制定、实施、实现、评审和保持环境方针所需要的组织机构、计划活动、职责、惯例、程序、过程和资源。环境方针是由最高管理者就企业或其他组织的活动、产品或其他服务中能与环境发生相互作用的要素（如噪声、废水、废气以及固体废物的排放，资源能源的消耗，危险废弃物处置等）提出的行动纲领。

生产型企业的生产过程管理体系，应包括环保台账和档案管理、环保目标与责任分工、环保保障机制（经费、人员、科技技术等）、需要使用的法律法规和内部章程、相关的环境管理培训、相关程序许可制度、污染物防治的排查流程和处置控制、环保设施运行维护及规范化管理、环保监测制度及相关设备管理等。

7.2.2.2 厂区空间的环境管理

企业的厂区综合环境管理工作包括厂区整体环境的设计、建设及日常维护管理。人造革与合成革生产区的环保隔离带范围及合成革企业的环境防护距离应通过环境影响评价确定。环保隔离带和环境防护区内不得有居民住宅、集中畜禽养殖区以及学校、医院等环境敏感目标。

溶剂贮罐区、配料间、污水收集和处理系统、危险废物贮存区、料桶清洗区的防渗要求应参照执行《危险废物贮存污染控制标准》(GB 18597—2001);输送液体化工原料和废水的管道应管廊化和可视化,配备相应的泄漏液收集设施,并便于维护和检修。料桶清洗区应设防雨及地面废水收集设施,清洗水应循环使用,废水送 DMF 精馏塔处理。

厂区建成后的有关改造项目,应当充分论证,考虑安全和环保的有关要求后,再进行施工和改造,环评中明确的区域不得随意改变其功能。化学品和原料仓库依据规范建设,按照规范悬挂相应的环境和安全标识。

7.2.2.3 生产工艺环境管理

人造革与合成革企业的生产过程环境管理,主要关注生产过程中所产生的废水、废气、固体废物和危险废物的产生点、产生量、收集处理过程以及这其中有关的可回收物质回收等。重点关注高浓度与难降解废水的处理、有机废气的收集处理、DMF 回收处理以及由此带来的二次污染问题的处理等。

生产过程的环境管理,是企业落实环境保护主体责任,完善企业环境管理机构和制度建设,规范污染防治行为,防范环境风险,加强供应链环境管理,增强企业环境守法信用的过程。生产过程是企业环境管理最值得关注的部分,其环境管理主要包括企业环境管理制度,生产过程中的过程控制,生产过程中的污染物产生节点,污染物产生情况,污染物的收集、治理、处理处置情况,污染物排放情况,以及企业自身环境监测计划等有关情况。

人造革与合成革企业应尽量采用水性聚氨酯合成革原料和生态功能性聚氨酯合成革浆料;采用甲苯抽出法工艺的超细纤维合成革企业,应采用减压蒸馏技术回收甲苯;采用碱减量法时,应采用连续式碱减量机,并配备自动补液装置、供汽加热装置、供水装置、增压装置以及张力控制和调节装置。聚氨酯树脂原料应使用容积在 $1m^3$ 以上的密闭容器贮运,湿法生产线应采用机械投加方式投加浆料。

7.2.2.4 污染治理设施的环境管理

人造革与合成革企业应建设 DMF 废水集中精馏系统。

配料间(包括料桶贮藏间)应整体封闭、集气净化,除物料和员工出入口外不得设置其它可开启的门、窗，其通风换气量应符合《工业建筑供暖通风与空气调节设计规范》（GB 50019—2015）的要求。盛放含挥发性有机物料的容器必须安装密封盖，不能密封的应加装活动盖和集气罩。粉料投加环节应配备袋式除尘设备。

合成革干、湿法生产线及后处理工段应采用包围型收集装置密闭、集气净化，涂覆区域应设置双层废气包围装置。干法生产线 DMF 工艺废气应采用独立的集气、净化设施，宜采用三段及以上循环喷淋吸收工艺；湿法生产线、后处理工段及配料间 DMF 废气宜采用两段及以上循环喷淋吸收工艺。

DMF 精馏塔塔底残渣卸料区，企业污水处理系统的初沉池、调节池、厌氧池、曝气池、污泥池和污泥脱水房，以及集中污水处理厂的厌氧池和污泥脱水系统等臭气产生环节，需采取密闭性措施进行集气净化；DMF 精馏塔二甲胺废气应经净化处理或由真空泵抽出后通过管道送往锅炉焚烧；DMF 贮罐呼吸气孔需配备水喷淋净化装置。

7.2.2.5 企业环境自行监测

排污单位在申请排污许可证时，应按照《排污单位自行监测技术指南　橡胶和塑料制品》中确定的产排污节点、排放口、污染物种类及许可排放限值等要求，制定自行监测方案，并在全国排污许可证管理平台中明确。对于 2015 年 1 月 1 日（含）之后取得环境影响评价审批意见的排污单位，审批意见中有其他自行监测管理要求的，应当同步完善自行监测方案。

自行监测方案中应明确排污单位的基本情况、监测点位及示意图、监测指标、执行排放标准及其限值、监测频次、采样和样品保存方法、监测分析方法和仪器、监测质量保证与质量控制、自行监测信息公开等。其中，监测频次为至少获取 1 次有效监测数据的监测周期。

排污单位自行监测原则上采用手工监测。采用手工监测的污染物指标，排污单位应当填报开展手工监测的污染物排放口、监测点位、监测方法、监测频次等，手工监测时生产负荷应不低于本次监测与上一次监测周期内的平均负荷。

对于监测频次高、自动监测技术成熟的监测指标，可以优先选用自动监测技术。采用自动监测的污染物指标，排污单位应当如实填报自动监测系统的污染物指标、联网情况、运行维护情况等。

排污单位可自行或委托其他具备相应资质的监测机构开展监测工作，并安排专人专职对监测数据进行记录、整理、统计和分析。排污单位对监测结果的真实性、准确性、完整性负责。

7.2.2.6 危险废物贮存和转移技术要求

企业生产过程中产生的危险废物应执行《危险废物贮存污染控制标准》（GB 18597—2001）的相关要求。不同类别的危险废物要分类贮存，危险废物贮存场所要符合国家相关标准的要求。

企业产生的危险废物应按照国家要求交由具有危险废物处理资质的单位进行集中处

理处置。生产企业在转移危险废物前，必须按照国家有关规定报批危险废物转移计划，经批准后，产生单位应当向移出地环境保护行政主管部门申请领取联单。

产生单位应当在危险废物转移前3d内报告移出地环境保护行政主管部门，并同时将中华人民共和国固体废物污染环境防预期到达时间报告接受地环境保护行政主管部门。

危险废物产生单位每转移一车、船（次）同类危险废物，应当填写一份联单；每车、船（次）有多类危险废物的，应当按每一类危险废物填写一份联单。

危险废物产生单位应当如实填写联单中产生单位栏目，并加盖公章，经交付危险废物运输单位核实验收签字后，将联单第一联副联自留存档，将联单第二联交移出地环境保护行政主管部门，联单第一联正联及其余各联交付运输单位随危险废物转移运行。

危险废物接受单位应当按照联单填写的内容对危险废物核实验收，如实填写联单中接受单位栏目并加盖公章。接受单位应当将联单第一联、第二联副联自接受危险废物之日起十日内交付产生单位，联单第一联由产生单位自留存档，联单第二联副联由产生单位在两日内报送移出地环境保护行政主管部门；接受单位将联单第三联交付运输单位存档，将联单第四联自留存档；将联单第五联自接受危险废物之日起两日内报送接受地环境保护行政主管部门。

联单保存期限为五年。

7.2.2.7 资源能源管理

企业资源能源管理是对能源的生产、分配、转换和消耗的全过程进行科学的计划、组织、检查、控制和监督工作的总称。内容包括：制定正确的资源能源开发政策和节能政策，不断完善资源能源有关规划、规程，建立资源能源控制系统，加强资源能源设备管理，及时对锅炉、工业窑炉、各类电器等进行技术改造和更新，提高资源能源利用率，实行资源能源消耗定额管理，计算出资源能源的有效消耗及工艺性损耗的指标，层层核定各项能源消耗定额，并通过经济责任制度和奖惩制度把能源消耗定额落实到车间、班组和个人，督促企业达到能耗物耗先进水平，建立健全资源能源管理制度，形成专业管理与群众管理相结合的资源能源管理体系，并不断加强对资源能源消耗的计量监督、标准监督和统计监督。

资源能源管理可通过“物料平衡测试”“水平衡测试”“能量平衡测试”等多种方式，可发现企业存在的资源能源使用问题，从而促进企业有针对性地进行设备更新、节能系统能效提升改造等。

人造革与合成革企业作为典型的生产型企业，其资源能源管理主要是针对生产过程中使用的水、电力、蒸汽等相关资源或能源，依据企业自身的资源、能源实际使用情况，从管理制度、计量网络设施管理、能源管理平台建设、资源能源管理统计和台账、近期和远期的资源能源消耗定额指标等多个方面，进行资源能源相关的环境管理工作。

《合成革单位产品能源消耗限额》（GB 36887—2018）于2019年12月开始实施，标准中根据工艺分为湿法工艺，干法工艺，后处理工艺，干法处理工艺、后处理工艺，湿法工艺、干法工艺、后处理工艺，共5类，分别给出了这5类生产工艺生产企业的1级、2级、3级能效限额标准，一般的人造革与合成革企业应至少能满足其中的3级标准限额要求。单位产品能耗限额的计算，需要企业对生产过程的各工序、过程进行有效的分区独立计量，因此对计量设备、能源管控提出了要求。

目前，多数人造革与合成革企业并未建立单独的能源管理部门，职责不明确，计量体系不完整，也缺少节能管理的有关制度和指标。应在《用能单位能源计量器具配备和管理通则》（GB 17167—2006）的基础上，根据计量需要完善计量网络和设备，建立能源管控平台，提高企业能源管理水平。

7.2.2.8 环境风险管理

（1）总体要求

环境风险管理是环境风险评价的重要组成部分，也是环境风险评价的最终目的。环境风险管理主要是决策过程，也就是要权衡某项人类活动的收益及其带来的风险。

环境风险管理的主要内容包括风险防范与减缓措施和环境应急预案。风险评价的重点在于风险减缓措施。应在风险识别、后果分析与风险评价基础上，为使事故对环境影响和人群伤害降低到可接受水平，提出相应采取的减轻事故后果、降低事故频率和影响的措施。其应从两个方面考虑：一方面是开发建设活动特点、强度与过程；另一方面是所处环境的特点与敏感性。应急预案应确定不同的事故应急响应级别，根据不同级别制定应急预案。应急预案主要内容是消除污染环境和人员伤害的事故应急处理方案，并应根据要清理的危险物质特性，有针对性地提出消除环境污染的应急处理方案。

人造革与合成革企业的主要环境风险点在于生产过程中使用的DMF、甲酯等多为易燃、易爆或有毒物质，在生产过程中需要进行爆炸、火灾、有毒有害物质泄漏等多种风险因素的识别，并就此制定相应的环境风险应急预案。

（2）风险识别

风险识别是评估、发现人造革与合成革工业生产所涉及的原辅料、废弃物等物品，以及生产系统、贮存运输系统、公用辅助工程等各方面存在的风险。

1）物质风险识别

根据《职业性接触毒物危害程度分级》（GBZ 230—2010）中的规定，可将职业接触毒物危害程度划分为极度危害、高度危害、中度危害、轻度危害和轻微危害5个级别。人造革与合成革生产中常涉及的有毒有害物质主要包括DMF、丙酮、丁酮等。

另外，根据物质易燃易爆特性，人造革与合成革工业的丙酮、丁酮等物质为2类易燃易爆物质，DMF、PU增光剂等物质为3类易燃易爆物质。

2）生产过程危险性识别

重大危险源的识别范围包括生产系统、储运系统、公用工程系统等，人造革与合成革工业生产过程需根据具体工艺情况识别生产过程的危险性。运输和贮存过程中的环境风险主要是原辅材料运输过程中的“跑、冒、滴、漏”或原料贮罐泄漏，原料蒸气在空气中混合，可引发中毒、火灾或爆炸等灾害。

3）重大危险源识别

根据危险化学品的特征和数量、单元内的存放量等情况，与《危险化学品重大危险源辨识》对比，确定重大污染源类型。

4）事故引发的伴生/次生风险识别

贮罐区、生产车间、仓库发生火灾、爆炸事故引发的伴生/次生危险识别包括：甲酯、丙酮、丁酮、DMF和甲苯贮罐内蒸气压若达到爆炸极限范围时，遇到明火可能引起爆炸，燃烧时造成大量的甲酯、丙酮、丁酮、DMF和甲苯蒸发；贮罐区、生产车间、仓库发生火灾、爆炸事故会产生大量消防废水。

泄漏事故可能有两种：一种是贮罐因腐蚀、地基沉陷等造成物料泄漏，泄漏的物料一般在围堰内或引到事故应急池内暂时贮存，然后可回收或外运处置；另一种是因为火灾或爆炸引起的泄漏事故，这时会产生大量的事故消防废水，事故消防废水含有各种污染物，应引入事故池内，并进行妥善处理。

（3）人造革与合成革企业环境风险评估

风险识别完成后，需要根据识别结果以及企业所处区域的要求，确定最终的风险等级。风险等级确定后，生产企业还需要进行环境风险事故产生原因分析，确定最大可信事故。最大可信事故是指事故造成的危害在所有预测事故中最严重，并且发生概率不为零的事故。一般情况下，人造革与合成革企业的最大可信事故为原辅材料的罐体泄漏事故。企业需要针对此提出合理可行的防范、应急与减缓措施，以降低事故危害程度。

（4）企业风险管理体系建立要求

企业需建立完整的环境风险管理体系，成立突发应急指挥中心。图7-1为典型的环境应急组织机构框架。

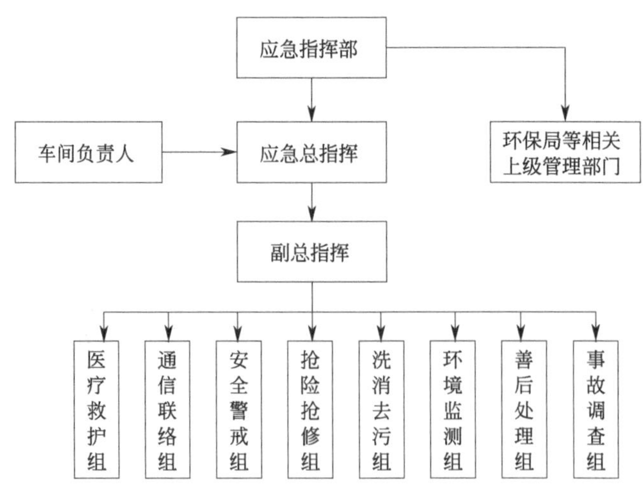

图7-1 典型环境应急组织机构框架

突发应急指挥中心负责公司突发事件的应急管理工作。应急指挥中心由各部分主管组成，总指挥由企业董事长（总经理）担任。环境突发事件发生后，由总指挥、副总指挥负责成立现场应急指挥部，指挥部由指挥中心各成员及部门组成。

根据公司职能部门的职责分工，公司应急指挥中心办公室可由生产技术部、环安部等组成。

现场应急指挥部是公司应急指挥中心的现场应急指挥机构。现场应急指挥部指挥长由事件所在部门主管担任，当分管主管不在或现场丧失指挥职能或因其他原因不能履行职责时，公司应急指挥中心立即指派或由现场最高领导接替其指挥职务。

根据事件发生的性质、特点、严重程度和现场处置工作需要，现场应急指挥部可下设医疗救护组、专业应急队伍、治安警戒组、应急监测组、工程抢险组、物资保障组、运输保障组、信息通报组、善后处理组等现场应急专业小组，以完成现场应急指挥部交办的任务。现场应急专业小组组长由现场应急指挥部指挥长指定。

（5）风险防范措施的制订

在进行风险评估并确定等级后，企业可根据需要制订相应的风险防范措施，对人造革与合成革企业来说，以下措施可以作为参考。

厂区配套完善的雨污废水收集系统及相应的切断阀设施，管网应做到管廊化、可视化。

生产车间、仓库等四周应设有效的截水沟，配套相应的导排水系统将事故废水导入事故应急池。

生产车间、罐区等地面应按规范要求进行地面防渗，预防和避免物料“跑、冒、滴、漏”和事故泄漏等污染地下水和土壤环境。

贮罐区建设符合安全规范要求的围堰，设置符合规范的避雷设施。

防止易燃易爆物质泄漏，配置防火器材及相应报警系统。

编制突发环境事件应急预案，并定期演练。

制定环境风险管理制度，落实环境风险事故的防范措施。

（6）基于环境风险评估的企业应急预案

根据《突发环境事件应急预案管理暂行办法》（环发〔2010〕113号）的要求，企业环境应急预案的编制应该符合有关要求。

1）编制原则

① 符合国家相关法律、法规、规章、标准和编制指南等规定；

② 符合本地区、本部门、本单位突发环境事件应急工作实际；

③ 建立在环境敏感点分析基础上，与环境风险分析和突发环境事件应急能力相适应；

④ 应急人员职责分工明确、责任落实到位；

⑤ 预防措施和应急程序明确具体、操作性强；

⑥ 应急保障措施明确，并能满足本地区、本单位应急工作要求；

⑦ 预案基本要素完整，附件信息正确；

⑧ 与相关应急预案相衔接。

2）主要内容

① 总则，包括编制目的、编制依据、适用范围和工作原则等；

② 应急组织指挥体系与职责，包括领导机构、工作机构、地方机构或者现场指挥机构、环境应急专家组等；

③ 预防与预警机制，包括应急准备措施、环境风险隐患排查和整治措施、预警分级指标、预警发布或者解除程序、预警相应措施等；

④ 应急处置，包括应急预案启动条件、信息报告、先期处置、分级响应、指挥与协调、信息发布、应急终止等程序和措施；

⑤ 后期处置，包括善后处置、调查与评估、恢复重建等；

⑥ 应急保障，包括人力资源保障、财力保障、物资保障、医疗卫生保障、交通运输保障、治安维护、通信保障、科技支撑等；

⑦ 监督管理，包括应急预案演练、宣教培训、责任与奖惩等；

⑧ 附则，包括名词术语、预案解释、修订情况和实施日期等；

⑨ 附件，包括相关单位和人员通讯录、标准化格式文本、工作流程图、应急物资储备清单等。

7.2.2.9 职业安全与健康管理

（1）基本概念

职业安全健康（OSH）是指一组影响工作场所内员工、临时工作人员、合同方人员、访问者和其他人员健康和安全的条件和因素。职业安全健康管理体系是指为建立职业安全健康方针和目标并实现这些目标所制定的一系列相互联系或相互作用的要素，包括为制定、实施、实现、评审和保持职业健康安全方针所需的组织结构、策划活动、职责、惯例、程序、过程和资源。

人造革与合成革行业的职业健康安全影响因素主要包括干法、湿法配料中的粉尘、配料区的有机溶剂挥发，干法、湿法生产过程中的有机溶剂挥发以及生产过程中的噪声。

企业应遵循无毒无害或低毒低害物料替代有毒有害物料，从源头减少职业病危害因素，采用机械化自动化作业代替人工作业，减少人员接触，以及进行有效的工程防护设施建设和采取个人防护措施，降低作业人员实际接触的职业危害浓度或强度。

（2）人造革与合成革行业的职业病危害因素

根据人造革与合成革企业的原辅料使用和生产工艺特点，可以确定的行业职业病危害因素主要包括 DMF、甲苯、丙酮、丁酮、粉尘、噪声、高温等，其中涉及的有机溶剂二甲基甲酰胺、甲苯、丙酮、丁酮等是合成革行业特有的职业病危害因素。

胡志勇等对台州市 14 家合成革企业进行了职业病危害现状调查，其职业病危害因素分布如表 7-1 所列。

⊡ **表 7-1 台州市 14 家合成革企业主要职业病危害因素分布**

岗位	主要职业病危害因素
配料	其他粉尘、二甲基甲酰胺、甲苯、丙酮、丁酮、乙酸乙酯、乙酸甲酯、乙酸丁酯、噪声、高温
湿法生产工序	二甲基甲酰胺、噪声
干法生产工序	其他粉尘、二甲基甲酰胺、甲苯、丙酮、丁酮、乙酸乙酯、乙酸甲酯、乙酸丁酯、噪声、高温
后处理工序	甲苯、丙酮、丁酮、噪声
二甲基甲酰胺回收工序	二甲基甲酰胺

合成革企业合成革的生产采用湿法、干法或先湿法后干法的复合式生产工艺，其生产工艺主要由湿法生产工序、干法生产工序、后处理工序及二甲基甲酰胺回收工序四部分组成。生产设备包括湿法工艺生产线、干法工艺生产线、喷涂生产线及干（湿）鞣机等，存在职业病危害因素的作业岗位主要为配料、投料、涂台、印刷、揉纹、压花、抛光、喷涂及烫光等，存在的职业病危害因素包括其他粉尘、二甲基甲酰胺、甲苯、丁酮、噪声及高温等，根据各个企业使用的原料的不同还存在丙酮、乙酸甲酯、乙酸乙酯和乙酸丁酯等职业病危害因素。

合成革企业职业病危害因素主要来源于工艺中使用的聚氨酯树脂、油墨、二甲基甲酰胺及丁酮等原辅料，调查结果表明各检测点均受到有毒物质不同程度的污染，尤其以二甲基甲酰胺和甲苯的污染最为严重，各个检测点的二甲基甲酰胺和甲苯均有不同程度的检出，有 6 家企业 10 个检测点的二甲基甲酰胺和甲苯浓度超过了《工作场所有害因素职业接触限值　第 1 部分：化学有害因素》（GBZ 2.1—2019）的规定，因此将二甲基甲酰胺和甲苯列为合成革制造企业的关键职业病危害因素，详见表 7-2。

⊡ **表 7-2 关键职业病危害因素的可能致病情况**

职业健康影响因素	相关病变
二甲基甲酰胺	可引发肝脏损害； 酒精不耐受； 生殖危害； 其他还可能引起职业性睾丸癌、严重腹痛、心跳加速、头痛、呕吐、食欲不振、焦躁、昏迷、面部及身躯潮红等
甲苯	对皮肤、黏膜有刺激作用，对中枢神经系统有麻醉作用；长期作用可影响肝、肾功能。急性中毒：病人有咳嗽、流泪、结膜充血等症状；重症者有幻觉、神志不清等，有的有癔症样发作。慢性中毒：病人有神经衰弱综合征的表现，女工有月经异常，工人常发生皮肤干燥、皲裂、皮炎

（3）人造革与合成革企业职业卫生健康的预防措施

为了进一步改善合成革企业的作业环境，切实保障广大从业人员的健康权益，现提出如下建议：

① 二甲基甲酰胺和甲苯的防治应作为合成革制造企业职业病危害防治的重点。

② 在化学毒物作业场所设置隔离设施，避免化学毒物在车间内的逸散及集聚，做

好化学毒物防治的源头控制。

③ 改善车间通风设置。设置通风防护设施是预防职业病危害尘毒污染的重要措施之一。按通风系统作用范围将其分为全面通风和局部通风。

④ 健全职业卫生管理制度，提高职业卫生认识。劳动者的职业卫生知识水平很大程度上取决于企业管理者的职业卫生知识水平。

⑤ 从制度上完善职业卫生管理。制定职业卫生专项管理制度和操作规程，加强现场管理，及时清理余料、废桶及管道，料桶配料后及时密封等。可以考虑采取先进的管道配料等方式，减少料口敞开带来的无组织排放。

（4）职业卫生管理部门的设置及工作职责

根据《中华人民共和国职业病防治法》的规定，为了预防、控制和消除职业病危害，防治职业病，保护员工的健康和相关权益，改善生产作业环境，做好职业卫生工作，企业应设立职业卫生管理部门。

职业卫生管理部门的主要工作包括以下内容：

① 职业病防治领导机构由企业法定代表人、管理者代表、相关职能部门以及工会代表组成，其主要职责是审议职业卫生工作计划和方案，布置、督查和推动职业病防治工作。

② 企业应明确工会、人事及劳动工资、企业管理、财务、生产调度、工程条件技术、职业卫生管理等相关部门在职业卫生管理方面的职责和要求。

③ 组织对接触职业危害因素的职工定期进行职业卫生培训，经考核合格后方可上岗。培训的内容包括：职业卫生法律、法规、规章、操作规程，所在岗位的职业病危害及其防护设施，个人防护用品的使用和维护，劳动者个人生活中的保健方法，紧急情况下的急救常识和避免意外伤害的紧急应对方法，劳动者所享有的职业卫生权利等。应做好培训记录并存档。

④ 识别和告知职业危害，以书面形式告知工作人员（包括防护服清洗人员等）暴露在铅等工作环境中的潜在健康影响。

⑤ 制订职业病防治方案，编制岗位安全卫生操作规程。

⑥ 对职业健康监护和职业病患者进行管理。

⑦ 组织开展职工职业病危害因素检测评价，按照 GBZ 188 规定告知职工职业健康检查结果，并保护劳动者的隐私。

⑧ 按照国家有关法律法规和标准的规定，为职工提供合格的、足量的个人防护用品，包括工作服、防尘口罩、防毒（酸）口罩、护耳器、防护鞋和手套等个人防护用品。

（5）职业卫生的方针、防治计划及管理制度

企业应依据国家有关职业病防治的法规、政策、标准的要求，根据本单位的规模和实际情况，在征询劳动者及其代表意见的基础上制定书面的职业卫生方针。

1）职业卫生方针的制定原则

① 遵守国家有关职业病防治的法律、法规、标准和规范；

② 预防和控制职业病及工作相关疾病，保护劳动者健康；

③ 应符合本单位实际，适合本单位的规模和活动性质；

④ 保证全员参与。

2）职业卫生方针基本要求

① 内容明确，注明制定日期，并经法定代表人签字生效，或签发实施；

② 及时公布，保证全体劳动者及所有相关方及时得知；

③ 定期评估，确保职业卫生方针持续的适用性。

3）职业卫生防治计划

企业制订的年度职业病防治计划应包括目的、目标、措施、考核指标、保障条件等内容。实施方案应包括时间、进度、实施步骤、技术要求、考核内容、验收方法等内容。

企业每年应对职业病防治计划和实施方案的落实情况进行必要的评估，并撰写职业卫生专（兼）职人员年度评估报告，评估报告应包括存在的问题和下一步的工作重点，书面评估报告应送达决策层阅知，并作为下一年度制订计划和实施方案的参考。

4）职业卫生管理制度

企业应根据国家、地方的职业病防治法律法规的要求，结合本单位实际制定相应的规章制度。职业卫生管理制度应涵盖职业病危害项目申报、建设项目职业病危害评价、作业场所管理、作业场所职业病有害因素监测、职业病防护设施管理、个人职业病防护用品管理、职业健康监护管理、职业卫生培训、职业危害告知等方面。

职业卫生管理制度应包括管理部门、职责、目标、内容、保障措施、评估方法等要素。

7.2.3 人造革与合成革企业的环境管理案例

人造革与合成革作为我国工业生产的传统行业，其环境管理水平发展历程充分反映了我国环境治理领域几十年的变化过程，经过几轮的结构整合和优胜劣汰，我国人造革与合成革企业多深入工业园区，在环保治理和管理、绿色产品研究开发、节能低碳发展中投入的关注也逐步提高，以求在企业持续发展和严格的环保监管、更多的出口限制中寻求一个平衡点，使得这一传统行业能够焕发新的生机。因此，企业对环境管理的认知，也从不甚重视转变为如今的日渐关注，以更加全面稳定地维持企业的生产。

7.2.3.1 企业概况

某合成革企业成立于2005年，坐落于我国南部地区合成革示范工业区内，现占地69亩，建有先进的合成革湿法生产线三条、干法生产线三条、相应的后处理（压花、三版印刷）工艺线，以及配套的DMF废水、废气处理及回收等环保治理设施。

工厂合成革生产工艺过程由三步组成。第一步是将聚氨酯浆料采用湿法生产工艺制成贝斯（底坯）；第二步为干法转移贴面，即采用离型纸法将制成的皮膜面料和底坯贴合制成聚氨酯合成革；第三步为再经压花、揉纹、印刷等后处理制成最终的合成革产品。图 7-2 为案例企业生产工艺流程简图。

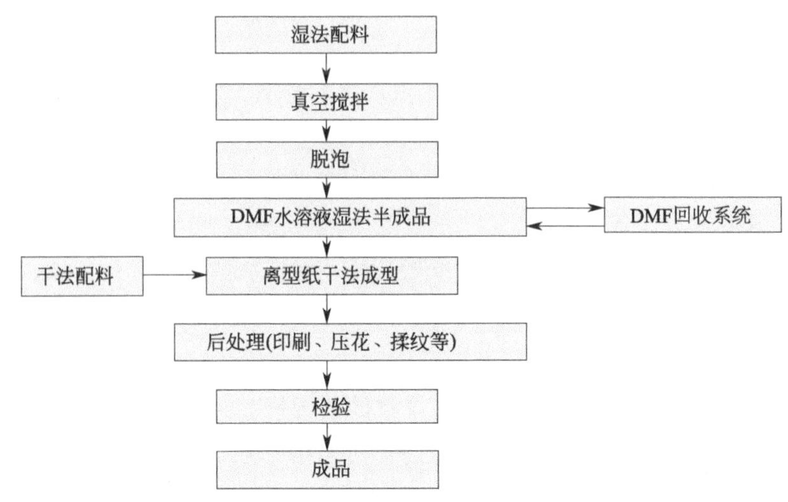

图 7-2 案例企业生产工艺流程简图

7.2.3.2 建设过程环境管理

建厂之初进行了环境影响评价，案例企业编制完成了环境影响报告表，对企业建设过程、运营过程的环境问题进行了预测和分析，对厂区优化布局、相关环境管理手段和环保治理设施建设提出了要求，并且获得了当地环保局的有关批复。

案例企业生产过程中产生的污染物主要是大气污染物和水污染物。大气污染物包括聚氨酯合成革烘干过程中产生的烘干废气、燃煤锅炉产生的锅炉烟气、PU/PVC 人造革的增塑废气、DMF 精馏塔及其他工艺废水处理过程中产生的废气等；水污染物包括 PU 合成革湿法生产线凝固水和超纤制品浸渍废水、设备清洗废水、水膜除尘冲灰水等。企业根据废气、废水的浓度、产生量等指标，设计并建设了适用的废气、废水处理设施。建设过程中严格实施“三同时”制度，环保设施与主体生产设施同时建成并投产使用，并按照相关要求完成了试生产和竣工环保验收等相关工作。

7.2.3.3 生产过程的环境管理

案例企业践行绿色发展的原则，在产品的绿色研发上加强实践，开发了更加环保的生态型合成革，从生产工艺、原料使用的源头有效降低环境污染。

企业秉持以品质为中心的经营理念，坚持节能减排、清洁生产，于 2011 年先后通过了 ISO 9001 管理体系认证、ISO 14001 环境管理体系认证、OHSAS 18001 职业健康安全管理体系认证和清洁生产审核。

企业在生产过程中，积极开展环保设施运行和维护工作，并做好处理设施的三级保养和运行维护，确保环保设施的稳定运行和污染物达标排放。对于生产过程中的固体废物，企业遵循“减量化、资源化、无害化”原则，合理选择和利用并进行规范处理处置。一般工业固体废物主要包括废离型纸、皮革边角料、废包装材料和磨皮粉尘。废离型纸、皮革边角料、废包装材料外售综合利用；磨皮粉尘回用于湿法线配料工段。危险废物主要包括废弃沾染物、废水过滤渣、洗桶残渣、化学品废包装容器、精馏塔釜残等，委托有资质的危险废物处理处置公司处置。厂内设置了符合环保管理要求的危险废物暂存间，危险废物的贮存和转移严格履行相应的要求和手续。

生产过程中的环境管理制度和方案，企业进行严格的落实和执行，申报并获得了排污许可证。企业按照排污许可证的要求进行污染物的排放，制订环境监测方案和计划并对有关信息进行公开。编制突发环境事件应急预案，对生产过程中的环境风险进行分析和预判，提出相应的方案，并根据应急预案的相关要求配备应急风险防控设施、系统，且完成定期的应急演练。

为了更加有效地提升自身环境管理水平，企业会定期对生产和环境治理管控情况进行公示，在体现社会责任的同时，获得社会相关方的监督，并列支一部分资金作为环保管理持续改进的支持资金，以支持企业自身的环保管理进入循环优化的轨道。

7.3 环境管理服务

7.3.1 环保管家的概念及发展现状

7.3.1.1 环境管家的基本概念

环保管家是一种“合同环境服务”，是新兴的一种治理环境污染的新商业模式。2016 年 4 月 15 日，环境保护部印发了《关于积极发挥环境保护作用促进供给侧结构性改革的指导意见》（环大气〔2016〕45 号），该意见中指出：“推进环境咨询服务业发展，鼓励有条件的工业园区聘请第三方专业环保服务公司作为‘环保管家’，向园区提供监测、监理、环保设施建设运营、污染治理等一体化环保服务和解决方案。”由此，在环境保护领域正式提出了环保管家的概念。

环保管家服务主要指环保服务企业为政府、为企业、为园区提供的合同式综合环保服务，其视最终取得的污染治理成效或收益来收费。

7.3.1.2 环保管家产生的背景

目前我国面临的环境问题日益严峻，党中央、国务院以及相关部委近年来制定了一系列促进绿色发展、生态文明建设的法律、法规、标准和政策。为加强环境保护工作，建立全方位的环境保护大战略，环境保护部先后出台了《大气污染防治行动计划》（简称“气十条”）、《水污染防治行动计划》（简称“水十条”）、《土壤污染防治行动计划》

（简称“土十条”）等环境保护措施，与之配套的环保法规、政策、标准也进入密集的修订期，短期内大量法律法规、标准规范、技术导则的制定、修订和实施，让企业环境管理人员应接不暇，实际工作中感觉有心无力，无从下手。在环境管理方面，事中事后管理日益严格，环保督查和执法力度加大，在环保督察巡查高压、标准加严、执法趋紧、问责加大的态势下，社会和企业环境服务需求稳步上升。在政府、市场、企业和公众的共同需求下，环境服务内涵得到扩展，服务方式、模式和手段得到创新。环保管家服务正是在上述态势和需求下应运而生的。

环保管家通过常态化的“体检”和“问诊”，及时提出预警和针对性措施，以此避免环境事故的发生，即专业的人做专业的事。

在环保越来越严的形势下，环保能力也是企业生存发展的必备能力。作为专业的环保管家，对企业环保问题“望闻问切”，对环保疑难杂症进行“科学会诊”，既能找准污染治理主要环节和风险隐患突出问题，图文并茂地形成“体检报告”，也能开出诊治“药方”；既能有效降低企业治污成本，也能有效提升企业治污能力。

7.3.2 环保管家相关政策

7.3.2.1 《国务院办公厅关于推行环境污染第三方治理的意见》（国办发〔2014〕69号）

2014年12月27日，国务院办公厅印发《国务院办公厅关于推行环境污染第三方治理的意见》（国办发〔2014〕69号）。该意见提出，第三方治理是推进环保设施建设和运营专业化、产业化的重要途径，是促进环境服务业发展的有效措施。鼓励地方政府引入环境服务公司开展综合环境服务。在工业园区等工业集聚区，引入环境服务公司，对园区企业污染进行集中式、专业化治理，开展环境诊断、生态设计、清洁生产审核和技术改造等。

7.3.2.2 《关于积极发挥环境保护作用促进供给侧结构性改革的指导意见》（环大气〔2016〕45号）

2016年4月14日，环保部印发《关于积极发挥环境保护作用促进供给侧结构性改革的指导意见》（环大气〔2016〕45号），指出：鼓励发展环境服务业。坚持污染者付费、损害者担责的原则，不断完善环境治理社会化、专业化服务管理制度。建立健全第三方运营服务标准、管理规范、绩效评估和激励机制，鼓励工业污染源治理第三方运营。

推进环境咨询服务业发展，鼓励有条件的工业园区聘请第三方专业环保服务公司作为环保管家，向园区提供监测、监理、环保设施建设运营、污染治理等一体化环保服务和解决方案。开展环境监测服务社会化试点，大力推进环境监测服务主体多元化和服务方式多样化。

7.3.2.3 《关于推进环境污染第三方治理的实施意见》（环规财函〔2017〕172号）

2017年8月9日，环境保护部印发了《关于推进环境污染第三方治理的实施意见》（环规财函〔2017〕172号），该意见指出："鼓励第三方治理单位提供包括环境污染问题诊断、污染治理方案编制、污染物排放监测、环境污染治理设施建设、运营及维护等活动在内的环境综合服务"，环保管家已成为一种全新的环境综合服务模式。

该意见还明确了第三方治理责任：排污单位承担污染治理的主体责任，可依法委托第三方开展治理服务，依据与第三方治理单位签订的环境服务合同履行相应责任和义务。第三方治理单位应按有关法律法规和标准及合同要求，承担相应的法律责任和合同约定的责任。第三方治理单位在有关环境服务活动中弄虚作假，对造成的环境污染和生态破坏负有责任的，除依照有关法律法规规定予以处罚外，还应当与造成环境污染和生态破坏的其他责任者承担连带责任。在环境污染治理公共设施和工业园区污染治理领域，政府作为第三方治理委托方时，因排污单位违反相关法律或合同规定导致环境污染，政府可依据相关法律或合同规定向排污单位追责。

7.3.3 环保管家的服务内容

环保管家服务是多方位、多层次、多角度的服务，它最大的特点就是包容性，以有效解决需求和问题为核心。

环保管家的服务对象包括政府、工业园区和企业，现以企业为例阐述环保管家服务内容。

7.3.3.1 政策、标准和技术规范培训

① 环境管理相关政策、法规、标准培训；

② 污染治理方面技术和政策文件培训；

③ 清洁生产培训等。

7.3.3.2 全方位的环保核查和技术诊断服务

① 环评及"三同时"验收的符合性排查；

② 产业政策符合性排查；

③ 废水废气的达标分析；

④ 固体废物贮存、处置规范性排查；

⑤ 环境风险排查；

⑥ 排污许可执行情况排查；

⑦ 专项督查要求预查等。

7.3.3.3 环境管理服务

① 帮助企业建立健全环保管理制度；

② 协助企业完成各类环保档案资料的整理、归档、更新和管理工作等。

7.3.3.4 排污许可相关服务

① 协助企业办理排污许可证申请、变更、延续等业务；

② 按照技术规范和相关行业标准，规范填报申请排污许可证相关信息和内容；

③ 协助企业建立污染源监测数据记录、污染治理设施运行管理台账；

④ 根据企业实际运行和环评审批情况，为企业制订废气、废水和固体废物等污染物实际污染物核算技术方案；

⑤ 为企业制订符合规范要求的自行监测方案，并协助企业联系监测机构设置监测点位、确定监测指标及频次、现场取样和数据整理分析等工作；

⑥ 编制排污许可证执行报告，包括年度报告、季度报告及月度报告等；

⑦ 协助企业对现有问题进行整改，以满足排污许可证现场核查要求等。

7.3.3.5 环境会计服务

① 针对环境税，核算应税污染当量及应纳税总额；

② 协助企业从源头削减、过程控制、末端治理措施提升等方面着力，为企业设计税额减免方案，并给出技术改造及减税方案比选分析等。

7.3.3.6 环境咨询相关服务

① 建设项目环境影响评价；

② 竣工环境保护验收监测/调查报告；

③ 变更环评、环境影响后评价；

④ 清洁生产审核；

⑤ 突发环境事件应急预案编制；

⑥ 绿色工厂建设和评价；

⑦ 节能、节水及污染治理技术和设备咨询服务；

⑧ 企业环保品牌建设等。

7.3.3.7 环保规划

① 指导帮助企业筛选编制环保标准化建设规划单位，协助企业收集完成编制环保标准化建设规划资料和数据采集，审核规划编制合同等前期准备工作；

② 协助完成规划编制工作，组织专家对企业环保标准化建设规划进行评审；

③ 指导、帮助、协同企业环保标准化建设规划的实施。

7.3.3.8 环境监测

① 协助企业完成自行监测方案编制；

② 负责审核环保监测合同等前期准备工作；

③ 指导、帮助、协助企业环保监测的实施，依据监测报告进行达标分析判断；

④ 协助企业掌握和了解自动在线监控设备运行情况；

⑤ 为企业提供环境监测服务。

7.3.3.9 设施运行

① 指导、协助企业筛选环境污染治理设施（设备技术）建设（供货）单位，协助企业收集完成编制环境污染治理设施（设备技术）可行性方案资料和数据采集，协调做好项目建设（改扩建）前期准备工作；

② 协助企业建立、完善污染治理设施运行管理制度；

③ 指导、协助企业依据企业污染治理设施运行管理制度（运行维护手册）实施监管和日常巡视检查；

④ 及时发现并报告环境污染处理设施运行故障及存在问题，协助企业做好设施维护保养工作。

7.3.3.10 环保专项资金申报

① 指导、协助企业完成环保专项资金申报材料收集和各项准备工作；

② 协助企业完成环保专项资金申报资格审核和申请工作；

③ 协助企业完成环保专项资金项目验收工作。

7.3.3.11 供应商环境管理

① 对供应商开展环保核查服务；

② 协助企业建立绿色供应链等。

7.3.4 环保管家服务的关键点

环保管家服务与传统的环境咨询服务有很大的不同，要做好环保管家服务应当注意以下几个方面。

7.3.4.1 以企业的需求为切入点

环保管家服务首先应当明确企业的实际需求。不同行业、不同类型企业在寻求环保管家服务时所面临的问题和诉求具有很大的差异性，这就决定了环保管家服务绝不能像传统的环境咨询服务那样去套用固定模式，而是要切实了解企业所面临的实际环保问题和实际需求，根据企业的实际需求组建相应的服务团队，制订有针对性的服务方案，以解决企业实际问题为出发点，开展环保管家服务。

7.3.4.2 建立一支专业的服务队伍

开展环保管家服务工作的基础力量是环保管家从业人员，从业人员如何体现“专业人做专业事”的核心在于专业综合素质的提升。从业人员要做到专业知识技能、综合应对能力的提升，需要从以下几个方面着手：自我专业知识，对国家相关政策解读及时准确，对环保设计、施工、环保设备调试及运维、环保政策把控等方面熟悉或精通。专业素质的提升贯穿于环保业务的各个方面及过程，从业人员在有效储备专业知识的基础上需要不断地更新知识，循序渐进，才能做到全方位综合服务、全过程创新服务。

此外，企业亟需解决的问题往往错综复杂，很多都是历史遗留问题，是长久堆积的疑难杂症，是综合性的难题。这就要求环保管家团队技术人员的技术能力过硬，不但要求有强硬的专业基础，更需要其具备丰富的一线经验。不断完善技术支撑是环保管家团队长期需要解决的重要课题。

7.3.4.3 环保管家服务机构和企业的充分合作

环保管家服务的关键点在于，环保管家服务机构与企业建立互补关系。环保管家团队的引入，对于企业来说应该是一种资源的补充，而不是管家团队一进入企业就甩手不管，最差的情景就是环保管家陷入单打独斗的情形。两者应有机结合，缺一不可。环保管家服务机构与企业间需要相互信任、相互协同合作，达到共赢的目的，环保管家服务机构在满足企业需求的同时，也要知敬畏守底线，这样才能确保环保管家服务的长效性。

7.3.5 人造革与合成革行业环保管家服务开展前景

7.3.5.1 人造革与合成革行业环保管家服务开展需求

人造革与合成革作为我国传统制造业中的典型行业，其生产过程中涉及的环境因素多样，污染物种类覆盖面广，相应的环境问题较为复杂，单一依靠企业相关环境管理部门进行环境管理显得日益捉襟见肘，很多专业的环境管理方案实施需要借助第三方来完成，这其中又涉及了多次的背景交代、问题对接等过程，整体来讲环境管理效率水平不高。

环保管家的兴起，为企业解决当前的管理困境提供了一个新的选择。环保管家可在有效降低企业环境管理成本的同时，更好地为企业提供环境管理服务，因此其发展前景将逐步向好。

7.3.5.2 人造革与合成革工业开展环保管家的优势

我国的人造革与合成革工业发展至今已超过半个世纪，生产工艺、技术水平有了长足的进步，且经过多年的发展产地分布较为集中，且多数人造革与合成革企业位于相应的工业园区内。同一区域内存在多家不同类型或行业上下游相关的企业，便于第三方机构在区域整体内开展环保管家服务，一方面可节省服务成本，另一方面可促进各企业间的合作和交流。

国家有关的行业标准、政策越来越多，企业为之付出的人员、时间、财力成本逐年上升，第三方管家服务可以在帮助企业完成各项环保任务的同时，有效节约人力和财力成本。

对于园区或更上级的管理部门，环保管家服务可保证企业环境管理相关工作有效推进，更好对接，让专业的人做专业的事，上级主管部门在人员培训、宣传、政策宣讲等方面更能抓住重点。

7.3.5.3 人造革与合成革工业环保管家发展的困难

环保管家服务作为近年新出现的一种环境管理服务形式，其实际运行需要大量的技术、人员储备过程，而具备相当水平的行业知识与环保知识储备、技术储备以及相应的人员支撑的第三方服务机构，数量并不多，所以在相当长的一段时间内，环保管家服务的发展还需要一个逐步完善的过程。

7.3.6 行业环保管家开展案例

7.3.6.1 服务背景

某合成革企业是一家同时拥有三条干法生产线、三条湿法生产线以及相应后处理工艺线的合成革生产企业，位于合成革工业园区内，具备一定的产品研发和环境管理能力。但是，随着环保督察力度的不断加大，所处工业园区的有关环境管理制度也日趋严格，企业虽然一直严格按照国家和地方的环保要求进行日常环境管理工作，但日常运行维护中仍难以精准把握，需不断及时应对各种新政策和新问题，无法张弛有度地进行环保管理的规划和执行。为了进一步优化环境管理水平，有效节能减排，提前预判相应的环境风险，以实施环保的精细化控制，企业梳理出了一系列亟待解决的环保问题。主要包括：

（1）规范日常环保管理需求

企业专职环保人员不足，环保人员对新出台的环保政策法规、标准规范等应接不暇，缺乏人员的统一培训，企业环保管理人员素质与需求不匹配。

（2）环保设施的运维和提升需求

企业生产过程中涉及大量 DMF 废水和废气的排放，还有部分区域的 DMF 废气存在较严重的无组织排放，DMF 废水回收利用效率也还有提升潜力。

（3）企业环境形象提升需求

我国人造革与合成革的生产规模位列世界第一，既是人造革、合成革的消费大国，也是出口大国，国外市场对我国产品的相关要求越来越高，企业为了打破贸易壁垒，获得更多的海外市场认可，需要提升企业环境形象，从而提升企业整体的知名度。

（4）其他方面的需求

企业时刻面对行业、区域和国家有关环保政策标准的提升和变化，需要对自身的环保问题进行及时的排查，消除环境风险和隐患，避免重大环保责任问题的发生，需要及时、专业的环保管理辅导。

7.3.6.2 服务内容

在接到企业委托后，环保管家服务企业成立了环保管家项目组，与企业进行对接，通过资料收集、数据分析和研判以及现场调查等方式，对企业现有环境管理模式、现状、需求和提升潜力等进行了有效分析，最终确定服务内容为环境程序咨询服务、环保设施运行诊断服务、环保培训服务、环境信息公开服务及企业环境形象建设服务等几个方面。

(1) 环境程序咨询服务

针对企业厂区分期建设、环境管理人手不足等问题，向企业提供环境程序咨询服务。梳理环保“三同时”档案，梳理企业历史建设项目档案，及时沟通和排查企业现有环境程序问题，并提出相应的解决方案，并对企业预计要进行的环保改造相关项目建立标准的环境程序流程，规范企业环保档案管理和环保管理流程。

定期为企业梳理国家、行业和区域相关的环保政策，针对新的环保法规、标准规范等，协助企业完成环保自查，使企业能够实时跟进自身环境管理。

组织专业的归档人员对企业现有的环保资料进行分类整理归档，规范企业环保设施的运行台账。

(2) 环保设施运行诊断服务

根据企业环保设施运行情况，对现有环保设施运行效率和运行方式进行研究和分析，针对运行过程中存在的问题和改进潜力提出相应的改造方案，协助企业完成环保设施的优化运行和效能提升。

针对干法生产线、DMF 高浓度废水收集、DMF 回收系统等工序存在大量 VOCs 无组织排放，根据现场勘查，对工艺线、管道、设备等存在无组织排放的工艺环节提出相应的废气收集和处理改造方案，以减少车间无组织废气的产生。

企业现有的 DMF 回收装置回收效率小于 80%，低于行业先进水平，具备较大的改进潜力。将企业现有精馏回收装置进行升级，增设两台节能型三塔三效 DMF 精馏回收装置以及塔顶水（二甲胺）净化装置，年可增加回收 333.6t DMF，且处理后的废水可回用于生产，可节约新鲜用水 31275t。

企业现有蒸汽供汽系统为燃煤锅炉，生产过程需要使用大量的蒸汽，锅炉的烟道余热未进行回收，存在较大的热能回收潜力。经过考察后，安装蒸汽发生器，对过滤烟道余热进行有效回收，年可节约煤约 200t，减少二氧化硫排放 1.59t，减少烟尘排放 0.26t。

(3) 环保培训服务

组织环保专家针对企业生产运行现状和现阶段环境管理问题，对企业进行不定期的环保培训，内容覆盖环保政策法规、环保设施的规范化操作、环境风险问题的跟进和把控、开展应急预案演练等。协助企业及时响应国家、地方和区域的环保要求，协助企业完成员工环保素质的提升。

(4) 环境形象提升服务

根据《企业事业单位环境信息公开办法》，协助其完成环境信息公开工作，编制《企业环境自行监测方案》《社会责任报告》中的环保相关部分、《企业环境信息公开报告》等，并协助企业完成公示。通过信息公开和对应的认证、体系建设，帮助企业提升环保形象，提升竞争能力。

7.3.6.3 服务程序

（1）成立项目组

根据服务要求和工作内容成立环保管家项目组，确定项目组的成员及职责分工，制订管家工作计划，细化工作流程。

（2）收集相关资料

收集最新政策法规、规范文件及各类环境保护标准，尤其是最新的政策、规范和标准等。对相关资料进行分析和研读，并结合企业特点进行分类和归纳。

同时，需要对企业现状的环保相关资料进行收集、整理和归纳，通过资料对企业现有环境管理水平进行梳理。

（3）制订服务方案和技术路线

通过对比分析所获得的政策法规标准资料和企业现有环境管理相关资料，对企业现阶段环境管理现状进行分析和研究，并深入现场进行核实和调研，列出企业存在问题和风险点，对这些问题进行分类和整理，并针对提出的问题研究相应的改进和规范方案及相关改造技术路线。

（4）长期服务规划

根据调研和分析结果，制订企业长期服务计划，对企业现有的环保问题进行有效跟进和解决，并根据行业特点制订环境管理水平提升服务计划，帮助企业完成人员素质提升培训、环保档案程序化整理以及环境管理制度的建立，使得企业的环境管理进入可持续改善的状态。另外，根据企业自身特点，制订实时跟进的环保服务计划，帮助企业将环境管理纳入稳定、有效的管理轨道。

7.3.6.4 已获得效益

经过环保管家服务，企业的现有环保问题得到了有效的诊断和改善，制定并建立了完善的环境保护相关制度和程序；提升了环保管理人员的素质，在企业内部优化了环境管理队伍；通过社会责任报告等途径对自身环境管理情况进行了有效公开，提升了企业形象，为企业的绿色发展奠定了基础。环保管家服务，使得第三方管理机构在环境政策标准解读、环保设施优化改造、环境信息咨询和相关程序建立方面的技术优势，可以高效快速地应用于企业，并且长期的合作化模式为企业长期稳定的环境管理提供了保障，有利于企业和机构的优势互补，有利于高效发展。

参考文献

[1] 谢元博，张英健，罗恩华，等．园区循环化改造成效及“十四五”绿色循环改造探索［J］．环境保护，2021，49（05）：15-20.

[2] 郝宇杭，张丹，吴虹，等．我国工业园区环境管理问题及管控方法的研究进展［J］．环境影响评价，2021，43（02）：42-45.

[3] 胡卫雅，陈栋．践行“两山”理念 打造园区循环化改造“丽水经验”——丽水经济技术开发区循环化改造典型经验介绍［J］．塑料助剂，2019（06）：50-52.

[4] 孙晓峰，程言君，田爱平．铅蓄电池行业环境管理［J］．农业环境科学学报，2015（8）：133-145.

[5] 胡志勇．台州市14家合成革制造企业职业病危害现况及管理对策［J］．职业与健康，2018，34（14）：1983-1985.

[6] 周伟．钢铁企业环保管家服务实践探讨［J］．环境与发展，2019，6：218-219.

[7] 陈迪，张湘隆．电网企业环保管家服务模式探讨［J］．环境与发展，2019，8：229-230.

[8] 冯茹．环保管家对企业治污影响的初步探讨［J］．资源节约与环保，2018，7：118-119.

[9] 敖永波．新形势下环保管家服务及案例浅谈［J］．江西化工，2018，5：185-187.

[10] 赵加丽，饶家银．浅析环保管家服务工作面临的挑战与提升措施［J］．低碳世界，2019，6：39-40.

[11] 高刚，王庆庆，等．第三方机构开展企业环保管家服务模式的探讨［J］．资源节约与环保，2019，6：127-128.

附录 1　环境保护法律法规标准汇编

（1）法律

①《中华人民共和国环境保护法》；

②《中华人民共和国水污染防治法》；

③《中华人民共和国大气污染防治法》；

④《中华人民共和国固体废物污染环境防治法》；

⑤《中华人民共和国环境噪声污染防治法》；

⑥《中华人民共和国海洋环境保护法》；

⑦《中华人民共和国环境影响评价法》；

⑧《中华人民共和国清洁生产促进法》；

⑨《中华人民共和国水土保持法》；

⑩《中华人民共和国节约能源法》；

⑪《中华人民共和国水法》；

⑫《中华人民共和国循环经济促进法》。

（2）环境保护行政法规

①《中华人民共和国水污染防治法实施细则》（中华人民共和国国务院令　第 284 号）；

②《建设项目环境管理条例》（中华人民共和国国务院令　第 253 号）；

③《排污费征收使用管理条例》（中华人民共和国国务院令　第 369 号）；

④《危险废物经营许可证管理办法》（中华人民共和国国务院令　第 408 号）；

⑤《危险化学品安全管理条例》（中华人民共和国国务院令　第 591 号）。

（3）部门规章

①《建设项目竣工环境保护验收管理办法》（国家环境保护总局令　第 13 号）；

②《排放污染物申报登记管理规定》(国家环境保护局令　第10号);

③《建设项目环境影响评价分类管理目录》(环境保护部令　第2号);

④《建设项目环境影响评价文件分级审批规定》(环境保护部令　第5号);

⑤《危险废物转移联单管理办法》(国家环境保护总局令　第5号);

⑥《限期治理管理办法(试行)》(环境保护部令　第6号);

⑦《环境保护行政处罚办法》(环境保护部令　第8号);

⑧《污染源自动监控管理办法》(国家环境保护总局令　第23号);

⑨《环境信息公开办法(试行)》(国家环境保护总局令　第35号);

⑩《建设项目环境保护设施竣工验收监测技术要求(试行)》(环发〔2000〕38号);

⑪《环境保护部建设项目"三同时"监督检查和竣工环境保护验收管理规程(试行)》(环发〔2009〕150号);

⑫《环境影响评价公众参与暂行办法》(环发〔2006〕28号);

⑬《排污费征收标准管理办法》(国家计委　财政部　国家环保总局　国家经贸委　第31号令);

⑭《产业结构调整指导目录(2019年本)》(国家发展和改革委员会令　2019年第29号);

⑮《关于深入推进重点企业清洁生产的通知》(环境保护部公告　2010年第54号);

⑯《轻工业调整和振兴规划》(国发〔2009〕15号);

⑰《关于进一步加强重点企业清洁生产审核工作的通知》(环发〔2008〕60号);

⑱《职业健康监护管理办法》(卫生部令　第23号);

⑲《关于发布〈2012年国家先进污染防治示范技术名录〉和〈2012年国家鼓励发展的环境保护技术目录〉的公告》(环境保护部公告　2012年第39号);

⑳《关于深化企业环境监督员制度试点工作的通知》(环发〔2008〕89号);

㉑《关于切实做好企业搬迁过程中环境污染防治工作的通知》(环办〔2004〕47号);

㉒《关于加强土壤污染防治工作的意见》(环发〔2008〕48号);

㉓《关于印发重点行业挥发性有机物削减行动计划的通知》(工信部联节〔2016〕217号);

㉔《"十三五"挥发性有机物污染防治工作方案》(环大气〔2017〕121号);

㉕《重点行业挥发性有机物综合治理方案》(环大气〔2019〕53号);

㉖《2020年挥发性有机物治理攻坚方案》(环大气〔2020〕33号);

㉗《关于加快解决当前挥发性有机物治理突出问题的通知》(环大气〔2021〕65号)。

(4) 环境标准

①《环境空气质量标准》(GB 3095);

②《地表水环境质量标准》(GB 3838);

③《农田灌溉水质标准》(GB 5084);

④《污水综合排放标准》（GB 8978）；
⑤《工业企业厂界环境噪声排放标准》（GB 12348）；
⑥《道路运输危险货物车辆标志》（GB 13392）；
⑦《常用危险化学品的分类及标志》（GB 13690）；
⑧《环境保护图形标志——排放口（源）》（GB 15562.1）；
⑨《环境保护图形标志——固体废物贮存（处置）场》（GB 15562.2）；
⑩《常用化学危险品储存通则》（GB 15603）；
⑪《土壤环境质量标准》（GB 15618）；
⑫《大气污染物综合排放标准》（GB 16297）；
⑬《挥发性有机物无组织排放控制标准》（GB 37822）；
⑭《危险化学品重大危险源辨识》（GB 18218）；
⑮《危险废物贮存污染控制标准》（GB 18597）；
⑯《一般工业固体废物贮存、处置场污染控制标准》（GB 18599）；
⑰《化工建设项目环境保护设计规范》（GB 50483）；
⑱《企业水平衡与测试通则》（GB/T 12452）；
⑲《制定地方大气污染物排放标准的技术方法》（GB/T 13201）；
⑳《地下水质量标准》（GB/T 14848）；
㉑《企业能源计量器具配备和管理导则》（GB/T 17167）；
㉒《城市污水再生利用　城市杂用水水质》（GB/T 18920）；
㉓《城市污水再生利用　工业用水水质》（GB/T 19923）；
㉔《职业健康安全管理体系》（GB/T 28001）；
㉕《环境影响评价技术导则　总纲》（HJ/T 2.1）；
㉖《环境影响评价技术导则　大气环境》（HJ 2.2）；
㉗《环境影响评价技术导则　地面水环境》（HJ/T 2.3）；
㉘《环境影响评价技术导则　声环境》（HJ 2.4）；
㉙《工业企业土壤环境质量风险评价基准》（HJ/T 25）；
㉚《地下水监测技术规范》（HJ/T 164）；
㉛《土壤环境监测技术规范》（HJ/T 166）；
㉜《建设项目环境风险评价技术导则》（HJ/T 169）；
㉝《环境保护产品技术要求　厢式压滤机和板框压滤机》（HJ/T 283）；
㉞《废水在线监测系统的运行维护技术规范》（HJ/T 355）；
㉟《固定源废气监测技术规范》（HJ/T 397）；
㊱《企业环境报告书编制导则》（HJ 617）；
㊲《危险废物收集、贮存、运输技术规范》（HJ 2025）；
㊳《事故状态下水体污染的预防与控制技术要求》（Q/SY 1190）；

㊴《合成革与人造革工业污染物排放标准》(GB 21902);

㊵《合成革行业清洁生产评价指标体系》(国家发展和改革委员会、环境保护部、工业和信息化部,2016 年第 21 号公告);

㊶《排污许可证申请与核发技术规范　橡胶和塑料制品工业》(HJ 1122);

㊷《人造革与合成革工业绿色园区评价通则》(T/CNLIC 0001—2019);

㊸《绿色设计产品评价技术规范　水性和无溶剂人造革与合成革》(T/CNLIC 0002—2019);

㊹《人造革与合成革工业　绿色园区评价要求》(QB/T 5597);

㊺《人造革与合成革工业　绿色工厂评价要求》(QB/T 5598);

㊻《人造革与合成革工业　节水技术要求》(QB/T 5595);

㊼《人造革与合成革工业　废水回收利用技术要求》(QB/T 5596);

㊽《服装用水性聚氨酯合成革技术条件》(QB/T 4911);

㊾《水性聚氨酯超细纤维合成革》(QB/T 4909);

㊿《人造革与合成革用水性聚氨酯表面处理剂》(QB/T 4907);

(51)《聚氨酯合成革绿色工艺技术要求》(QB/T 5042);

(52)《聚氨酯合成革　节能技术要求》(QB/T 5041);

(53)《家具用水性聚氨酯合成革》(QB/T 5350)。

附录 2　《重污染天气重点行业应急减排措施制定技术指南(2020 年修订版)》中关于塑料人造革与合成革的要求

(一)适用范围

适用于塑料人造革制造、塑料合成革制造的工业企业。塑料人造革外观和手感似皮革,其透气、透湿性虽然略逊色于天然革,但具有优异的物理、力学性能,如强度和耐磨性等,并可代替天然革使用;塑料合成革模拟天然人造革的组成和结构,正反面都与皮革十分相似,比普通人造革更近似天然革,并可代替天然革。

(二)生产工艺

1. 主要生产工艺

主要生产工艺包括聚氯乙烯直接涂刮法、聚氯乙烯离型纸法、聚氯乙烯压延法、聚氨酯干法、聚氨酯湿法、超细纤维合成革不定岛工艺、超细纤维合成革定岛工艺、后处理工艺,见附图 1～附图 8。

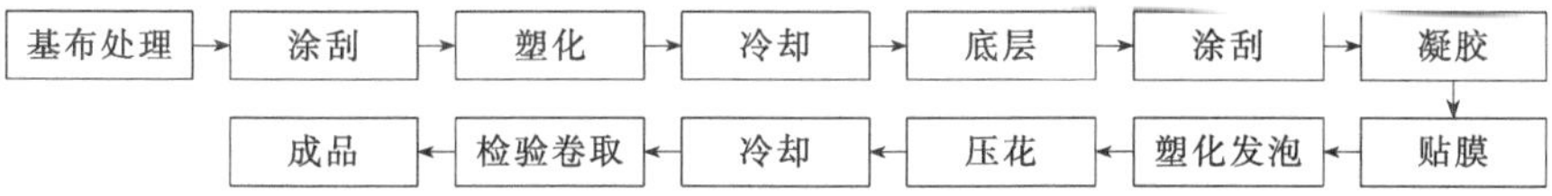
基布处理
涂刮
塑化
冷却
底层
涂刮
凝胶
贴膜
塑化发泡
压花
冷却
检验卷取
成品

附图 1 聚氯乙烯直接涂刮法生产工艺流程

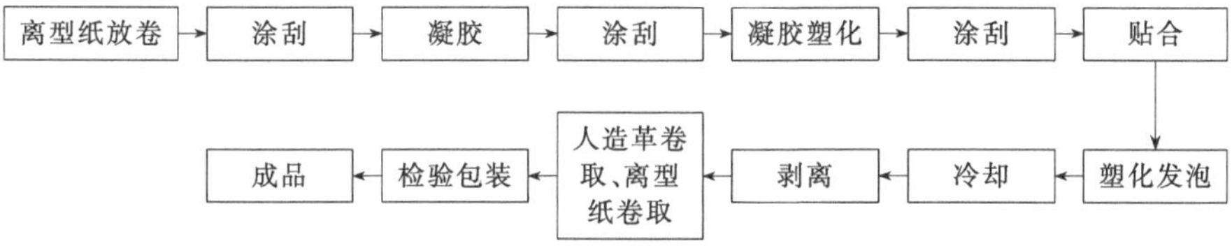
离型纸放卷
涂刮
凝胶
涂刮
凝胶塑化
涂刮
贴合
塑化发泡
冷却
剥离
人造革卷取、离型纸卷取
检验包装
成品

附图 2 聚氯乙烯离型纸法生产工艺流程

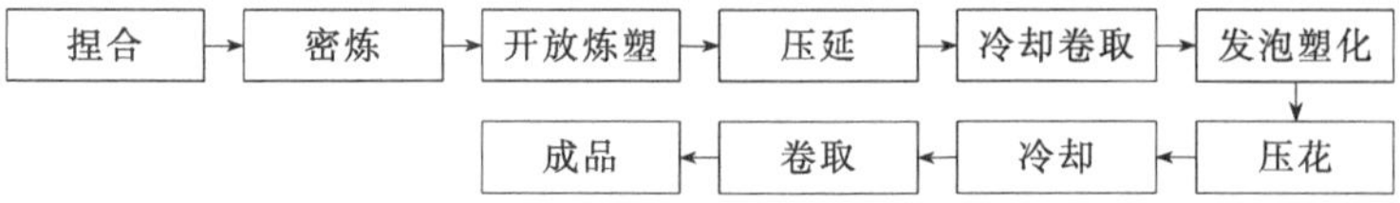
捏合
密炼
开放炼塑
压延
冷却卷取
发泡塑化
压花
冷却
卷取
成品

附图 3 聚氯乙烯压延法生产工艺流程

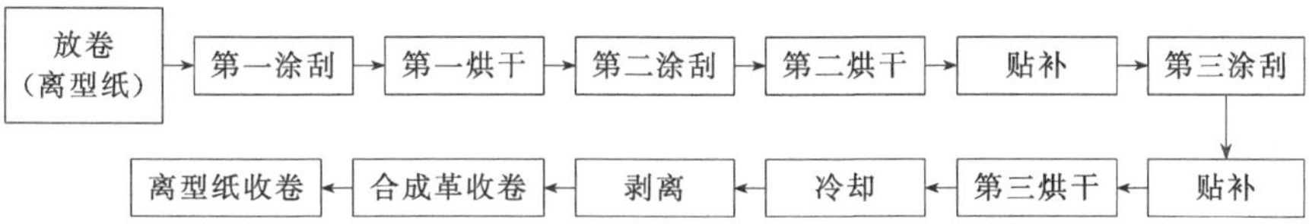
放卷（离型纸）
第一涂刮
第一烘干
第二涂刮
第二烘干
贴补
第三涂刮
贴补
第三烘干
冷却
剥离
合成革收卷
离型纸收卷

附图 4 聚氨酯干法工艺生产工艺流程

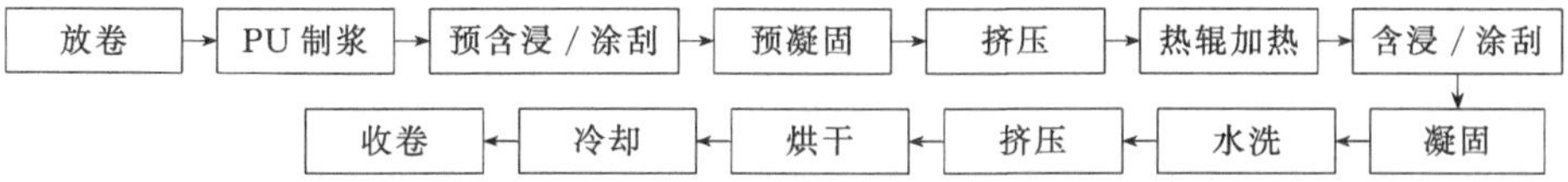
放卷
PU 制浆
预含浸 / 涂刮
预凝固
挤压
热辊加热
含浸 / 涂刮
凝固
水洗
挤压
烘干
冷却
收卷

附图 5 聚氨酯湿法工艺生产工艺流程

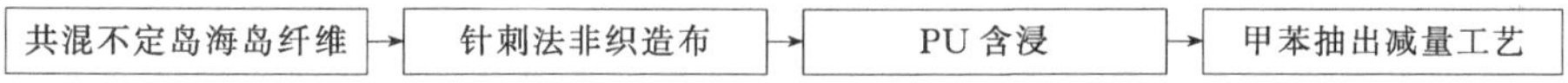
共混不定岛海岛纤维
针刺法非织造布
PU 含浸
甲苯抽出减量工艺

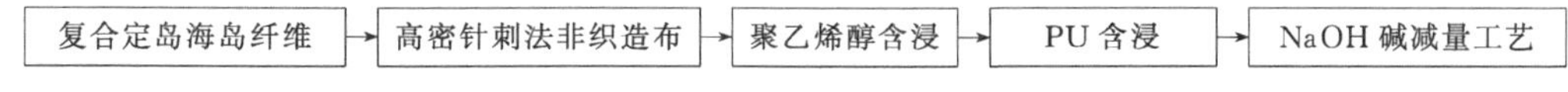

附图 6 超细纤维合成革不定岛工艺生产工艺流程

复合定岛海岛纤维
高密针刺法非织造布
聚乙烯醇含浸
PU 含浸
NaOH 碱减量工艺

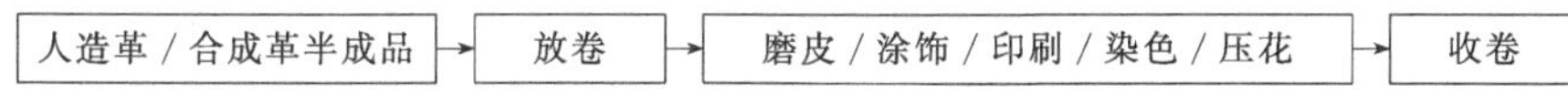

附图 7 超细纤维合成革定岛工艺生产工艺流程

人造革 / 合成革半成品
放卷
磨皮 / 涂饰 / 印刷 / 染色 / 压花
收卷

附图 8 后处理生产工艺流程

2. 主要原辅材料

（1）聚氯乙烯人造革

原料包括树脂、弹性体、溶剂、基布、离型纸等；辅料包括着色剂、增塑剂、发泡剂、表面处理剂等。

（2）聚氨酯合成革

原料包括树脂、弹性体、二甲基甲酰胺或其他溶剂、基布、离型纸等；辅料包括着

色剂、发泡剂、表面处理剂等。

(3) 超细纤维合成革

原料包括树脂、二甲基甲酰胺或其他溶剂等；辅料包括开纤溶剂、着色剂、发泡剂、表面处理剂等。

3. 主要能源

主要能源包括电、天然气、生物质、煤、蒸汽等。

（三）主要污染物产排环节及治理工艺

见附表 1。

附表 1　塑料人造革与合成革制造行业主要产排污节点及治理工艺

<table>
<tr><th>序号</th><th colspan="2">生产工艺</th><th>产排污节点</th><th>排放形式</th><th>主要污染物</th><th>主要治理工艺</th></tr>
<tr><td rowspan="8">1</td><td rowspan="8">聚氯乙烯人造革</td><td rowspan="2">聚氯乙烯直接涂刮法</td><td>塑化</td><td rowspan="2">有组织</td><td rowspan="2">增塑剂废气</td><td rowspan="8">静电吸附</td></tr>
<tr><td>塑化发泡</td></tr>
<tr><td rowspan="2">聚氯乙烯离型纸法</td><td>凝胶塑化</td><td rowspan="2">有组织</td><td rowspan="2">增塑剂废气</td></tr>
<tr><td>塑化发泡</td></tr>
<tr><td rowspan="4">聚氯乙烯压延法</td><td>密炼</td><td rowspan="4">有组织</td><td rowspan="4">增塑剂废气</td></tr>
<tr><td>开放炼塑</td></tr>
<tr><td>压延</td></tr>
<tr><td>塑化发泡</td></tr>
<tr><td rowspan="10">2</td><td rowspan="10">聚氨酯合成革</td><td>前处理工艺</td><td>配料</td><td>有组织</td><td>VOCs</td><td rowspan="15">集气设施或密闭车间、水喷淋吸附、活性炭吸附、光催化氧化、低温等离子体、吸附浓缩＋燃烧、催化燃烧、吸附＋冷凝回收</td></tr>
<tr><td rowspan="6">聚氨酯干法</td><td>第一涂刮</td><td rowspan="6">有组织</td><td rowspan="6">VOCs</td></tr>
<tr><td>第一烘干</td></tr>
<tr><td>第二涂刮</td></tr>
<tr><td>第二烘干</td></tr>
<tr><td>第三涂刮</td></tr>
<tr><td>第三烘干</td></tr>
<tr><td rowspan="3">聚氨酯湿法</td><td>预含浸/涂刮</td><td rowspan="3">有组织</td><td rowspan="3">VOCs</td></tr>
<tr><td>热辊加热</td></tr>
<tr><td>烘干</td></tr>
<tr><td rowspan="5">3</td><td rowspan="5">超细纤维合成革</td><td>前处理工艺</td><td>配料</td><td>有组织</td><td>VOCs</td></tr>
<tr><td rowspan="2">超细纤维合成革不定岛工艺</td><td>PU 含浸</td><td rowspan="2">有组织</td><td rowspan="2">VOCs</td></tr>
<tr><td>甲苯抽出减量工艺</td></tr>
<tr><td rowspan="2">超细纤维合成革定岛工艺</td><td>聚乙烯醇含浸</td><td rowspan="2">有组织</td><td rowspan="2">VOCs</td></tr>
<tr><td>PU 含浸</td></tr>
<tr><td rowspan="2">4</td><td colspan="2" rowspan="2">后处理工艺</td><td rowspan="2">磨皮/涂饰/印刷/染色/压花</td><td rowspan="2">有组织</td><td>VOCs</td><td rowspan="2">袋式除尘、静电除尘</td></tr>
<tr><td>颗粒物(PM)</td></tr>
</table>

1. PM

主要来自配料、磨皮、抛光等工序。

2. VOCs

主要来自聚氯乙烯直接刮涂法和离型纸法工艺的塑化发泡、涂覆等工序，压延法工艺的密炼、开放炼塑、塑化发泡、压延等工序；聚氨酯干法工艺的涂刮、烘干等工序，湿法工艺的预含浸/涂刮、烘干等工序；超细纤维合成革的含浸、抽出等工序。

（四）绩效引领性指标

见附表 2。

附表 2 塑料人造革与合成革行业绩效引领性指标

引领性指标	聚氯乙烯人造革	聚氨酯合成革	超细纤维合成革
燃料类型	外供蒸汽、天然气		
原辅材料	—	不使用苯、二甲苯等有毒有害溶剂	
工艺过程	① 采用自动配料系统，树脂、增塑剂等 VOCs 物料采用管道输送，采用非管道方式输送 VOCs 物料时采用密闭容器。 ② 直接刮涂法、离型纸法的塑化发泡、涂覆等涉 VOCs 排放区域封闭，废气排至废气收集处理系统；压延法密炼工序采用密炼机，塑化发泡在密闭空间内操作；后处理工序的涂饰区域、印刷区域、烘箱以及涂饰印刷区域同烘箱之间的传输区域封闭，废气排至废气收集处理系统；其他产生 VOCs 的主要操作区域采用集气罩收集，废气排至废气收集处理系统。 ③ 工艺过程产生的 VOCs 废料（渣、液）存放于密闭容器或包装袋中；盛装过 VOCs 物料的废包装容器加盖密闭。 ④ VOCs 物料贮存于密闭的容器、包装袋、贮罐、储库、料仓中；盛装 VOCs 物料的容器或包装袋存放于室内；盛装 VOCs 物料的容器或包装袋在非取用状态时应加盖、封口，保持密闭	① 采用自动配料系统，树脂等 VOCs 物料采用管道输送，采用非管道方式输送 VOCs 物料时采用密闭容器。 ② 干法工艺的烘箱、涂覆区域以及涂覆区域和烘箱之间的贴合、传输区域封闭，废气排至废气收集处理系统；湿法工艺的预含浸槽、含浸槽、凝固槽、水洗槽密闭，烘箱、涂覆区、预含浸后烘干封闭，废气排至废气收集处理系统；后处理工序的涂饰区域、印刷区域、烘箱、涂饰印刷区域同烘箱之间的传输区域封闭，废气排至废气收集处理系统；其他产生 VOCs 的主要操作区域采用集气罩收集，废气排至废气收集处理系统。 ③ 工艺过程产生的 VOCs 废料（渣、液）存放于密闭容器或包装袋中；盛装过 VOCs 物料的废包装容器加盖密闭。 ④ VOCs 物料贮存于密闭的容器、包装袋、贮罐、储库、料仓中；盛装 VOCs 物料的容器或包装袋存放于室内；盛装 VOCs 物料的容器或包装袋在非取用状态时应加盖、封口，保持密闭	
废气治理	① 增塑剂废气采用冷却＋静电吸附后回收。 ② 人造革的涂覆、烘干及后处理工序废气全部收集后，采用冷凝回收＋燃烧工艺（包括催化燃烧和蓄热燃烧），或吸附浓缩＋燃烧工艺（包括催化燃烧和蓄热燃烧）进行处理	① 干法生产线、湿法生产线废气全部收集后，采用"一线一塔"[①]三级水喷淋吸收＋精馏回收工艺，或采用燃烧工艺（包括直接燃烧、蓄热燃烧、催化燃烧），或采用吸附浓缩＋燃烧工艺（包括直接燃烧、蓄热燃烧、催化燃烧）进行处理。 ② 后处理工序废气全部收集后，采用燃烧工艺（包括直接燃烧、蓄热燃烧、催化燃烧）或采用吸附浓缩＋燃烧工艺（包括直接燃烧、蓄热燃烧、催化燃烧）进行处理。 ③ 若采用精馏回收工艺，精馏塔为三塔形式（包括浓缩塔Ⅰ、浓缩塔Ⅱ、精馏塔）。DMF 精馏塔塔顶水经脱胺处理后，严禁直接回用于冷却塔、锅炉除尘或冲洗等，经冷却回用至生产线的塔顶水二甲胺浓度必须低于 50mg/L。精馏脱氨二甲胺尾气采用合理的内循环或净化方式处理	

续表

引领性指标	聚氯乙烯人造革	聚氨酯合成革	超细纤维合成革
废水收集和处理	① 工艺废水采用密闭管道输送，集输系统的接入口和排出口采取与环境空气隔离的措施。 ② 废水储存、处理设施，在曝气池及其之前加盖密闭或采取其他等效措施，并密闭排气至有机废气治理设施或脱臭设施。 ③ 污水处理站废气采用吸收、氧化、生物法等组合工艺进行处理		
排放限值	各项污染物满足《合成革与人造革工业污染物排放标准》(GB 21902—2008)排放限值，并满足相关地方排放标准要求		
监测监控水平	重点排污企业主要排放口②安装 CEMS(PM、NMHC)，数据至少保存一年以上		
环境管理水平	环保档案齐全：①环评批复文件；②排污许可证及执行报告；③竣工验收文件；④废气治理设施运行管理规程；⑤一年内废气监测报告		
	台账记录：①生产设施运行管理信息(生产时间、运行负荷、产品产量等)；②废气污染治理设施运行管理信息(除尘滤料更换量和时间、燃烧室温度等)；③监测记录信息[主要污染排放口废气排放记录(手工监测和在线监测)等]；④主要原辅材料消耗记录；⑤燃料(天然气)消耗记录		
	人员配置：设置环保部门，配备专职环保人员，并具备相应的环境管理能力		
运输方式	① 物料、产品运输全部使用达到国五及以上排放标准重型载货车辆(含燃气)或者采用新能源汽车。 ② 厂内运输全部使用达到国五及以上排放标准重型载货车辆(含燃气)或者采用新能源汽车。 ③ 厂内非道路移动机械达到国三及以上标准或使用纯电动机械		
运输管控	参照《重污染天气重点行业移动源应急管理技术指南》建立门禁系统和电子台账		

①“一线一塔”指一条生产线配备一组三级水喷淋吸收塔。

② 主要排放口按照《排污许可证申请与核发技术规范　橡胶和塑料制品工业》(HJ 1122—2020) 确定。

注：1. 表面处理全部使用水性树脂，全部使用环保型、高碳链、生物增塑剂的聚氯乙烯人造革企业，且环境管理水平、运输方式、运输管控满足本表要求的，直接列入引领性企业。

2. 全部使用水性树脂、无溶剂树脂、有机硅树脂、热塑性弹性体制备聚氨酯合成革和超细纤维合成革企业，且环境管理水平、运输方式、运输管控满足本表要求的，直接列入引领性企业。

3. 其他聚氯乙烯人造革、聚氨酯合成革和超细纤维合成革企业需满足本表全部指标，方可纳入引领性企业。

(五) 减排措施

1. 引领性企业

黄色及以上预警期间，自主采取减排措施。

2. 非引领性企业

黄色预警期间：停止使用国四及以下重型载货车辆（含燃气）进行运输。

橙色预警期间：停产 50%，以生产线计；停止使用国四及以下重型载货车辆（含燃气）进行运输。

红色预警期间：停产；停止使用国四及以下重型载货车辆（含燃气）进行运输。

(六) 核查方法

1. 电量分析

从电网公司调取企业用电量情况，分析历史预警期间电量变化，比对采取减排措施期间的用电量是否有明显下降趋势。

2. 现场核查

重点核查塑化、密炼、涂刮、烘干、含浸等生产设施的停产情况。

3. 台账核查

① 重点核查主要生产设施开停机记录表或员工工作签到表。

② 核查原料用量、原料库存量、使用记录。

③ 核查治理设施的开停机记录表；若有在线监测设施的，核查在线监测数据。

4. 运输核查

参照《重污染天气重点行业移动源应急管理技术指南》进行车辆核查。